U0317692

区域环境气象系列丛书

丛书主编：许小峰

丛书副主编：丁一汇　郝吉明　王体健　柴发合

安徽污染性天气监测评估与预报

石春娥　张 浩　邓学良　著

内 容 简 介

本书介绍了著者有关安徽雾、霾、酸雨等污染性天气的特征、形成机制及预测预报方法的研究成果。内容涉及雾、霾和酸雨的时空分布、气候变化及成因，雾、霾预报方法，雾的数值模拟，降水和气溶胶离子组分，气溶胶输送路径以及形成重污染的动力、热力条件，环境气象业务。研究从分析客观事实入手，结合多源观测资料，借助外场观测和数值模拟等多种手段，由现象揭示问题的科学本质。本书内容有助于读者系统、深入地认识中国东部地区近半个世纪雾、霾、酸雨的变化情况以及变化机制，可以为雾、霾监测和预报预警提供科学基础。

本书适用于大气物理、大气化学、大气环境、气候变化、环境气象等专业领域，也可供相关领域的研究、教学人员和学生参考。

图书在版编目（CIP）数据

安徽污染性天气监测评估与预报 / 石春娥，张浩，邓学良著．—北京 ：气象出版社，2021.8

（区域环境气象系列丛书 / 许小峰主编）

ISBN 978-7-5029-7432-9

Ⅰ.①安… Ⅱ.①石… ②张… ③邓… Ⅲ.①空气污染监测-评估-安徽②空气污染监测-监测预报-安徽 Ⅳ.①X831

中国版本图书馆 CIP 数据核字（2021）第 081449 号

审图号：皖 GS（2021）9 号

安徽污染性天气监测评估与预报

ANHUI WURANXING TIANQI JIANCE PINGGU YU YUBAO

出版发行：气象出版社

地　　址：北京市海淀区中关村南大街 46 号　**邮政编码**：100081

电　　话：010-68407112（总编室）　010-68408042（发行部）

网　　址：http：//www.qxcbs.com　**E-mail**：qxcbs@cma.gov.cn

责任编辑：周　露　**终　　审**：吴晓鹏

特邀编辑：周黎明

责任校对：张硕杰　**责任技编**：赵相宁

封面设计：博雅锦

印　　刷：北京地大彩印有限公司

开　　本：787 mm×1092 mm　1/16　**印　　张**：13.5

字　　数：350 千字

版　　次：2021 年 8 月第 1 版　**印　　次**：2021 年 8 月第 1 次印刷

定　　价：135.00 元

丛书前言

打赢蓝天保卫战是全面建成小康社会、满足人民对高质量美好生活的需求、社会经济高质量发展和建设美丽中国的必然要求。当前，我国京津冀及周边、长三角、珠三角、汾渭平原、成渝地区等重点区域环境治理工作仍处于关键期，大范围持续性雾/霾天气仍时有发生，区域性复合型大气污染问题依然严重，解决大气污染问题任务十分艰巨。对区域环境气象预报预测和应急联动等热点科学问题进行全面研究，总结气象及相关部门参与大气污染治理气象保障服务的经验教训，支持国家环境气象业务服务能力和水平的提升，可为重点区域大气污染防控与治理提供重要科技支撑，为各级政府和相关部门统筹决策、适时适地对污染物排放实行总量控制，助推国家生态文明建设具有重要的现实意义。

面对这一重大科技需求，气象出版社组织策划了“区域环境气象系列丛书”（以下简称“丛书”）的编写。丛书着重阐述了重点区域大气污染防治的最新环境气象研究成果，系统阐释了区域环境气象预报新理论、新技术和新方法；揭示了区域重污染天气过程的天气气候成因；详细介绍了环境气象预报预测预警最新方法、精细化数值预报技术、预报模式模型系统构建、预报结果检验和评估成果、重污染天气预报预警典型实例及联防联动重大服务等代表性成果。整体内容兼顾了学科发展的前沿性和业务服务领域的实用性，不仅能为相关科技、业务人员理论学习提供有益的参考，也可为气象、环保等专业部门认识和防治大气污染提供有效的技术方法，为政府相关部门统筹兼顾、系统谋划、精准施策提供科学依据，解决环境治理面临的突出问题，从而推进绿色、环保和可持续发展，助力国家生态文明建设。

丛书内容系统全面、覆盖面广，主要涵盖京津冀及周边、长三角、珠三角区域以及东北、西北、中部和西南地区大气环境治理问题。丛书编写工作是在相关省（自治区、直辖市）气象局和环境部门科技人员及相关院所的全力支持下，在气象出版社的协调组织下，以及各分册编委会精心组织落实下完成的，凝聚了各方面的辛勤付出和智慧奉献。

丛书邀请中国工程院丁一汇院士（国家气候中心）和郝吉明院士（清华大学）、知名大气污染防治专家王体健教授（南京大学）和柴发合研究员（中国环境科学研究院）作为副主编，他们都是在气象和环境领域造诣很高的专家，为保证丛书的学术价值和严谨性做出了重要贡献；分册编写团队集合了环境气象预报、科研、业务一线专家约 260 人，涵盖各区域环境气象科技创新团队带头人和环境气象首席预报员，体现了较高的学术和实践水平。

丛书得到中国工程院院士徐祥德（中国气象科学研究院）和中国科学院院士张人禾（复旦大学）的推荐，第一期（8册）已正式列入2020年国家出版基金资助项目，这是对丛书出版价值和科学价值的极大肯定。丛书的组织策划得到中国气象局领导的关心指导和气象出版社领导多方协调，多位环境气象专家为丛书的内容出谋划策。丛书编辑团队在组织策划、框架搭建、基金申报和编辑出版方面贡献了力量。在此，一并表示衷心感谢！

丛书编写出版涉及的基础资料数据量和统计汇集量都很大，参与编写人员众多，组织协调工作有相当难度，是一项复杂的系统工程，加上协调管理经验不足，书中难免存在一些缺陷，衷心希望广大读者批评指正。

许小峰

2020年6月

许小峰，正高级工程师，博士生导师，中国气象局原副局长，现任中国气象事业发展咨询委员会常务副主任。

本书前言

在全球气候变暖的背景下，随着工业化和城市化进程加快，我国东部地区大气污染问题日益突出，雾、霾、酸雨等污染性天气频发，这已成为制约经济社会发展、影响人体健康的重要环境问题。安徽位于长江三角洲的西部，北靠华北，属于南北气候过渡带，大气污染物来源多样，污染性天气既具有显著的本地特征，又与周边环境密不可分。

2006 年，中国气象局开始部署环境气象业务建设，时称“大气成分轨道建设”，要求有酸雨观测的省份开展酸雨监测评估业务，建议有条件的省份开展霾的业务和研究；2006 年，安徽省气象科学研究所成立“大气环境研究室”（现为“环境气象室”），2007 年开始酸雨监测评估业务，产品包括酸雨监测评估月报、年报。2015 年初，安徽省气象局成立“安徽省环境气象中心”，挂靠在安徽省气象科学研究所，开始空气质量预报、空气污染气象条件预报和空气污染气象条件评估等业务。

2006 年以来，围绕安徽环境气象业务建设，我们承担了一系列科研项目，致力于安徽省污染性天气特征和形成机理探寻，并在研究的基础上逐步建立了安徽省环境气象业务服务体系，取得了有效进展。2007—2010 年，我们承担了国家自然科学基金面上项目“气溶胶粒子对城市雾影响的模拟研究”，围绕该项目我们做了两个方面的研究：一是对安徽所有气象站建站以来的历史数据进行了统计分析，发现城市化和工业化导致人为排放增多、城市热岛效应增强，进一步导致城市雾日数减少、霾日数增多，揭示了城市热岛及气溶胶综合效应对城市雾的影响；二是基于多模式研究雾的预报方法，发现雾的空报常发生在“近似雾”的时候。近似雾是国外文献的叫法，根据国内标准，应该叫重度霾，这与我国东部地区气溶胶污染有关。之后，在行业专项“长江三角洲区域霾天气成因和预报技术研究”和安徽省自然科学基金、华东区域气象科技协同创新基金合作项目的资助下，我们对安徽霾和气溶胶污染的特征和成因进行了深入研究，并在合肥开展了气溶胶粒子分级采样和离子成分分析，阐明了雾天、霾天与晴空天的气溶胶粒子理化特征及气象条件差异；给出了气溶胶输送通道及 $PM_{2.5}$ 重污染形成的动力机制。随着高速公路的迅猛发展，围绕服务需求，我们对安徽高速公路大雾的监测和预报方法也进行了探讨。

围绕酸雨监测评估业务，我们对安徽酸雨时空变化特征进行了系统分析，并于 2010 年获批安徽省高层次人才项目“黄山风景区酸雨化学特征及来源研究”，分别在黄山光明顶和合肥进行了降水采样和离子成分分析，发现安徽酸雨已由“硫酸型”转变为“硫酸硝酸混合型”。

本书是对我们近15年关于安徽的雾、霾和酸雨特征及气象条件研究成果，以及基于研究建立的评估与服务业务方法的总结和概括。我们的研究发现，雾的变化、霾的增多和酸雨的形成都与大气污染密切相关。故而本书书名定为《安徽污染性天气监测评估与预报》。

本书是集体研究的成果。参与研究的工作人员先后有石春娥、张浩、邓学良、邱明燕、杨元建、于彩霞、吴必文、唐蓉、魏文华9人，其中，关于安徽能见度的有关研究主要是由张浩完成，高速公路雾的监测和环境气象预报业务由邓学良完成。石春娥主持了这项研究工作，研究中得到南京信息工程大学李子华教授和中国科学技术大学姚克亚教授的精心指导，得到南京大学王体健教授、中科院大气物理研究所王自发研究员、南京信息工程大学朱彬教授、杨军副教授等的大力支持。

本书共分6章。第1章介绍了安徽的天气气候背景及观测站网。第2章介绍了安徽雾的时空变化特征、气候变化趋势及成因和一次区域性强浓雾的模拟研究结果。第3章介绍了安徽霾天气及与之相关的能见度的时空分布，分析了人类活动及气象条件对霾天气的影响，探讨了区域性霾的定义及基于器测能见度的霾天判断标准。第4章介绍了安徽酸雨特征，分析了人为排放、输送条件对安徽降水酸度和离子组分的影响。第5章介绍了安徽气溶胶污染特征、气象成因，以及形成气溶胶污染的气象条件。第6章介绍了安徽省气象部门的环境气象业务。附录给出了本书所用的一些通用的分析方法。本书第1、4章由石春娥撰写；第2章由石春娥和邓学良共同完成，邓学良负责第2.1和2.5节的编写；第3章和第5章由石春娥、张浩、邓学良共同完成，其中，邓学良负责第3.1和5.2节的编写，张浩负责第3.4、3.5、3.6、3.8和5.6节的编写；第6章由张浩和邓学良共同完成。

最后，感谢南京大学王体健教授、南京信息工程大学李子华教授、安徽省气象科学研究所王兴荣研究员对本书所提宝贵意见，感谢气象出版社黄红丽副编审在成书过程中所提供的指导。

由于作者学识有限，时间仓促，因此书中错误在所难免，欢迎读者批评指正。

石春娥

2020年5月6日

目录

第1章 安徽天气气候背景

1.1 地形地貌

安徽省位于华东内陆腹地，介于 114°54′—119°37′E，29°41′—34°38′N 之间，南北长约 570 km，东西宽约 450 km，总面积约 14.01 万 km^2。地处长江、淮河中下游，长江三角洲腹地。东连江苏、浙江，西接河南、湖北，南邻江西，北靠山东（图 1.1a）。

安徽地形复杂（图 1.1b），地势西南高、东北低，地貌以平原、丘陵和山地为主。长江、淮河横贯东西，将全省划分为淮北平原、江淮丘陵和皖南山区三大自然区域。淮河以北，地势坦荡辽阔，为华北平原的一部分；江淮之间西耸崇山，东绵丘陵，山地岗丘逶迤曲折；长江两岸地势低平，河湖交错，平畴沃野，属于长江中下游平原；皖南山区层峦叠嶂，峰奇岭峻，以山地丘陵为主。除了西部大别山山脉和南部的黄山山脉地势较高外，其余均为海拔 15～400 m 的丘陵和平原。

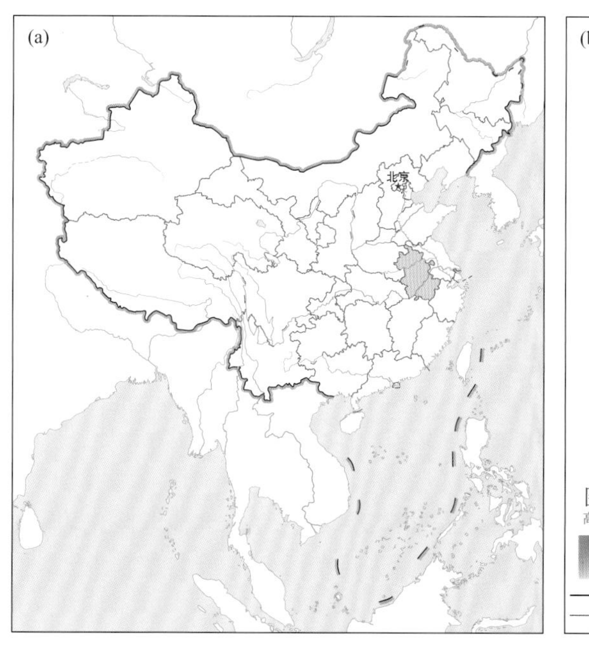

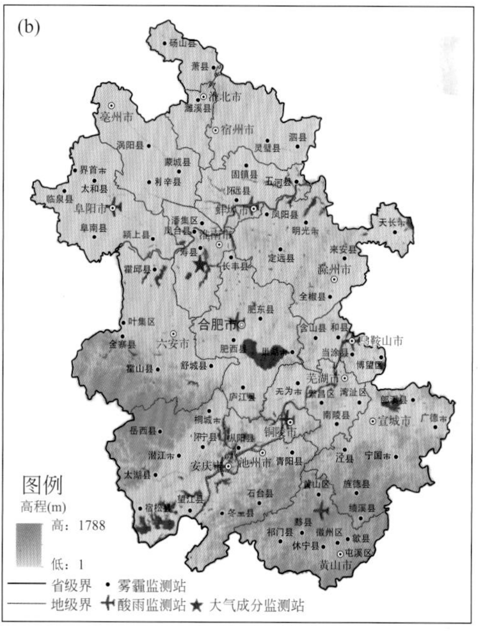

图 1.1　安徽在中国的位置，粗实线内为长三角范围（a）（图中填色部分为安徽）；安徽地形图及各类气象站点分布（b）

境内山脉、河流、湖泊众多。海拔 1000 m 以上的山有黄山（光明顶，1864 m）、大别山（白马尖，1774 m）、万佛山（老佛顶，1539 m）、天柱山（1488.4 m）、九华山（1342 m）。安徽省共有河流 2000 多条，其中，著名的有长江、淮河和新安江，除南部新安江水系属钱塘江流域外，其余均属长江、淮河流域。长江自江西省湖口进入安徽省境内至和县乌江后流入江苏省境内，由西南向东北斜贯安徽南部，在安徽省境内长达 416 km，俗称“八百里皖江”。淮河流经省内 430 km，新安江为钱塘江正源，流经省内 240 km。安徽省湖泊众多，主要分布于长江、淮河沿岸，其中巢湖面积近 800 km^2，为安徽省最大的湖泊，全国第五大淡水湖。

安徽省属于农业大省，淮北平原农区主要以种植小麦、玉米、花生等旱作物为主；江淮丘陵农区主要种植水稻、小麦、油菜等作物；沿江江南农区以种植水稻、油菜、棉花为主。

1.2 天气气候特征

安徽地处中纬度地带，在太阳辐射、大气环流和地理环境的综合影响下，属于暖温带向亚热带的过渡地区。以淮河为大致界线，淮河以北属暖温带半湿润季风气候，淮河以南为亚热带湿润季风气候。主要的气候特点是：季风明显、四季分明，气候温和、夏雨集中，雨热同季，气象灾害类多次频。

总体上，安徽气候资源丰富，有充沛的光、热、水资源，有利于农、林、牧、渔业发展。但由于过渡型气候，南北气团交汇频繁，天气多变，降水年际变化大，灾害性天气种类较多，给农业生产带来不利影响。

1.2.1 季风明显，四季分明

安徽地处中纬地带，季风气候明显。“春暖”“夏炎”“秋爽”“冬寒”四季分明。春秋两季为由冬转夏、由夏转冬的过渡时期。

根据气象上的季节划分标准（中国气象局，2012）：连续 5 d 平均气温大于 22 ℃为夏季，小于 10 ℃为冬季，10 ℃与 22 ℃之间为春秋季。根据 1981—2010 年统计结果，安徽全省平均入春日为 3 月 26 日，长度 68 d；入夏日为 6 月 3 日，长度 118 d；入秋日为 9 月 28 日，长度 56 d；入冬日为 11 月 23 日，长度 123 d。四季分配大致是：春秋各 2 个月，夏冬各 4 个月，冬夏长，春秋短。因南北气候差异，淮北冬长于夏，长江西部夏长于冬，其他地区夏冬长度接近。季节的开始日期，春夏先南后北，秋冬先北后南，前后差 10～20 d，秋冬差别最大，夏季次之，春季差别最小。

本书中春季为 3—5 月，夏季为 6—8 月，秋季为 9—11 月，冬季为 12—次年 2 月。

1.2.2　气候温和，夏雨集中

全省年平均气温在14.5～17.2 ℃之间，有南部高、北部低，平原丘陵高、山区低的特点。1月为全省最冷月，平均气温2.7 ℃；7月为最热月，平均气温28.0 ℃。气温年较差在23.0～26.8 ℃之间。寒冷期和酷热期较短，属于温和气候型。

全年降水量季节分布特征明显，夏雨最多、春雨多于秋雨、冬雨最少。夏季降水量占全年降水量的40%～60%，夏雨集中程度由南向北递增，淮北在50%以上。

梅雨是长江中下游地区特有的天气气候现象，梅雨期内暴雨频繁，降水强度大、范围广，是洪涝灾害集中期。一般年份的6—7月长江中下游地区进入梅雨期，安徽省淮河以南平均入梅时间为6月16日，出梅时间为7月10日，梅雨期长度平均为24 d，梅雨量江淮之间为270 mm，长江南部为320 mm。但入梅时间、梅雨期长度及梅雨量年际变化很大。入梅最早的是1991年5月18日，出梅最迟的是1954年7月30日，梅雨期最长的是1954年，长达57 d。江淮之间梅雨量最多的是1991年（939 mm），长江南部是1954年（1014 mm），比常年偏多2～2.5倍。此外，也有少数年份没有明显降水，如1958、1965、1978年，称为“空梅”；2019年江淮之间是“空梅”年。

1.2.3　资源丰富，雨热同季

全省水、热、风、光等气候资源相对丰富。年降水量在747～1798 mm之间，有南部多于北部、山区多于平原丘陵的特点。降水量年际差异显著，全省平均年降水量最多达1628 mm（1991年），最少仅685 mm（1978年），相差近1000 mm。全年无霜期200～260 d，大于等于10 ℃活动积温4700～5400 ℃·d。季风气候形成的雨热同季为农作物生长提供了优越的条件。

全省风能资源空间分布不均匀，大部分地区70 m高度年平均风速在5.5 m/s以下，平均风功率密度低于200 W/m^2。但由于地形作用，皖东、皖西南及皖北部分区域的70 m高度年平均风速可达5.5 m/s，甚至6.0 m/s以上，风能资源较为丰富。

全省太阳辐射年总量在4100～4600 MJ/m^2之间，其中淮北大于4500 MJ/m^2。全年日照时数为1700～2200 h，自南向北递增，江南为1700～1800 h，淮北为2000～2200 h。就季节而言，夏季最多，冬季最少，春秋两季居中，春季多于秋季。

1.2.4　气象灾害，类多次频

由于安徽的过渡型气候特征，天气多变，且地形地势复杂多样，气象灾害种类多、发生频繁。主要有：暴雨、干旱、台风、暴雪、寒潮、霜冻、冰冻、低温、高温、大风、雷电、冰雹、雾、霾等，其中旱涝灾害影响最为严重，淮北旱涝2～3年一遇，淮河以南3～4年一遇。一年中旱涝交替、旱涝并存也时有发生，1954、1991年都出现前涝后旱，1999年则是南涝北旱。

1.3 污染性天气定义及分类

安徽灾害性天气种类繁多，形成原因各异。我们把与大气污染密切相关的天气现象，包括雾、霾和酸雨等统称为污染性天气。雾是发生在边界层的一种天气现象，但近年来的很多研究表明，城市雾也与大气污染密切相关。大量的研究表明，酸雨、霾等天气形成的内因是污染排放，外因是不利的气象条件。因此，污染性天气既属于环境科学领域的问题，也属于大气科学领域的问题。

1.4 安徽大气成分观测站网

雾、霾时空分布特征研究主要依托安徽各市县的地面气象观测站常规观测资料。安徽省现有地面观测站 80[①] 个、探空站 2 个。每一个市县都有地面观测站，另外黄山光明顶、九华山和天柱山也先后建了地面观测站。大部分地面观测站始建于 20 世纪 50 年代后期，如 1955 年有观测记录的台站仅 13 个，1960 年增加到 70 个。很多观测站在 1963—1979 年无能见度观测，如 1975 年安徽省仅 15 个观测站有能见度观测记录。2013 年 9 月 1 日开始，安庆和休宁开始试用能见度自动观测仪代替人工观测；2014—2015 年，自北向南分批启用器测能见度；2016 年 1 月 1 日开始，所有观测站都使用器测能见度。2 个探空站分别位于安庆和阜阳。

酸雨评估业务主要基于气象部门的酸雨观测站网。安徽省气象部门 7 个酸雨观测站常规观测降水 pH 值和电导率（*K* 值）。这 7 个观测站由北向南分别位于阜阳、蚌埠、合肥、马鞍山、铜陵、安庆和黄山光明顶的气象观测场内（图 1.1b），由专职气象观测人员负责采样和分析。除黄山光明顶外，观测站都位于地级市的城郊接合部，海拔 50 m 以下，黄山光明顶站海拔 1840 m。合肥的酸雨观测有效资料始于 1992 年 1 月，马鞍山始于 2007 年 1 月，蚌埠始于 2006 年 6 月，其余观测站始于 2006 年 1 月。另外，安庆、蚌埠、铜陵观测站都于 2013 年 1 月发生了搬迁，搬到了远离城区的新址。

安徽共有 16 个地级市，其中，省会合肥属于生态环境部第一批开始 $PM_{2.5}$ 在线监测的城市，$PM_{2.5}$ 在线监测始于 2013 年，马鞍山和芜湖始于 2014 年年底，其余城市始于 2015 年 1 月。

本书涉及的城市空气质量数据来源于生态环境部网站及安徽省生态环境厅网站。空气质

① 不含黄山光明顶站，下同。

量等级划分遵从环境保护部相关标准《环境空气质量标准》（GB 3095—2012）（环境保护部，2012a）和《环境空气质量指数（AQI）技术规定（试行）》（HJ 633—2012）（环境保护部，2012b）。

1.5 小结

（1）安徽位于中国东部内陆腹地，地形复杂。

（2）安徽属于南北气候过渡带，四季分明，气象灾害类多次频。

（3）安徽气象部门现有80个地面观测站、2个探空站、7个酸雨观测站；生态环境部在安徽16个地级市均开展空气质量监测。本书的大部分资料来源于上述观测系统。

第2章 安徽雾时空分布研究

雾是指大量微小水滴（或冰晶）浮游空中，使水平能见度（V）低于 1.0 km 的天气现象，其中能见度低于 500 m 为浓雾、低于 50 m 为强浓雾（QX/T 48—2007）（中国气象局，2007）。而近年来颁布的国标、行标把能见度在 500～1000 m 之间的雾定义为大雾，能见度在 200～500 m 的雾定义为浓雾，50～200 m 之间的雾定义为强浓雾，能见度低于 50 m 的雾定义为特强浓雾（GB/T 27964—2011）（中华人民共和国国家质量监督检验检疫总局，2011），本书使用标准为：雾（V<1000 m）、浓雾（V<500 m），涉及强浓雾会特别指出能见度范围。雾造成的低能见度对各类交通都具有极大的危害性，因此雾也是一种灾害性天气，其造成的经济损失可与台风、龙卷等天气相比拟（Gultepe et al.，2007）。随着海陆空交通运输业的发展，雾所造成的经济损失和人员伤亡越来越突出，其危害也越来越多地受到世界各国科学家们的关注（Gultepe et al.，2007；Niu et al.，2010）。

2.1 安徽雾的时空变化特征

2.1.1 资料与方法

安徽省共有 80 个地面观测站（图 2.1），本研究只选取其中的 78 个观测站资料，剔除了黄山光明顶、九华山和天柱山 3 个观测站。这是因为黄山光明顶观测站海拔高度在 1000 m 以上，观测到的雾基本上属于低云；九华山观测站建站时间较晚（开始于 1991 年），天柱山站建站更晚。除黄山光明顶和九华山观测站外，各观测站建站以来的数据时间范围基本上都超过 40 年。地面观测资料中天气现象的雾记录还包括：雾开始时间和结束时间。从 2005 年起，雾记录里增加了雾中最低能见度的观测。

根据《地面气象观测规范》（中国气象局，2007）的定义，“雾日”为在一天中的任意时段观测到雾出现的日期，所以根据观测记录，只要天气现象里有雾的记录，就记为一个雾日。

安徽省在 2007 年前，夜间值班的站点只有 3 个国家基准站和 14 个国家基本站，共 17 个站点。鉴于安徽雾以辐射雾为主，主要是凌晨开始，日出后消散，因此在讨论雾生、雾消和雾的持续时间上，必须考虑夜间大雾的情况，所以在雾的开始和结束时间、雾的持续时间以及雾中最低能见度的分析中，在 17 个站点中，选取了除黄山光明顶站以外的 16 个国家基

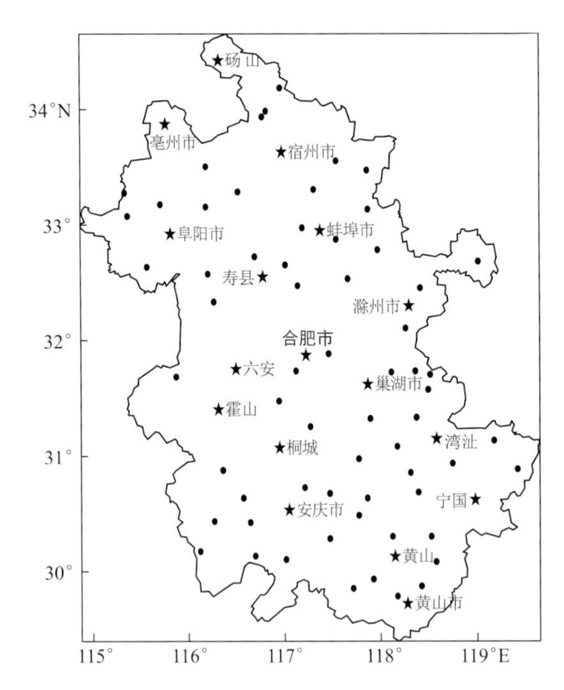

图 2.1　安徽省气象观测站点分布（●表示观测站点；★表示 2007 年前就已有夜间值班的站点）

准和基本站（图 2.1）进行计算。

2.1.2　空间分布特征

图 2.2 是安徽省 20 世纪 70、80、90 年代和 21 世纪 00 年代的雾日数年代际空间分布。从空间分布上来看，安徽各地年均雾日数分布不均匀，表现出山区高丘陵低、皖北平原居中的特征。存在两个高发区，最大的高发区为皖南山区，不仅范围广，且雾日数多；其次是以岳西、霍山为中心的大别山区。在高发区内，年均雾日数都在 30 d 以上，部分观测站的年均雾日数超过了 60 d。而沿江到江淮之间为低发区，年均雾日数在 20 d 以下。

从年代际变化来看，20 世纪 80 年代安徽省雾日数最多，两个高发区无论是范围还是雾日数都是 4 个年代中最高，皖南山区的广大区域雾日数都在 30 d 以上，其中大部分在 40 d 以上，太平、祁门和黄山市雾日数甚至达到 60 d 以上。而以岳西和霍山为中心的大别山区，雾日数也在 30 d 以上，其中心最多的岳西站达到了 74.3 d。而在安徽省中部和北部，雾日数大多在 20～30 d 之间，只有沿江区域雾日数低于 20 d。与 20 世纪 80 年代相比，20 世纪 90 年代和 21 世纪 00 年代，皖南山区和大别山区雾日数减少，年雾日数超过 40 d 的高发区范围明显减小。到 21 世纪 00 年代，皖南山区雾日数高于 40 d 的区域仅剩下太平、祁门和黄山市的狭小区域且超过 60 d 的只剩太平一个观测站。同样，大别山区雾日数高于 30 d 的仅有岳西周边区域，没有出现超过 60 d 的观测站。在安徽省中部的丘陵地区，雾日数也由 20 世纪 80 年代的 20～30 d 减少到 20 d 以下，雾日数 20 d 以下的区域明显扩大。同时我们发现，皖北西部的太和和涡阳一带，雾日数较 20 世纪 80 年代有所增加，由前期的低于 30 d 增加到 30 d 以上。

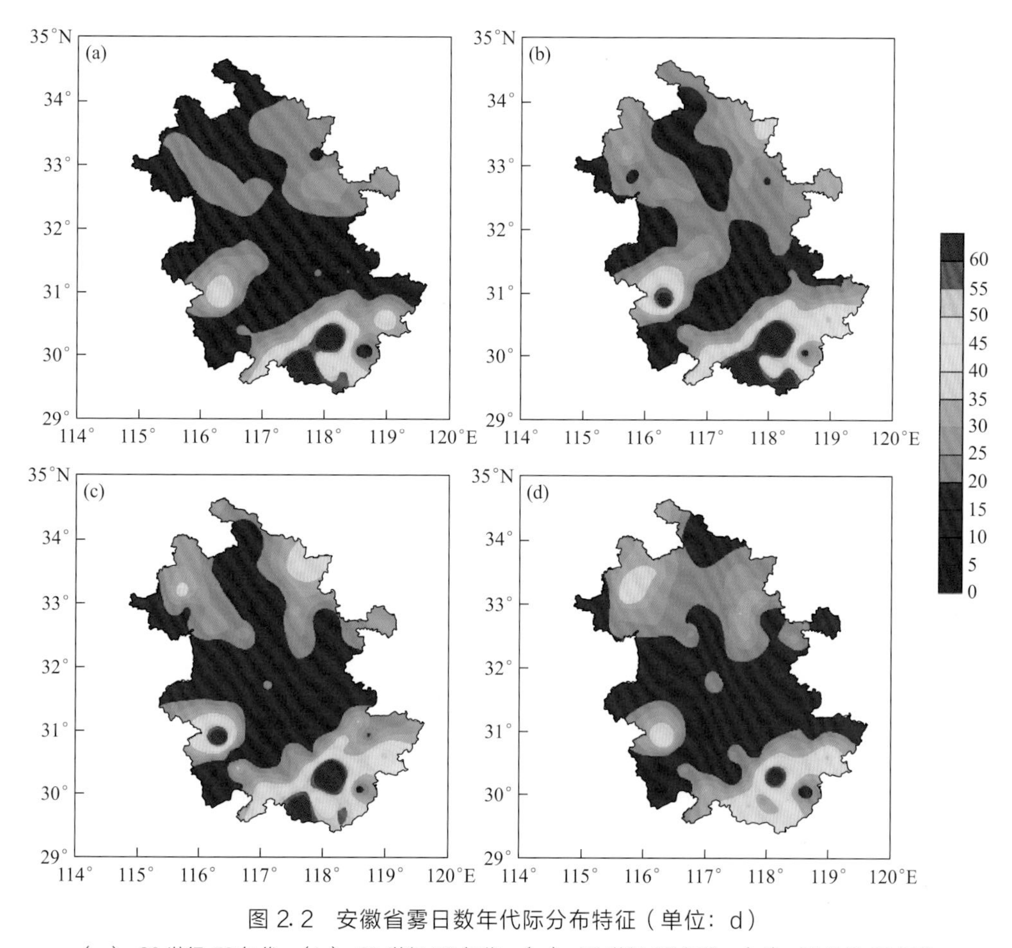

图 2.2　安徽省雾日数年代际分布特征（单位：d）

（a） 20 世纪 70 年代；（b） 20 世纪 80 年代；（c） 20 世纪 90 年代；（d） 21 世纪 00 年代

从安徽雾日数空间分布的年代际变化看，安徽省雾发生具有明显的时空特征和年代际变化趋势。图 2.3 是安徽省雾日数逐年及年代际平均值，可以看出，20 世纪 70 年代平均雾日数约为 25.9 d，到 80 年代，平均雾日数增加了 3.7 d，达到 29.6 d。而 21 世纪 00 年代平均雾日数为 25.0 d，从 20 世纪 80 年代到 21 世纪 00 年代，平均雾日数减少了 4.6 d。王丽萍等（2006）分析认为中国雾日数减少与气温升高有关。

2.1.3　季节、月际变化

图 2.4 是 21 世纪 00 年代安徽省雾日数的季节变化。总体上，冬季最多，秋季次之，而春季和夏季最少。王丽萍等（2006）和林健等（2008）研究也证实，在我国中东部雾的高发期主要集中在秋、冬两季。进一步比较发现，皖北平原和江淮丘陵冬季雾最多，皖南山区秋季雾最多。

冬季，安徽省大部分区域雾日数都较高，其中安徽省中北部、大别山区和皖南山区等区域的雾日数都在 8 d 以上；在皖北西部的亳州、太和和涡阳一带，大别山区的岳西以及皖南山区的太平、歙县和休宁一带雾日数可以达到 12 d 以上；而在沿江地区雾日数较低。秋季，

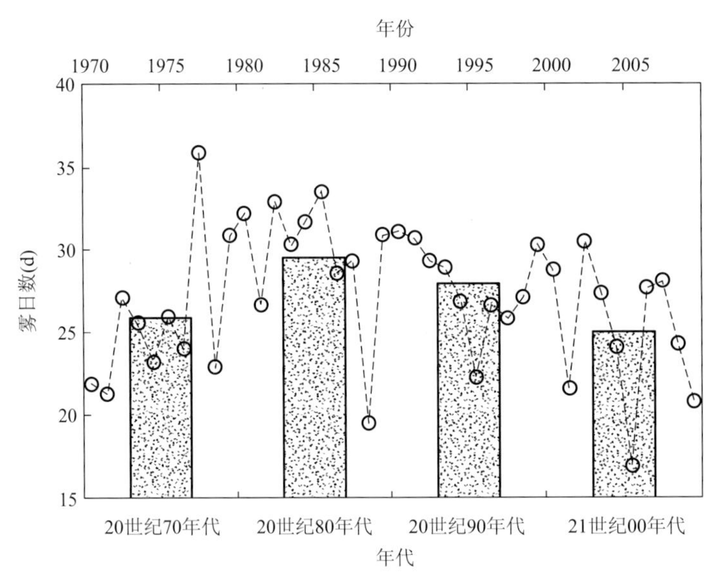

图 2.3　安徽省所有站点平均的雾日数逐年变化及年代际变化

（柱体为年代际平均雾日数，线上空心圆为年雾日数）

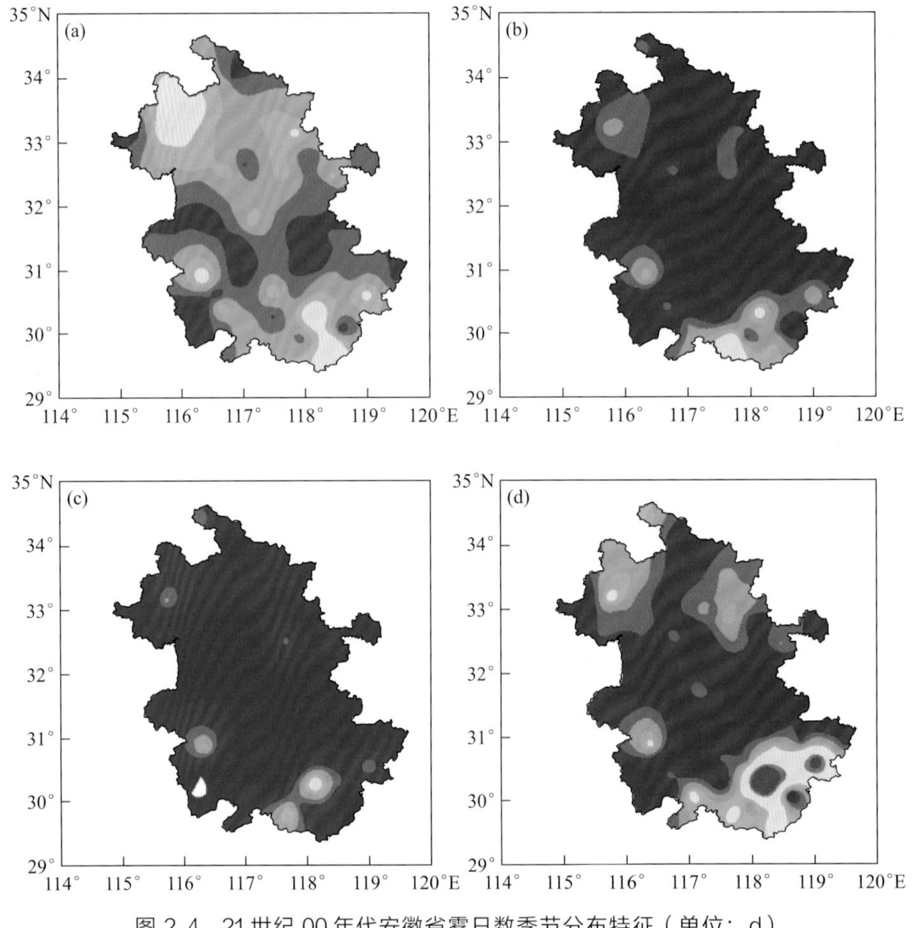

图 2.4　21 世纪 00 年代安徽省雾日数季节分布特征（单位：d）

（a）冬季；（b）春季；（c）夏季；（d）秋季

雾日数高值区明显缩小，仅有皖北西部的亳州周边、皖北东部的凤阳和定远，大别山区的岳西以及皖南山区大部的雾日数高于 8 d，其余广大区域雾日数都减小到 4 d 左右。值得注意的是，皖南山区虽然雾日数高值区范围有所减少，但局部增多显著，其中太平和宁国的雾日数分别达到了 31.8 d 和 23.1 d。春季和夏季，雾日数明显减少，其中夏季安徽省大部雾日数都降到了 2 d 以下。雾的季节变化主要受到气象场的季节转换影响，其中包括降水、风、相对湿度、大气稳定度等。在秋、冬季，由于降水较少、大气层结稳定，不利于污染物的扩散，配合一定的水汽条件，有利于雾的产生。

2.1.4　生消时间分布

雾的生消时间反映了雾的影响时间范围，是雾预报中最为关心的因子，是研究雾的重要指标。掌握了雾的生消规律，可以有效预防雾所带来的危害。图 2.5 是安徽省 1970—2009 年平均的雾开始和结束时间。可以看出，全省雾的开始时间大都在 08 时以前，00—08 时雾生的总频率为 88%，其中雾生的高峰时段是在 05、06 时，分别占总次数的 21%、18%。雾消一般都发生在 12 时以前，00—12 时雾消的比例约为 95%，而雾消的高峰时段集中在 07—08 时。从雾的生消时间可以看出，安徽省雾主要发生在凌晨。日出之后，随着地面温度上升，大气恢复到未饱和状态，雾滴开始蒸发消散。因此，安徽雾以辐射雾为主。

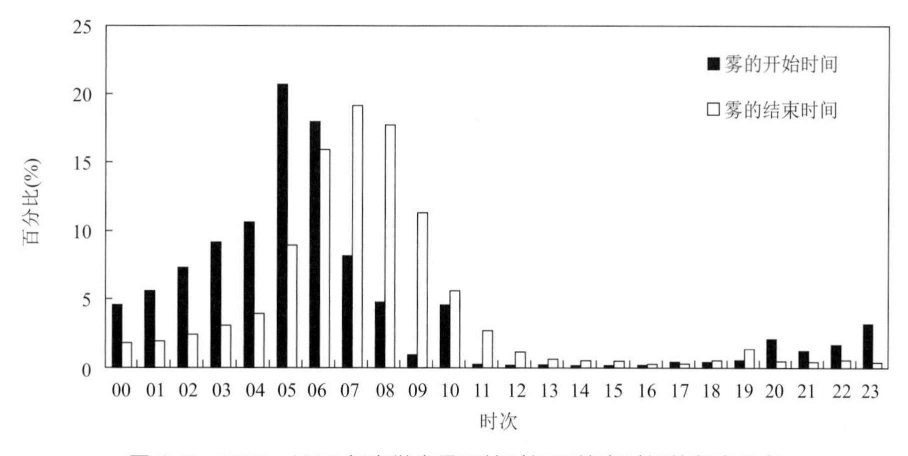

图 2.5　1970—2009 年安徽省雾开始时间和结束时间的频率分布

图 2.6 和图 2.7 分别是雾的开始时间和结束时间的年代际变化。可以看出不同年代里，雾生的时间并没有太大变化，峰值都是在 05—06 时，所占比例基本相同，说明雾生的年代际变化不明显。与雾生时间不同，雾消时间具有非常明显的年代际变化。随着时代的推移，雾消时间整体明显推后，在 20 世纪 70、80 年代雾消主要集中在 06、07、08 时三个时次，其峰值出现在 07 时，而到 20 世纪 90 年代、21 世纪 00 年代，雾消主要集中在 07、08、09 时三个时次，其峰值出现在 08 时。再从所占比例上来看，在 07 时以前，雾消的比例是逐年代减少的，而在 08 时以后，雾消的比例逐年代增加。这说明安徽雾的持续时间在不断增加，这将在下一节介绍。从辐射雾的生消机制可解释这一现象，尹球和许绍祖（1994）通过数值

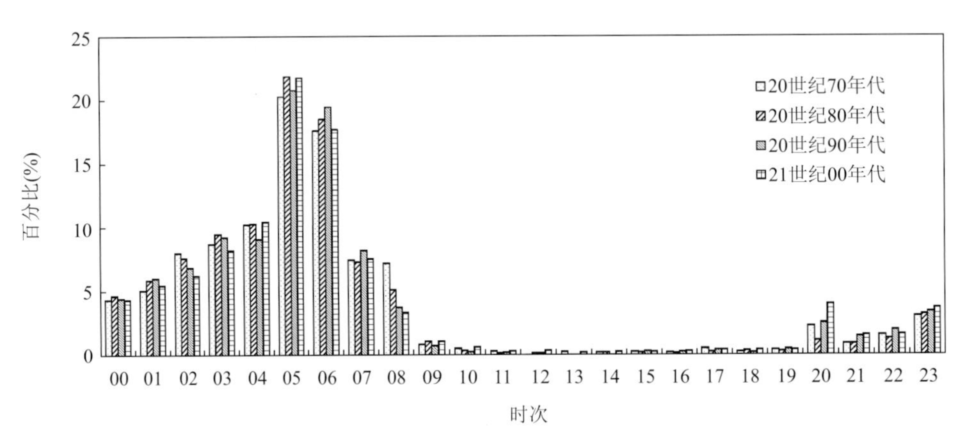

图 2.6 安徽省雾开始时间频率分布的年代际变化

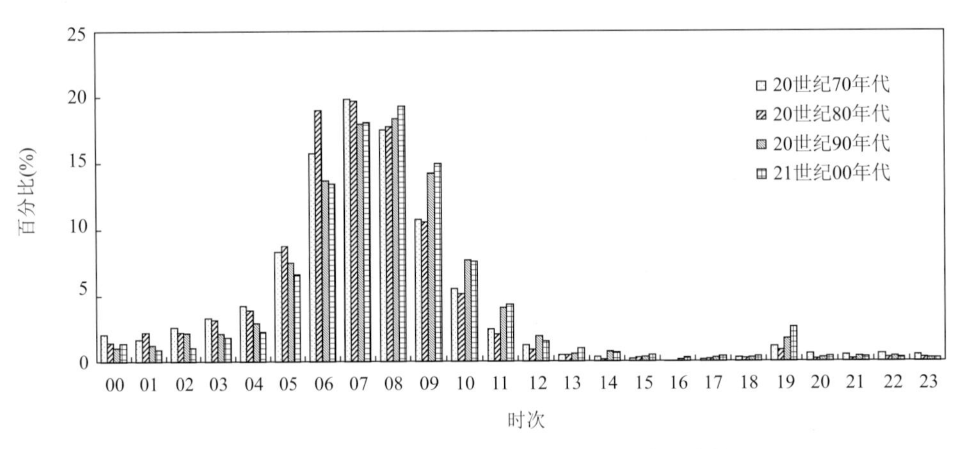

图 2.7 安徽省雾结束时间频率分布的年代际变化

模拟指出，对于辐射雾而言，地面对太阳辐射反射率由 0.1 提高到 0.3，会导致雾消时间推迟 15 min。石春娥等（2008a）指出，大气气溶胶粒子的增多直接影响辐射传输，使雾的消散时间推后，持续时间延长。

图 2.8 和图 2.9 是 21 世纪 00 年代雾的开始时间和结束时间的季节变化。从图中可以看出安徽省雾生和雾消的季节特征。首先，春季和夏季雾生时间明显早于秋、冬季。在春、夏季其峰值都出现在 05 时，且 06 时以前的累计比例达到了 86%（春季）和 92%（夏季），大部分雾都是 06 时以前发生的；而在秋、冬季，雾生时间有所推后，其峰值在 06 时，08 时以前的累计比例达到 89%（秋季）和 74%（冬季）。其次，再看雾消，雾消时间表现出更鲜明的季节特征，雾消时间最早的是夏季，其峰值在 06 时（31%），大部分雾消都发生在 09 时以前（累计比例为 95%）；春季和秋季的峰值都出现在 07、08 时，但春季在 06 时以前的雾消比例要明显高于秋季，而秋季在 09 时以后的比例又要明显高于春季，两个季节雾消主要都发生在 10 时前，累计比例为 97% 和 92%；雾消最晚的是冬季，其峰值出现在 09 时，且比例较高的时段分别是 08、09、10 时三个时次，其雾消主要发生在 12 时以前，累计比例达 86%。可见，随着季节的变换，雾生、雾消也表现出明显的季节变化特征，无论是雾生还是雾消，受到太阳高度角的季节变化影响，导致地面气象场和辐射条件的改变，使其发生和结束的时间出现前移或者后推的现象。

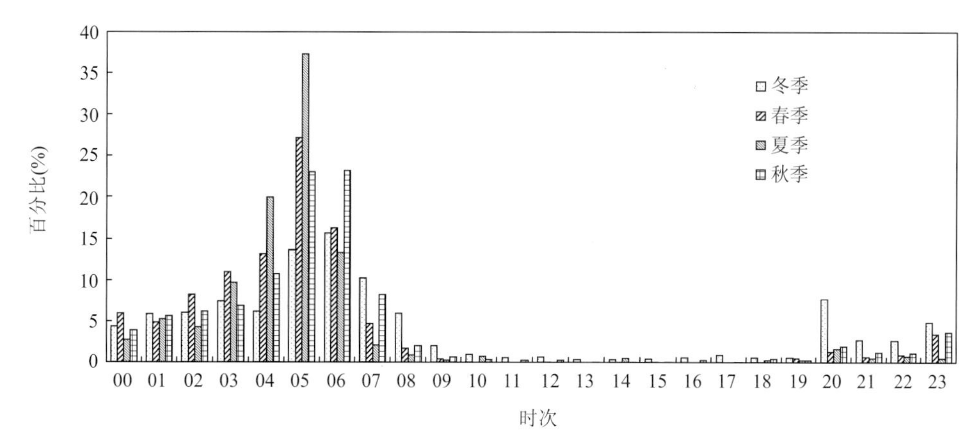

图 2.8　21 世纪 00 年代安徽省雾开始时间频率分布的季节变化

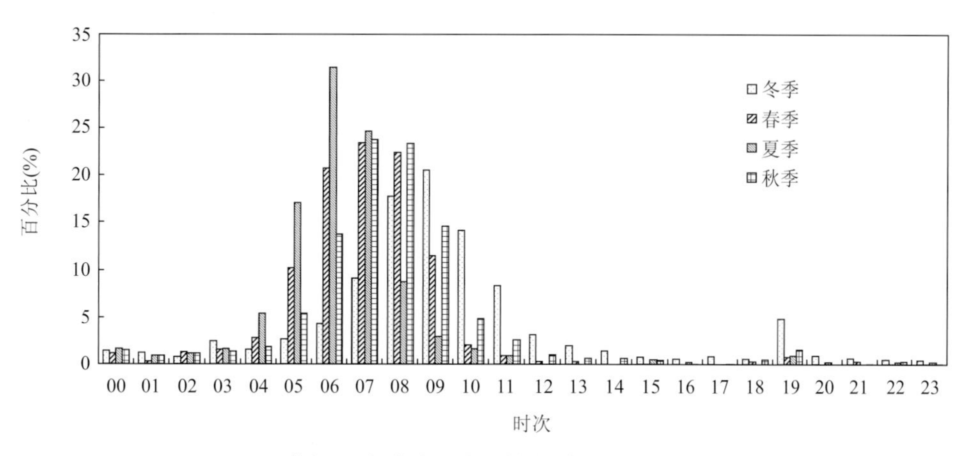

图 2.9　21 世纪 00 年代安徽省雾结束时间频率分布的季节变化

2.1.5　雾的持续时间及其变化

图 2.10 是安徽省雾持续时间的年代际分布特征。可以看出，安徽省雾持续时间具有明显的年代际增长趋势。20 世纪 70 和 80 年代，在大别山区和沿江地区，雾的持续时间相对较短，基本上维持在 150 min 以内，而在皖北和皖南山区雾持续时间相对较长，一般在 160～200 min。20 世纪 90 年代，全省的雾持续时间明显增加，在皖北的西北部存在一个高值中心，其中亳州和砀山的雾持续时间分别可以达到 242 min 和 253 min，而 20 世纪 80 年代仅为 171 min 和 168 min；同时，在大别山区依然存在一个低值区，雾持续时间普遍在 180 min 以下（六安 169 min、霍山 163 min）；在安徽省其他区域，雾的持续时间都在 200 min 左右，与 20 世纪 80 年代比，明显增加。21 世纪 00 年代，北部的高值区影响范围不断南扩，且中心强度也不断加强，在雾持续时间最高的亳州和砀山分别可以达到 292 min 和 274 min。同时，大别山区的低值区也逐渐消失，六安和霍山也分别增加到 199 min、189 min。

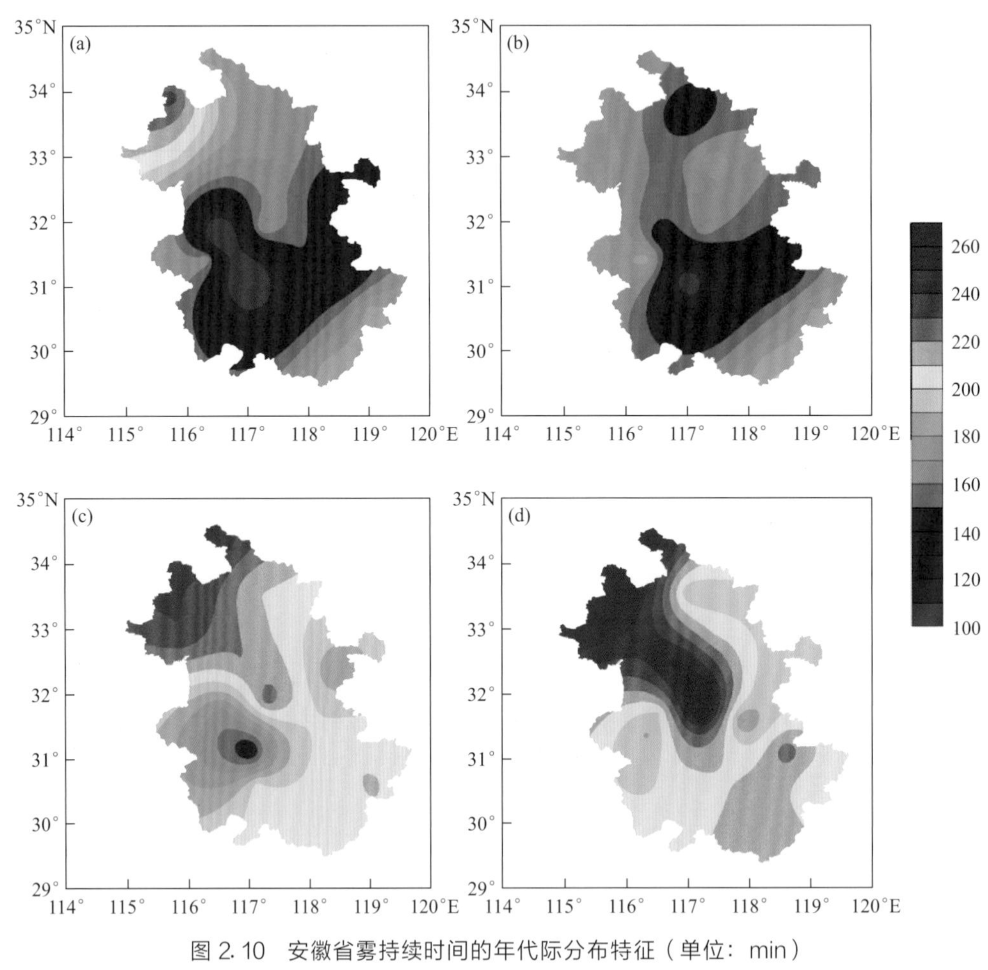

图 2.10　安徽省雾持续时间的年代际分布特征（单位：min）

（a）20 世纪 70 年代；（b）20 世纪 80 年代；（c）20 世纪 90 年代；（d）21 世纪 00 年代

从 4 个年代的全省 16 站平均的雾持续时间来看，20 世纪 70、80、90 年代和 21 世纪 00 年代分别为 156 min、156 min、205 min、224 min，与 20 世纪 80 年代相比，21 世纪 00 年代雾持续时间平均增加 68 min，这主要是因为雾消时间推后 1 个多小时导致。

图 2.11 是 21 世纪 00 年代安徽省雾持续时间的季节变化。由图可见，冬季雾的持续时间最长，春、秋季次之，夏季最短。四个季节的全省平均值分别为 299 min（冬季）、183 min（秋季）、159 min（春季）、108 min（夏季）。在冬季，雾持续时间主要是南北高，中间低。在皖北和皖南山区，雾持续时间都在 260 min 以上，最高的砀山和亳州可以达到 440 min 和 394 min，而在中部区域主要集中在 240～260 min；春、秋季，安徽雾持续时间大部分都在 140～180 min 之间，只有西北部的亳州和皖南山区的小部分地区高于 180 min；夏季，雾持续时间的分布较为均匀，除了安徽中东部区域雾持续时间高于 140 min 之外，其他大部分区域都在 100 min 以下。

结合雾日数季节分布来看，安徽省雾最为严重的季节为冬季，不仅大雾日数最多，而且持续时间也最长。

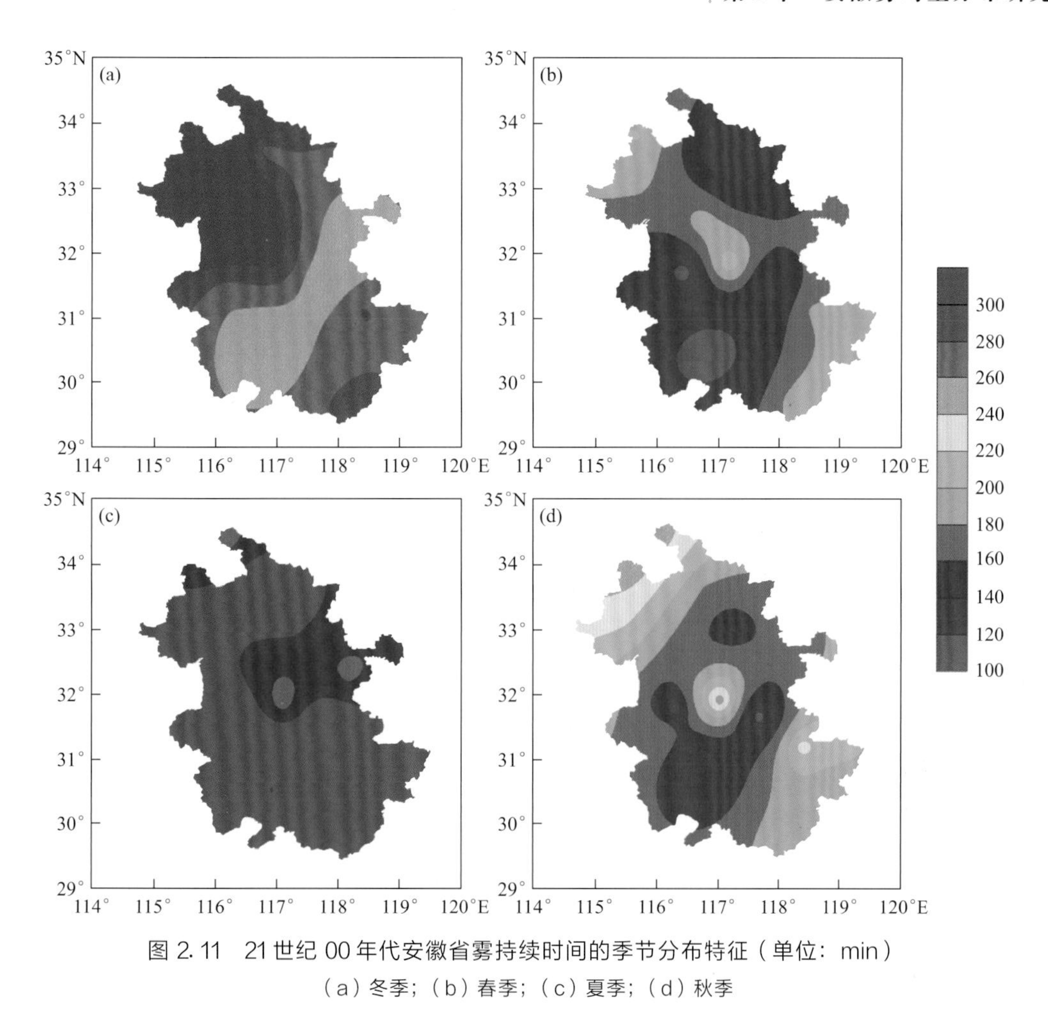

图 2.11　21 世纪 00 年代安徽省雾持续时间的季节分布特征（单位：min）

（a）冬季；（b）春季；（c）夏季；（d）秋季

2.2 安徽雾的气候变化成因

上一节分析了安徽雾的空间分布、年代际变化，发现安徽雾在出现次数、持续时间等方面都有明显的气候变化。本节利用安徽省 78 个观测站 1966—2005 年的气象资料，结合社会发展数据，讨论了城市化对雾的影响。

2.2.1　两类城市年雾日数变化趋势

分别统计了地级市和县级观测站 4 个 10 年的年均雾日数发现，大部分地级市（11/17）和近一半的县级观测站（29/61）都在以 1980 年为中心的 10 年雾的发生率最高。地级市中，亳州和巢湖（巢湖市于 1984 年 1 月成立地级市，2011 年撤销地级市，设立县级市）在以 1990 年为中心的 10 年最高；池州在以 2000 年为中心的 10 年最高。县级观测站中有 14 个以

1990 年为中心的 10 年最高，主要分布在长江沿岸江南；15 个在以 2000 年为中心的 10 年最高，主要分布在淮河以北。总的来说，1986—1995 年，以合肥为中心的江淮之间的经济相对发达区，年雾日数明显减少；1996—2005 年，皖南山区和江淮之间西部的大别山区的年均雾日数都在下降。

根据全省地级市年雾日数的年际变化曲线，几乎所有城市的年雾日数都在 1970 年前后出现一个低谷，随后的变化趋势根据峰值出现时间可以分为两类（图 2.12）。一类为先升后降型，以 1980 年为中心的 10 年是雾发生率最高的 10 年，之后，雾的发生率出现明显的减少趋势。这类城市占大部分，基本上都是建市较早、发展较成熟的城市，如合肥、芜湖和黄山市等。另一类城市虽也是先升后降型，但下降的开始时间是 20 世纪 90 年代后期或 21 世纪初。这类城市比较少，其建市时间基本上都是在 20 世纪 90 年代以后，如亳州、巢湖、池州等。

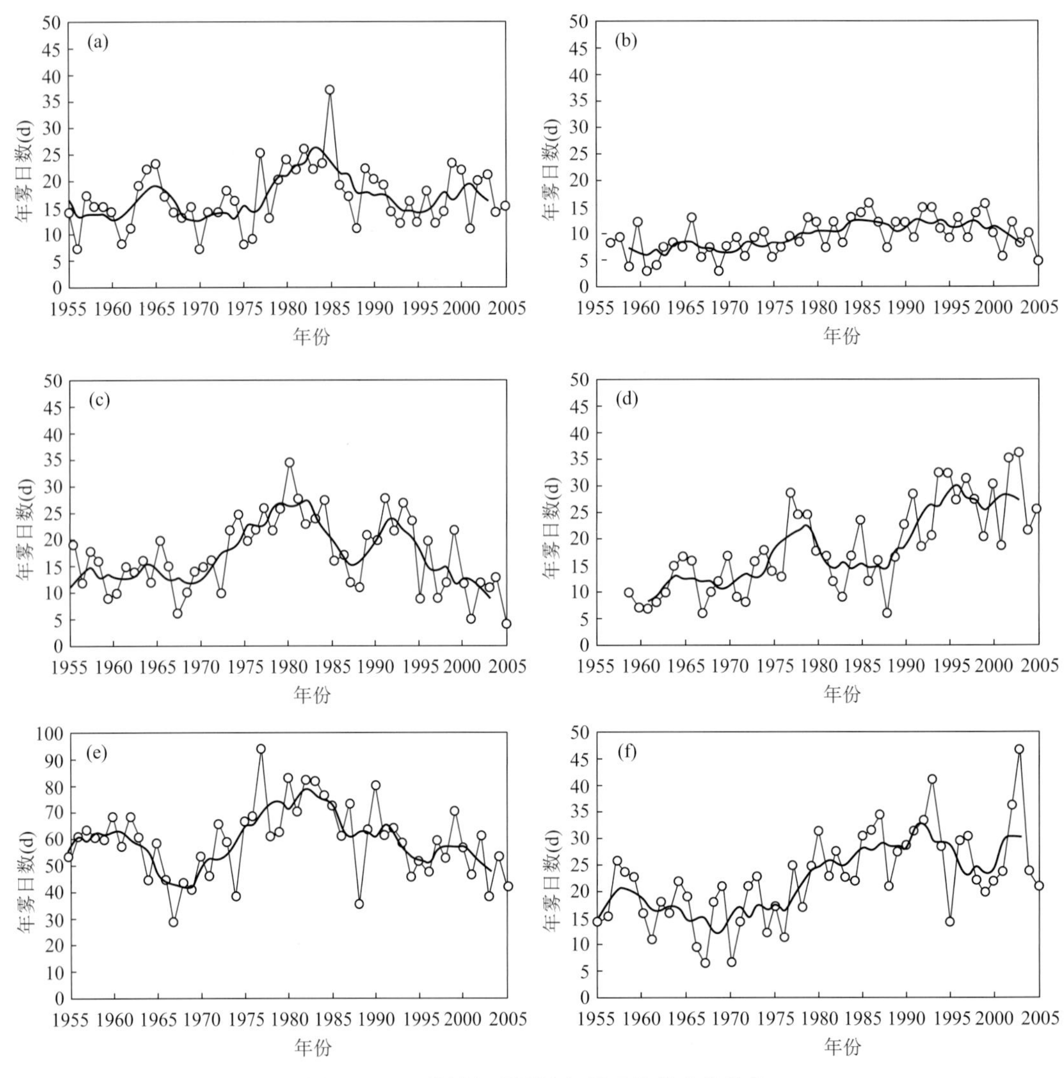

图 2.12　两类城市观测站年雾日数的变化趋势

（粗实线为 5 年滑动平均，细实线带空心圆为逐年雾日数）

（a）合肥；（b）巢湖；（c）芜湖；（d）池州；（e）黄山；（f）亳州

通过以上比较发现，不同发展阶段的城市，年雾日数有不同的变化趋势。这种变化趋势是什么原因造成的？是否是城市发展的影响？这正是本节要探讨的问题。

2.2.2 气象要素的年代际变化

以往的研究表明城市雾日数的下降与气温上升和水汽减少有关（Steve，2005；Sachweh 和 Kocpkc，1995；李子华，2001）。我们选择了 2 个代表性城市（合肥、池州）统计了 1966—2005 年不同时段气温、湿度等要素（表 2.1），结果显示了气温的上升，尤其是后 20 年上升明显。气温上升不仅仅是由于全球气候变化，也可能是由于城市发展引起的（石春娥等，2000）。三类气温中，最低气温上升幅度最大，这说明受城市化影响，这些城市的城市热岛强度加强。统计结果显示绝对湿度也有增加，城市化通常被认为会导致植被和其他蒸发表面减少，从而导致城市干燥；但另一方面，由大尺度气候变化或局地城市热岛引起的气温升高可通过抑制冷凝和促进蒸散而导致更高的湿度，同时也有可能化石燃料燃烧产生额外的人为水蒸气（Oke，1987）。

表 2.1 合肥（老城市）和池州（新城市） 1966—2005 年 10 年际平均地面气象要素

城市	年份	T_{max} (℃)	T_{min} (℃)	T_{mean} (℃)	AH_{08} (g/m^3)	RH_{08} (%)	V_{14} (km)	年雾日数
老城市（合肥）	1966—1975	20.18	11.85	15.61	11.67	82.78	16.05	13.6
	1976—1985	20.12	11.96	15.59	11.63	84.01	16.26	22.1
	1986—1995	20.39	12.33	15.95	11.57	83.14	15.02	16.2
	1996—2005	21.04	13.06	16.63	11.93	82.70	11.44	17
新城市（池州）	1966—1975	20.53	12.42	16.02	12.05	87.29		12.6
	1976—1985	20.52	12.59	16.08	12.06	85.69		18.9
	1986—1995	20.63	13.01	16.35	12.09	85.01	20.92	20.9
	1996—2005	21.36	13.66	16.99	12.32	83.24	17.22	28

注：T_{max}—最高气温，T_{min}—最低气温，T_{mean}—平均气温，AH_{08}—08 时绝对湿度，RH_{08}—08 时相对湿度，V_{14}—14 时能见度。

2.2.3 城市发展对雾的影响

研究城市化对局地气候影响最常用的方法是挑选城市和附近郊区观测站，比较两地气候要素的时间序列（Sachweh 和 Kocpkc，1995；石春娥等，2000；陈沈斌和潘莉卿，1997），以排除大尺度气候变化的影响。这里也采用同样的方法来研究城市气候对雾的影响。鉴于我国的常规气象观测站基本上都位于县城或地级市，因而假定县级观测站观测到的雾代表郊区的情况。图 2.13 给出了与图 2.12 对应的两类城市与其附近县城的年雾日数差（$N_u - N_r$）的演变情况，图中 N_u 和 N_r 分别指城市和县城观测站年雾日数，与合肥比较的是肥东和肥西的平均，与黄山市比较的是歙县和休宁的平均，与芜湖比较的是当涂和芜湖县的平均，与池州比较的是青阳和枞阳的平均，与巢湖比较的是无为和和县的平均，与亳州比较的是涡阳。由图 2.13 可见，在建市较早的几个城市，如合肥、芜湖、黄山等，自 1980 年以后，总

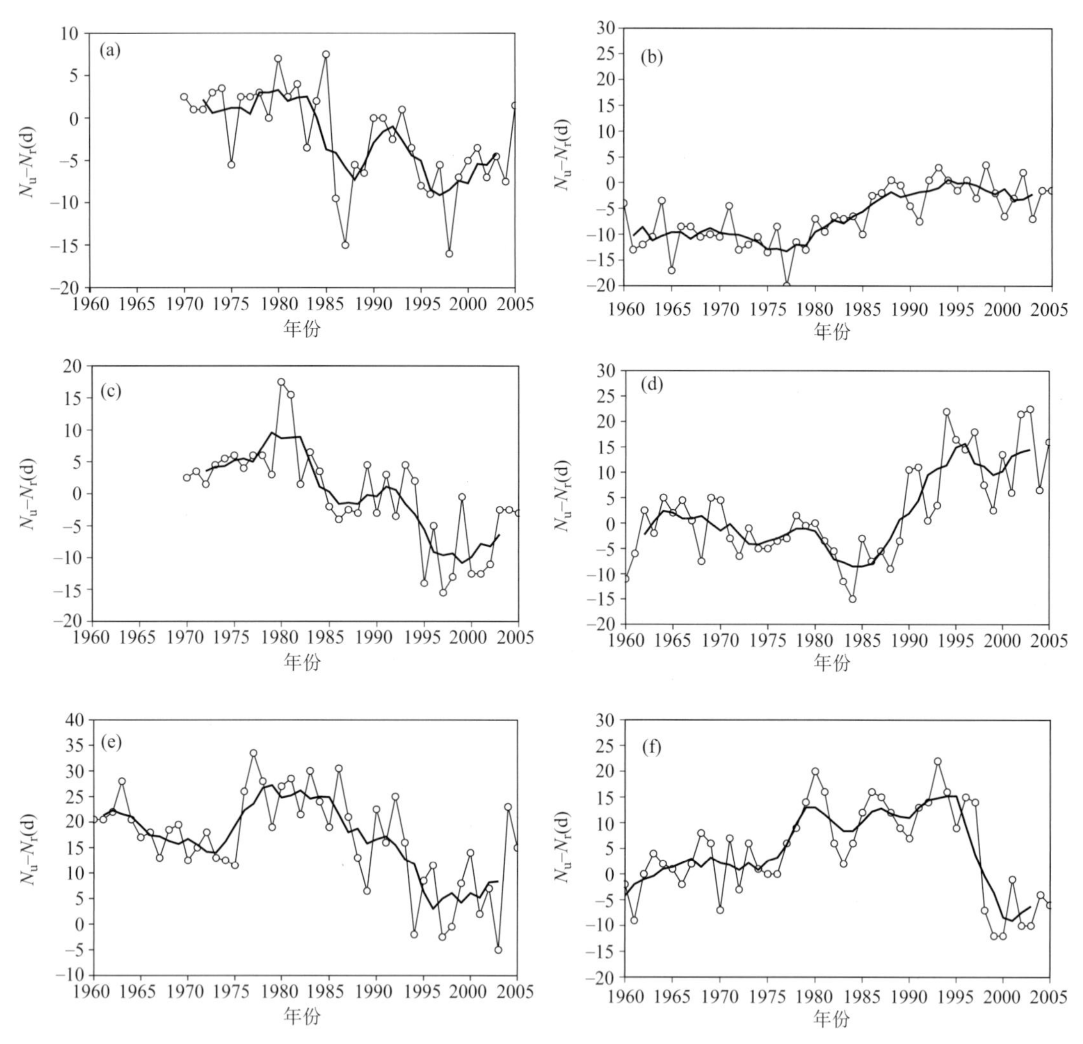

图 2.13 年雾日数城、郊差异的逐年变化

（粗实线为 5 年滑动平均，带空心圆细线为逐年雾日差）

（a）合肥；（b）巢湖；（c）芜湖；（d）池州；（e）黄山；（f）亳州

体趋势是下降的，特别是合肥和芜湖，自 1985 年以后，雾日数明显少于对应的郊县。这种变化趋势与图 2.12 是一致的，这也与 Sachweh 和 Kocpke（1995）给出的德国的例子类似。说明城市发展导致了雾发生率下降。合肥市在新中国成立后城市规模不断扩大，特别是改革开放以来，社会经济迅速发展，城市范围和人口加速增长。例如，合肥市城区面积 1949 年以前仅为 5 km^2，1980 年为 56 km^2，1990 年也只有 69.5 km^2，但 1990 年之后，城市规模迅速扩大，到 2000 年城区面积已达到 125 km^2，2005 年达 225 km^2；人口在 1949 年前后约 6 万，1980 年增长为 51.8 万，2005 年猛增到 150 万，进入大城市的行列。正是由于 20 世纪 80 年代以后的这种突飞猛进的发展，导致了城市雾明显减少的趋势。对建市较晚的几个地级城市，如亳州、池州和巢湖等，从 20 世纪 70 或 80 年代开始，年雾日数都有上升趋势，但在 1995 年以后，年雾日数明显下降。这些城市原来都是县城，都是 20 世纪 90 年代以后建市的，建市之前经济发展缓慢，建市以后社会经济迅速发展，城市人口迅猛增加。如亳州

市，在 1978 年城区面积仅 5.5 km²，人口 6.2 万，建市以后，城市规模迅速发展，2004 年城区面积超过 30 km²，人口接近 30 万。可见在城市缓慢发展时期，雾日数逐渐增加，但在城市规模明显扩大之后，雾日数开始下降。

2.2.4　大气气溶胶粒子对雾的影响

城市发展不仅使城市热岛增强，而且由于煤炭等能源消耗增多、汽车保有量增大，直接导致大气中颗粒物明显增多。大气气溶胶粒子增多，一方面，作为凝结核，有利于雾滴形成；另一方面，由于大气气溶胶粒子对辐射传输的影响，城市上空的大气气溶胶粒子在夜晚形成“雾障”，笼罩在城市上空，增加地表长波辐射的逆辐射，不利于近地层降温，有助于加剧夜间城市热岛效应（李子华和涂晓萍，1996；石春娥等，2000），从而可以阻碍城市雾的形成（石春娥等，2001）；在白天存在明显的“阳伞效应”，使城市白天气温下降（李子华等，2000；Chen et al.，2003），从而延缓雾的消散。因此，大气气溶胶粒子对雾的作用存在“促进”和“阻碍”两个互相矛盾的方面。

对城市大气气溶胶粒子明显增多现象，虽无大气气溶胶粒子连续观测资料来直接证明，但由城市大气能见度变坏可以得到间接依据。因为大气能见度的好坏与大气中气溶胶粒子多少直接相关。大量的研究（Dzubay et al.，1982；Colbeck 和 Harrison，1984；Li 和 Lu，1997）表明，大气中颗粒物浓度与大气能见度之间存在非常明显的负相关关系。另外，燃煤量的增加也能说明大气气溶胶粒子的增多，因为燃煤量直接反映大气颗粒物的工业排放量。为避免雾和相对湿度的影响，表 2.1 中 14 时（相对湿度低于 80%）大气能见度的变化趋势可表征大气气溶胶粒子数浓度的变化趋势。由表可见，合肥能见度一直在下降，尤其是 20 世纪 80 年代中期以后的 20 年，1996—2005 年平均和 1976—1985 年平均相比，下降约 29%。最后 20 年，池州能见度下降了 18%。能见度的变化趋势表明，城市迅速发展，使大气中气溶胶粒子数浓度显著上升。自 1990 年以来，能见度与全省范围内的煤耗量高度负相关，这也支持了能见度与气溶胶粒子数浓度之间的假设关系（图 2.14）。

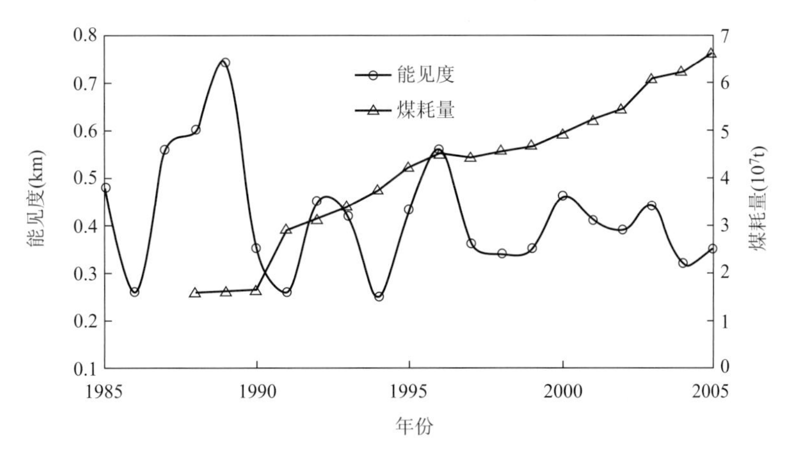

图 2.14　合肥 08 时雾中能见度和燃煤量的变化

大气中气溶胶粒子数浓度增大，也使雾中能见度下降（图 2.14）。1985 年以来合肥雾中能见度呈减小趋势。空气中颗粒物增多，雾滴数浓度增加，以及快速城市化而带来的污染气体增多，都可造成雾中能见度下降（李子华，2001）。

由于雾中能见度变坏，以及气溶胶粒子增多引起的白天“阳伞效应”，都影响雾的消散。如2.1.5节所述，20世纪90年代安徽大雾持续时间明显增加，主要是由于雾的消散时间在推后。

2.3 雾日气象条件

以合肥为例，利用2005—2009年的常规气象观测资料分析了雾日地面气象要素特征以及不同高度的大尺度输送特征（魏文华等，2012）。

2005—2009年合肥总雾日数为113 d。总体上，1月、12月雾日数最多，为4.2 d，4—9月雾日数较少，7月最低，仅0.4 d，其他月份雾日数保持在2.0～3.0 d之间。因为安徽雾以辐射雾为主，主要统计了雾前一日20时和当日02、08时相对湿度、风向和风速。

2.3.1 相对湿度

在雾日相关的三个不同时刻，不同相对湿度出现频率存在较大差异（表2.2）。雾日前一日20时，空气相对湿度＜85%的频率最大，为35.4%，而相对湿度在85%～90%、90%～95%以及95%以上的出现频率大致相当。雾日当日02时，相对湿度＞95%的频率最大，为56.6%，相对湿度＜85%的频率最小，仅7.1%。雾日当日08时，相对湿度＞95%的频率最大，达64.6%，相对湿度在90%～95%之间的频率有28.3%，即相对湿度在90%以上占92.9%，相对湿度＜85%的频率仅0.9%。这也说明，安徽雾以辐射雾为主，主要出现在08时前后。

表2.2 2005—2009年合肥雾日不同相对湿度出现频率（%）

相对湿度(%)	＜85	85～90	91～95	＞95
前一日20时	35.4	21.2	22.1	21.3
当日02时	7.1	14.2	22.1	56.6
当日08时	0.9	6.2	28.3	64.6

2.3.2 风向

在雾日相关的三个不同时刻，各风向出现频率差异较大（表2.3）。雾日前一日20时，东风（E）出现频率最大，为14.2%，东北偏东风（ENE）次之，为13.3%；静风（C）频率最小，为0。雾日02时，西北偏西风（WNW）出现频率最大，为13.3%，东北偏东风（ENE）和西北风（NW）次之，均为12.4%；静风频率最小，仅为0.9%。雾日08时，风向为西北风（NW）出现频率最大，为12.4%，WNW、ENE次之，均为10.6%；东南风

(SE)、西风（W）、静风（C）出现频率最小，均为1.7%。因此，雾的出现与风向关系密切，雾发生前后，主导风向会有改变，这与刘瑞阳等（2014a）、朱承瑛等（2018）个例分析的结论一致。

表2.3 2005—2009年合肥雾日不同风向出现频率（%）

风向	N	NNE	NE	ENE	E	ESE	SE	SSE	S
前一日20时	4.4	6.2	7.9	13.3	14.2	4.4	7.1	0.9	5.3
当日02时	2.6	5.3	10.6	12.4	3.5	3.5	7.1	5.3	2.6
当日08时	6.2	6.2	9.7	10.6	5.3	2.6	1.7	4.4	6.2
风向	SSW	SW	WSW	W	WNW	NW	NNW	C(静风)	
前一日20时	3.5	3.5	4.4	4.4	7.1	4.4	8.8	0	
当日02时	4.4	7.1	2.6	3.5	13.3	12.4	2.6	0.9	
当日08时	8.8	4.4	4.4	1.7	10.6	12.4	2.6	1.7	

2.3.3 风速

雾前一日20时至雾日，均是0～2 m/s风速出现频率最大，大于77%，其次是2～3 m/s风速，约为15%（表2.4），很少出现静风，无5 m/s以上风速。可见，微风有利于雾的形成。

根据以上分析可知，高湿、微风、偏东或西北风向是产生雾的有利条件，这与陈晓红和方翀（2005）分析结果一致。

表2.4 2005—2009年合肥雾日不同风速出现频率（%）

风速(m/s)	0	0～2	2～3	3～4	4～5	>5
前一日20时	0	82.3	15.9	0.9	0.9	0
当日02时	0.9	77.0	14.2	6.2	1.7	0
当日08时	1.8	77.0	15.9	4.4	0.9	0

2.4 冬季浓雾个例生消机理的分析和模拟研究

2.4.1 浓雾过程实况

2006年12月25—27日在安徽、江苏和河南境内发生一次持久的区域性强浓雾过程。南京和合肥都出现了能见度低于50 m的强浓雾，南京记录的最低能见度为0 m，南京和合肥的浓雾都持续了30 h以上（图2.15）。这次大范围的强浓雾过程造成南京、合肥机场所有

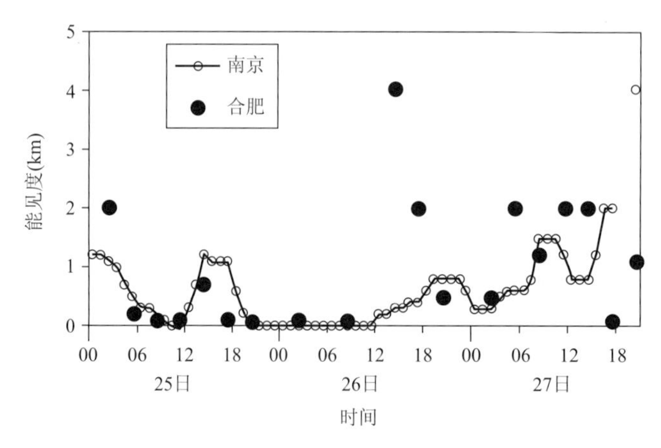

图 2.15　2006 年 12 月 25—27 日南京和合肥观象台地面目测能见度的演变

的航班延误，长江禁航，并发生多起交通事故。江苏省气象台和南京信息工程大学对这次浓雾过程进行了连续观测。基于南京信息工程大学校园的外场观测，濮梅娟等（2008）和 Liu 等（2008）总结了这次浓雾事件的一系列不寻常特征，如持续时间长、雾水含量（LWC）高、雾顶高和爆发性增长等。我们利用中尺度气象模式 MM5 对这次浓雾生消过程进行了模拟研究，并利用南京的外场观测资料，模拟区域内所有观测站的地面常规观测资料对模拟结果进行主观和客观评估，研究了这次浓雾过程的生消机理。

图 2.16 为利用地面观测的能见度资料制作的 25、26 日 08 时能见度分布图。从图上可以看出 25 日浓雾主要分布在安徽东部和河南、湖北境内，安徽、河南存在大范围的强浓雾区，以后浓雾区进一步向东部江苏境内发展，并加强。26 日 08 时，安徽东部与江苏交界的地区出现大范围的强浓雾区。可见，这是一次分布范围极广的区域性（强）浓雾过程。

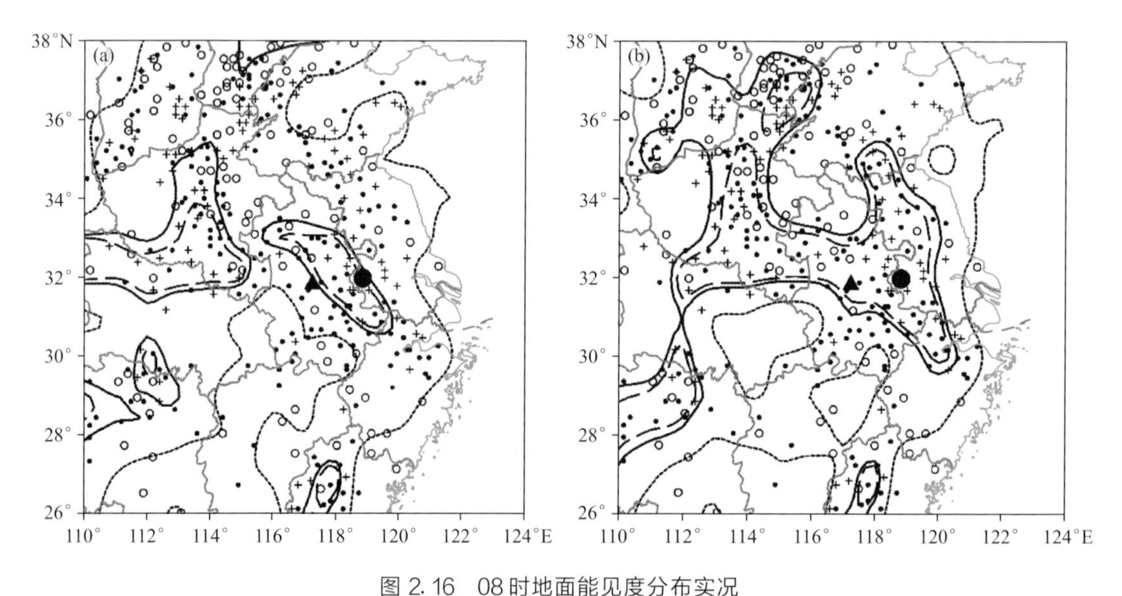

图 2.16　08 时地面能见度分布实况

（图中实心三角形和实心圆分别为合肥和南京的位置。长虚线、实线和短虚线分别表示 0.5 km、1 km、5 km，符号+ 、· 和 ○分别指能见度小于 0.05 km，0.05～0.5 km 及 0.5～1 km）

（a）2006 年 12 月 25 日；（b）2006 年 12 月 26 日

海平面气压场上，雾形成之前，我国东北至朝鲜半岛东部有一个高压系统，高压中心位于朝鲜半岛东部的洋面上，从该系统西南方向伸出的弱高压脊在江苏形成弱东风，有助于将西太平洋的暖湿空气输送到大陆（图 2.17）。同时，另一个高压位于贝加尔湖以西。在这两个高压之间，一个低压系统位于蒙古中部。随着系统向东移动，中国东部地区的气压梯度力减弱，出现小风或静风。25 日，在安徽形成一个弱辐合带。这种形势较有利于东部地区雾的形成（葛良玉等，1998）和颗粒物的累积（石春娥等，2008b）。高浓度颗粒物和从太平洋输送来的充足水汽伴随着强逆温（达到 16.3 ℃/100 m）（濮梅娟等，2008），有利于雾的形成和维持。随着系统向东移动，贝加尔湖西侧的高压向蒙古中部移动，其高压脊延伸至华北（图 2.17b），导致中国东部出现偏北风。12 月 27 日，逐渐发展起来的强北风将干冷空气输送到中国东部，驱散了浓雾。

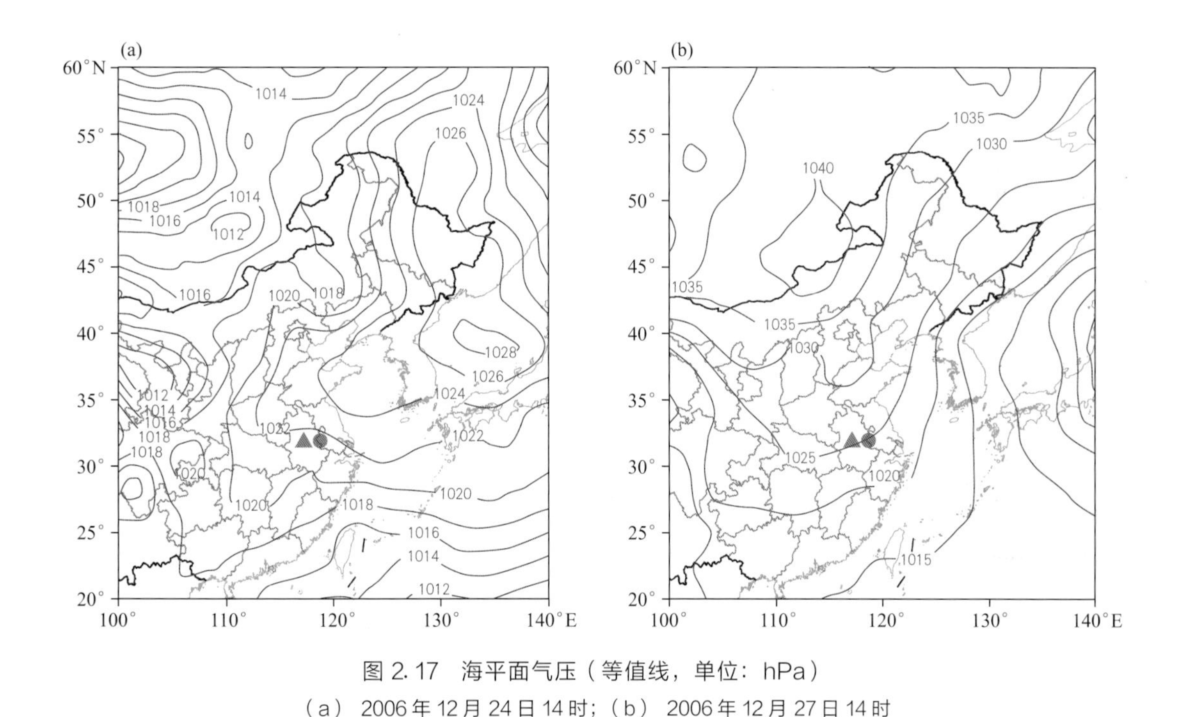

图 2.17　海平面气压（等值线，单位：hPa）
（a） 2006 年 12 月 24 日 14 时；（b） 2006 年 12 月 27 日 14 时

在 925 hPa 上，12 月 25 日，安徽、江苏和浙江盛行偏东到偏东南风，从东南沿海输送暖湿气流到安徽（图 2.18a）。同时，从四川盆地（28°N，110°E）经湖北、河南至安徽北部的比湿度梯度较大，在西南风的作用下，形成西南至东北的湿平流。此外，还有一个明显的暖舌从西南延伸到安徽。12 月 26 日，浓雾覆盖安徽，安徽盛行南到西南风，一条暖脊延伸到安徽北部，形成从西南向安徽明显的暖湿平流（图 2.18b）。12 月 25—26 日，安徽北部存在一个比湿低值中心，12 月 27 日，东部地区为一致的东北风（图 2.18c）。

2.4.2　模式及模拟方案

用于模拟本次雾过程的中尺度气象模式 MM5v3.7 是由美国宾夕法尼亚州立大学

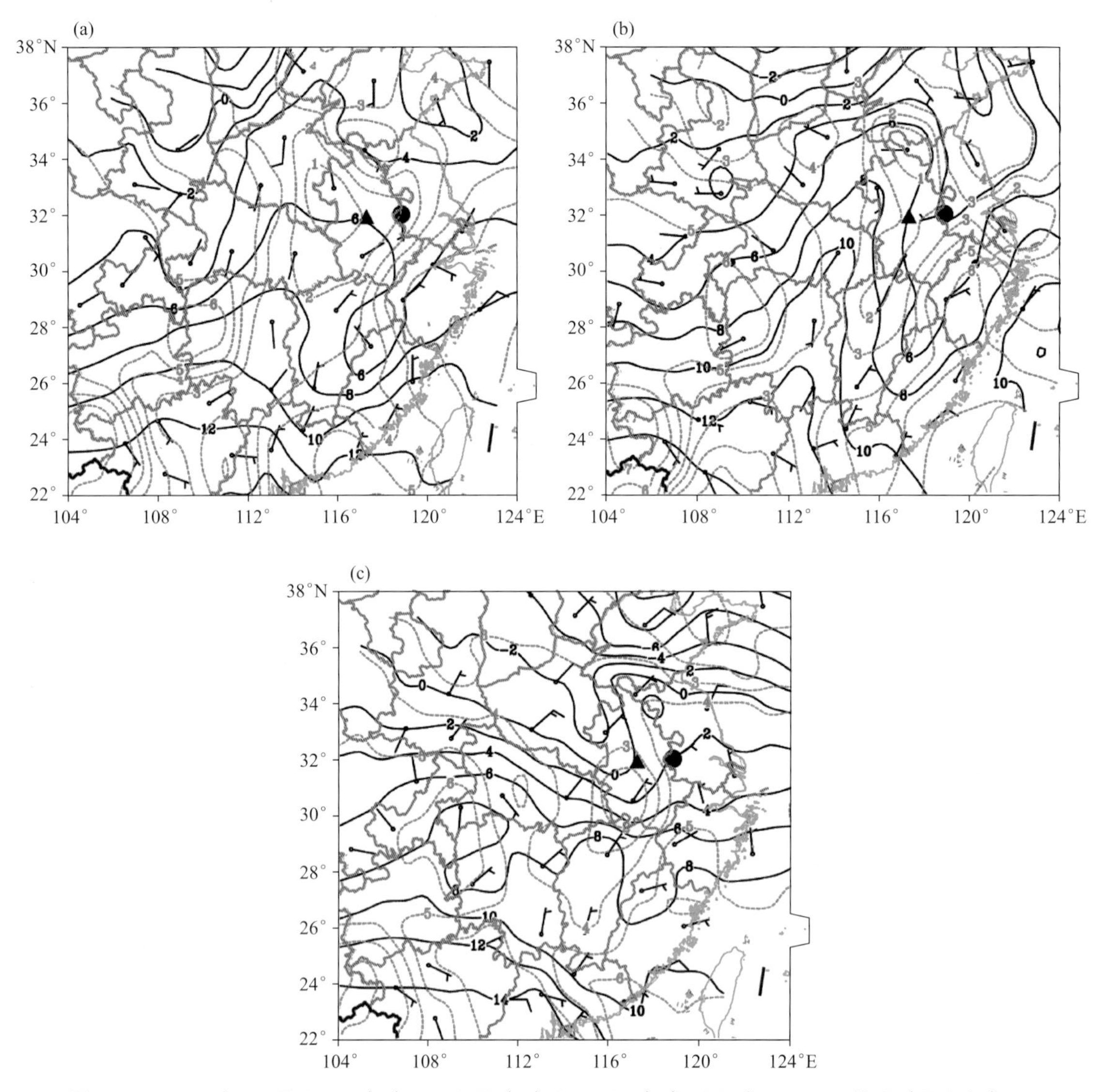

图 2.18 2006年12月25日（a）、26日（b）和27日（c）08时925 hPa的风（风向杆）、气温（℃）（黑色实线）和比湿（g/kg）（绿色虚线）

（PSU）和美国大气研究中心（NCAR）共同研发的非静力平衡模式，该模式曾被广泛用于研究各类天气现象，包括：海陆风、山谷风、梅雨、雾，并用于实际天气预报。在本次模拟中采用两重双向嵌套网格，投影中心为：35°N、110°E。粗网格格距为36 km，格点数为140×124，包括整个东亚地区（图2.19，D01）；细网格格距12 km，格点数为190×190，包括我国东部地区（图2.19，D02）。垂直方向分为34层，1000 m以下18层，模式第一层中心离地面的距离为3～4 m。经对多个边界层方案和辐射方案进行试验后，选用MRF边界层方案和云辐射方案。时间步长为90 s。模式的初、边值条件均采用每天20时的T213资料的前24 h结果，并利用每3 h一次的地面常规观测资料和12 h一次的探空资料对第一猜测场进行调整。模拟开始时间为北京时间2006年12月24日20时（雾形成前约4 h），到2006年12月28日08时结束，共计84 h。模拟全程使用FDDA格点同化分析，根据前人的经验，对所有要素进行三维同化，仅对粗网格区域的风场使用地面二维格点同化。

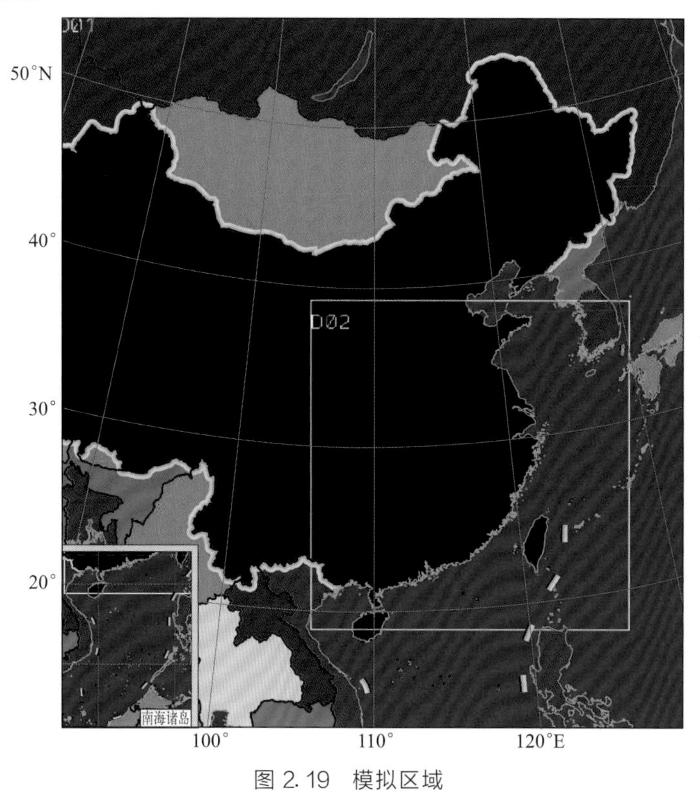

图 2.19　模拟区域

2.4.3　模式效果评估

对模式结果进行两个方面的评估，主观评估和客观评估。主观评估包括模拟的液水含量分布与观测的能见度分布的定性比较，以及模拟的南京液水含量的时空分布与南京观测的能见度和雾顶高度的比较。客观评估包括用计算能见度得到的浓雾和雾的 TS 评分（Koziara et al.，1983；Wilks，2006）（方法见附录 A）。

计算能见度（V）用下列公式（Kunkel，1984；Stoelinga 和 Warner，1999）得到：

$$V=-1000\times\ln(0.02)/\beta \tag{2.1}$$

式中，V 是以 m 为单位的能见度；β 是消光系数，用下式计算：

$$\beta=144.7\mathrm{LWC}^{0.88} \tag{2.2}$$

式中，LWC 是模式计算的液水含量（也称雾水混合比），单位为 g/kg。

因为 08 时是雾的成熟阶段，而且 08 时的地面观测资料最为完整，我们用以上公式计算了 25 日和 26 日 08 时各观测站的能见度。计算了技巧评分（TS）、预报准确率（POD）、空报率（FAR）、漏报率（MR）和预报偏差率（FBI），所有的统计量分别按雾（$V<1$ km）和浓雾（$V<500$ m）计算，计算公式见附录 A。TS 和 POD 的值越大越好，其范围为 0（最差）～1（最好）；FAR 和 MR 的值越小越好，其变化范围为 0（最好）～1（最差）；FBI 的最佳值为 1，当 FBI>1 时，表示高估了雾的范围，否则就是低估了。

图 2.20 给出了 2006 年 12 月 25、26 日 08 时模拟的近地层（约 10 m 高度处）雾水混合比分布。一般认为当雾水混合比达到 0.01 g/kg 即有雾生成了，比较图 2.20 与图 2.16，可以看出模拟的 25 日 08 时雾水混合比的分布形势与图 2.16a 中低能见度区域分布形势十分接近，安徽、河南的大范围雾区的雾水混合比都在 0.4 g/kg 以上。图 2.16 中，与 25 日相比，26 日 08 时，安徽东部到江苏雾区范围扩大、强度加强，河南境内雾区范围减小、强度减弱。模式成功地把握了雾区范围和强度的变化趋势。

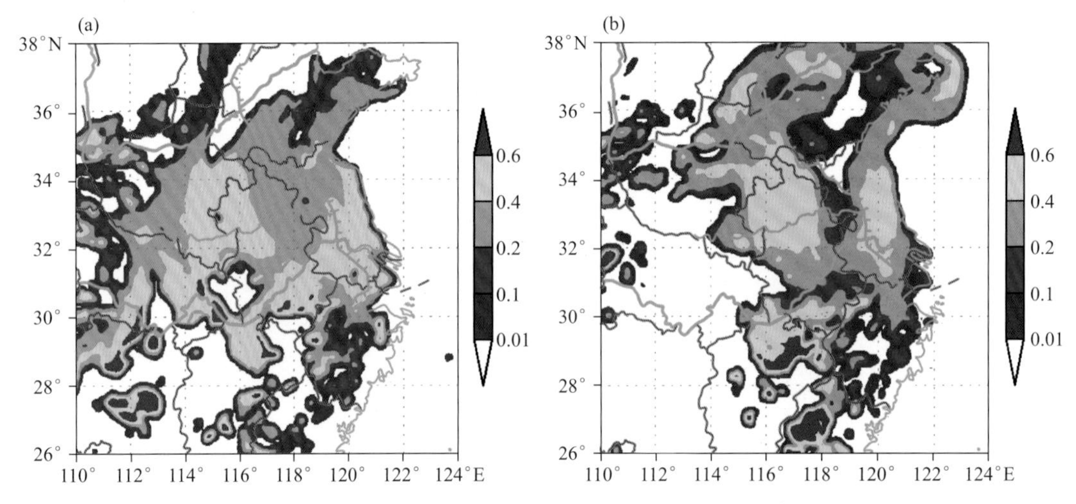

图 2.20 模拟 08 时近地面雾水含量分布（约 10 m 高，单位：g/kg）
（a） 2006 年 12 月 25 日；（b） 2006 年 12 月 26 日

图 2.21 为模拟南京和合肥雾水混合比的时间-高度剖面图，图 2.22 是由系留气球每小时实测的南京雾顶高度随时间的演变图。比较图 2.21a 与图 2.22 发现：①雾的生消时间基本一致，即生于 25 日凌晨，消于 27 日中午；②25、26 日凌晨，雾顶都出现爆发性升高。这就是说，模拟雾的生消时间及爆发性垂直发展，都与实况基本相同；③模拟雾顶高度比实况偏低。比较图 2.21b 与图 2.15 可以发现，合肥近地面雾水含量模拟值随时间的演变与能见度实况的变化趋势非常一致，即当含水量大时，能见度小，含水量减小时，能见度增大。

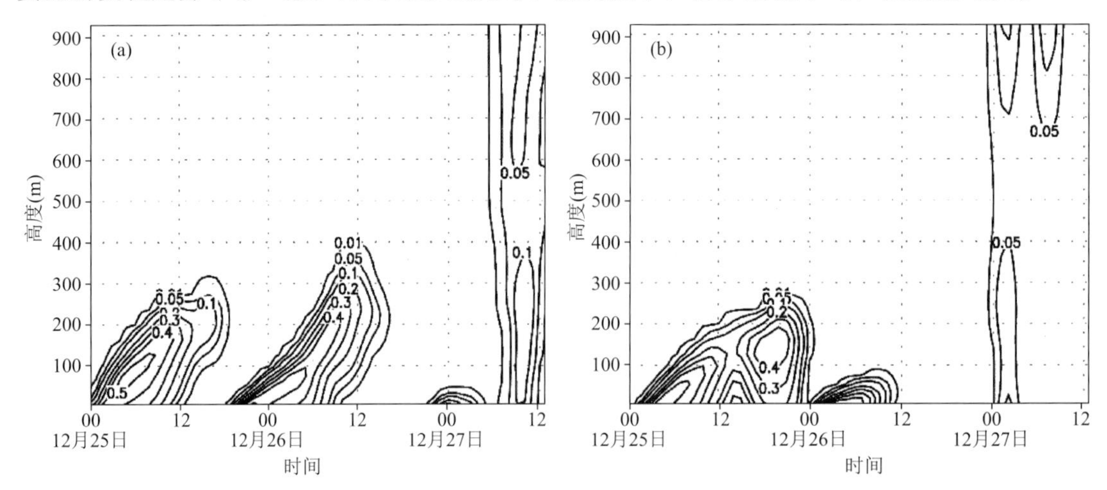

图 2.21 2006 年 12 月 25—27 日模拟边界层内雾水混合比的时间-高度剖面图（单位：g/kg）
（a）南京；（b）合肥

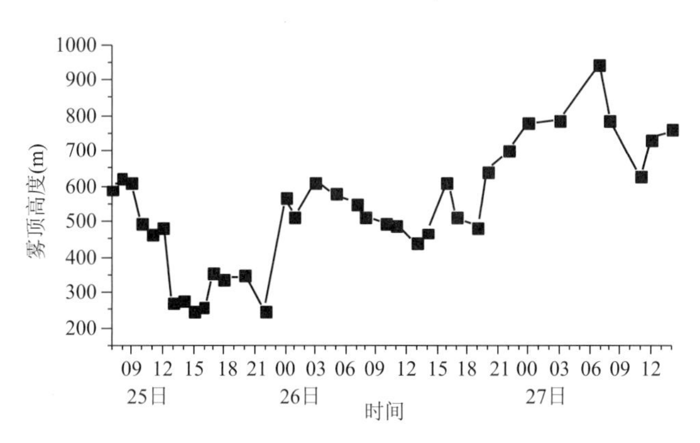

图 2.22　2006 年 12 月 25—27 日南京实测的雾顶高度随时间的演变图

图 2.23 是 2006 年 12 月 25 日 00 时—26 日 15 时在南京地面连续实测的雾水混合比和模式底层雾水混合比的时间演变图。由图可见，两者大小及随时间变化趋势相当一致，而且模式较好地再现了 25 日凌晨和傍晚地面雾水混合比的爆发性增强，不同的是南京观测的雾过程是连续的，而模式在 25、26 日午后地面雾接近消散。值得指出的是，图 2.15 显示南京观象台在 25 日午后 14—17 时浓雾确实消散，与图 2.23 中南京信息工程大学内观测的雾水混合比反映的情况不太一致，这可能与两地的地理位置有关，南京观象台更接近市区，受城市热岛效应的影响，雾强度可能不及远离市区的南京信息工程大学浓、厚，因而更容易消散。可见，即使是大范围的区域性浓雾还有一些局地性特征。

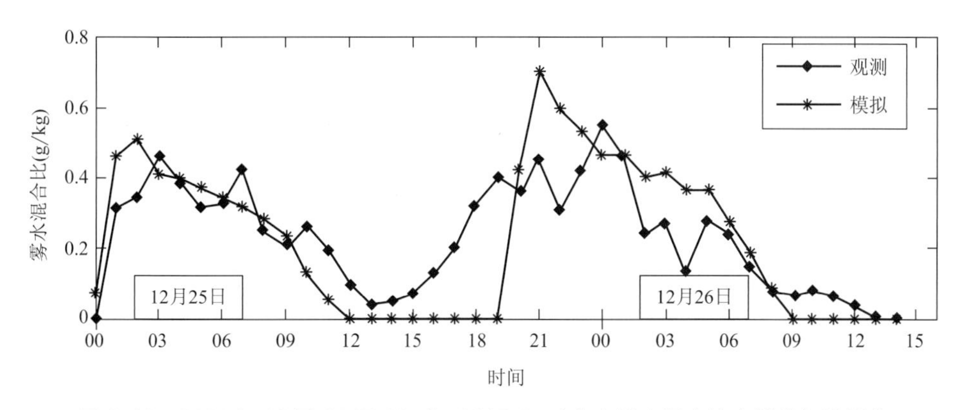

图 2.23　2006 年 12 月 25 日 00 时—26 日 15 时南京雾水混合比实测值与模拟值

表 2.5 给出了 2006 年 12 月 25 日和 26 日雾与浓雾模拟的客观检验结果。从 25 日到 26 日，TS 评分没有显示出明显的变化，但是，其他统计量都显示出明显的上升（MR）或下降（FAR、POD 和 FBI），表明 MM5 的模拟能力随着预报时间的延长而下降。在 25 日，MM5 成功地模拟到大部分观测站的雾（MR＝0.38），而且高估了雾区范围（FBI＞1）。26 日，MM5 成功地模拟到约一半观测站的雾（MR＝0.52），而且低估了雾区范围（FBI＜1）。从“雾”到“浓雾”，TS 和 POD 下降，FAR 和 MR 上升，这意味着 MM5 对“浓雾”比对“雾”的模拟能力差一些。另外，TS 分值比较低，可能与公式中没有考虑气溶胶和雾滴数浓度的影响有关。

表 2.5 雾和浓雾检验结果

日期	观测样本数	能见度等级	TS	FAR	POD	MR	FBI
25 日	793	雾（$V<1$ km）	0.36	0.54	0.62	0.38	1.34
		浓雾（$V<0.5$ km）	0.23	0.62	0.39	0.61	1.03
26 日	792	雾（$V<1$ km）	0.36	0.42	0.48	0.52	0.82
		浓雾（$V<0.5$ km）	0.21	0.55	0.28	0.72	0.62

综上所述，MM5 模式基本能模拟出浓雾的水平和垂直分布，以及雾的发展和演变过程中的爆发性升高和爆发性增强等特征，模拟的南京雾水混合比与地面实测值相符。用传统的评估方法和约 700 个观测站观测的能见度对雾和浓雾的模拟效果进行评估，结果表明模式在第一天的效果优于第二天，对雾的模拟效果优于浓雾。

可见，用 MM5 做区域性浓雾的模拟是可行的，但仍有不足。

2.4.4 此次浓雾过程生消机理

根据实况资料和数值模拟结果，探讨了本次浓雾长时间维持的关键因素。

（1）深厚的逆温层持续存在使雾体不能消散

浓雾期间，逆温层顶部在 06 时（北京时间）升高到 600～700 m（图 2.24）。深厚逆温层的持续存在有助于浓雾的维持，延长了浓雾的持续时间。这种持久的逆温现象不同于典型的辐射雾。例如，在重庆（Li et al.，1994）和西双版纳（濮梅娟等，2001）的辐射雾期间，日出后地表温度升高，中午左右雾顶逆温消失，雾层消散。而在这次浓雾过程中，日出后（26 日 07 时左右）强逆温层仍始终存在，使得雾体内层结稳定。直到 27 日冷空气南下，边界层内强逆温层消失，随后地面雾层消散。

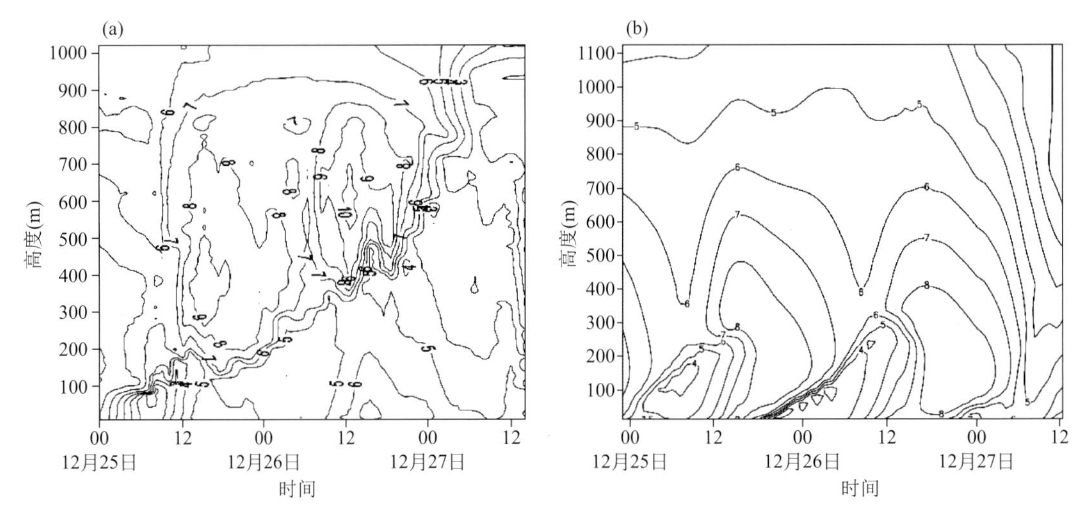

图 2.24 2006 年 12 月 25—27 日南京气温时间-高度剖面图（单位：℃）

（a）南京信息工程大学观测；（b）模拟

为什么逆温层能长时间存在？为什么日出后甚至在午后地面强增温时逆温层也不消散？我们认为有两个原因。

① 边界层中上层有暖平流存在。观测和模拟都显示 925 hPa 有暖湿平流（图 2.18），在安徽及周边省份形成一个暖脊。因此，逆温不会因为地面温度升高而消失，因为边界层中上部气温因暖平流而同步上升。

② 大尺度下沉的作用。12 月 25、26 日，边界层中上部存在明显的下沉（图 2.25）。被下沉气流压缩的结果是气温会上升。

综上所述，由于暖平流和下沉增温的作用，使得中上层的逆温层始终存在，这是雾长时间不消散的重要条件。

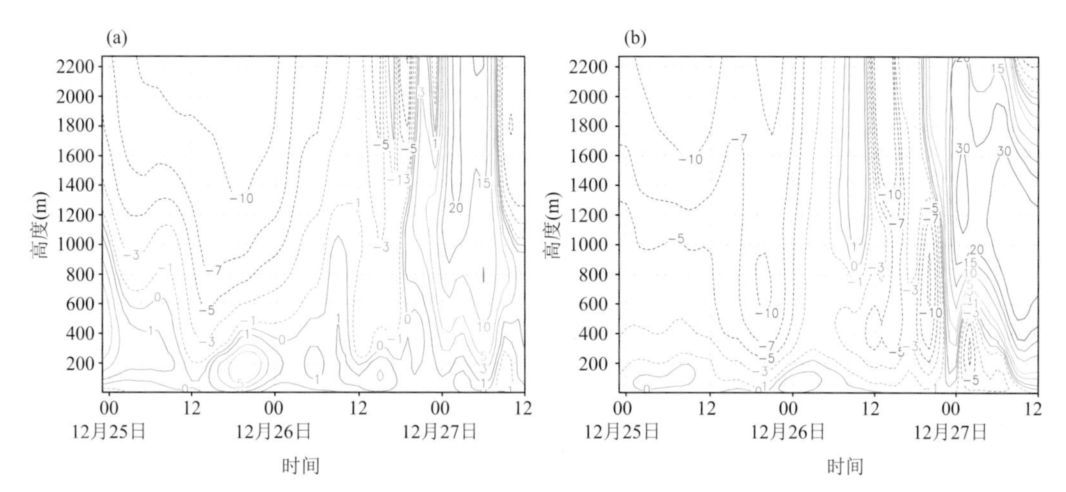

图 2.25 2006 年 12 月 25—27 日垂直速度的时间-高度剖面模拟图（单位：cm/s）

（a）南京；（b）合肥

（2）充沛的水汽源是雾层浓厚的重要条件

持续的偏南风，不仅给雾体上层带来了暖空气，还给雾体输送来了充沛的水汽。由图 2.18 可见，有两个明显的水汽输送通道，一个是从西太平洋经浙江到安徽东部和江苏北部有明显的水汽平流输送，湿舌一直伸到安徽和江苏北部；另一个是从四川盆地经湖北、河南到安徽。这种形势一直持续到 26 日 08 时左右。由于水汽输送发生在近地面到 925 hPa 整层空气中，虽然雾水凝结、沉降消耗了大量水汽，但南京 800 m 高度以下比湿仍比较大，在 4.5～5.5 g/kg 之间（图 2.26）。由于水汽充沛，所以雾浓，且长时间维持不消；由于水汽输送达到 925 hPa 高度，所以雾顶很高。27 日，边界层中上部受来自北方的干冷空气影响，比湿迅速下降，由此雾消散。

综上所述，这次平流辐射雾是 12 月 25 日清晨在微风和辐射冷却的条件下形成的，由于持续的边界层中暖湿平流得以长时间维持，后受边界层中上部的干冷平流作用而消散。为了定量研究湿（水汽）平流对这次雾的影响，做了一个关于水汽平流的敏感性数值试验，将水汽水平平流减半，即人为地将平流项（$V \cdot \nabla q$）的系数设为 0.5。图 2.27 给出了 25 日和 26 日 08 时敏感性数值试验与标准模式结果模式底层液水混合比的差值。当水汽水平输送被人为地减半后，安徽中部和江苏大部分地方雾中液水混合比下降（负值），但在河南、山东和浙江上升（正值）。另外，南京的液水混合比随高度下降（图 2.28）。比较图 2.28 与图 2.21、图 2.22 可以发现，水汽输送减半后，南京雾将变为典型的辐射雾，凌晨形成，日出后消散。在雾的形成和发展阶段，雾顶高度下降，雾的持续时间明显缩短。但在消散阶段，

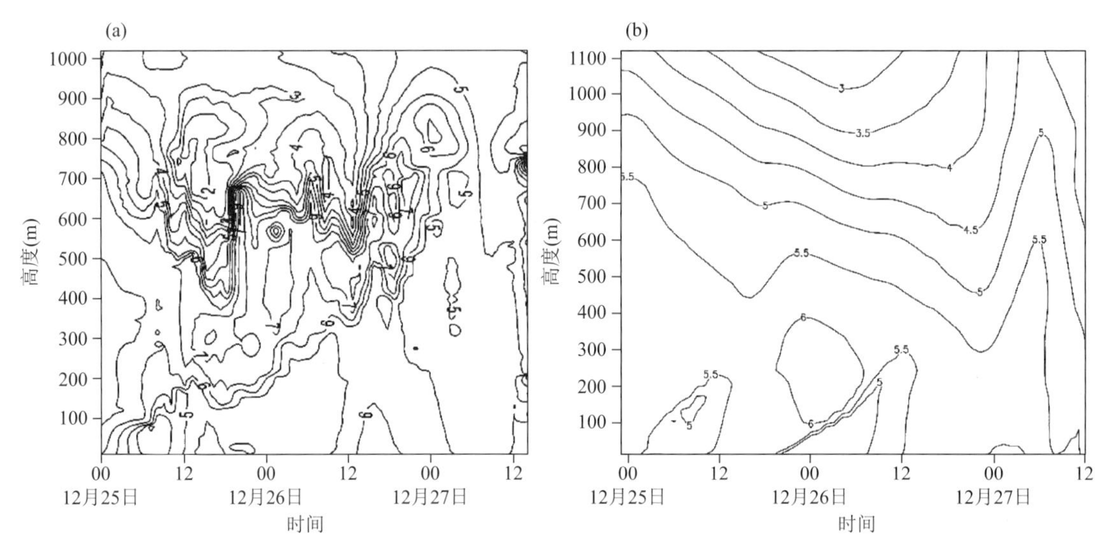

图 2.26　2006 年 12 月 25—27 日比湿时间-高度剖面图（单位：g/kg）
（a）南京信息工程大学观测；（b）模拟

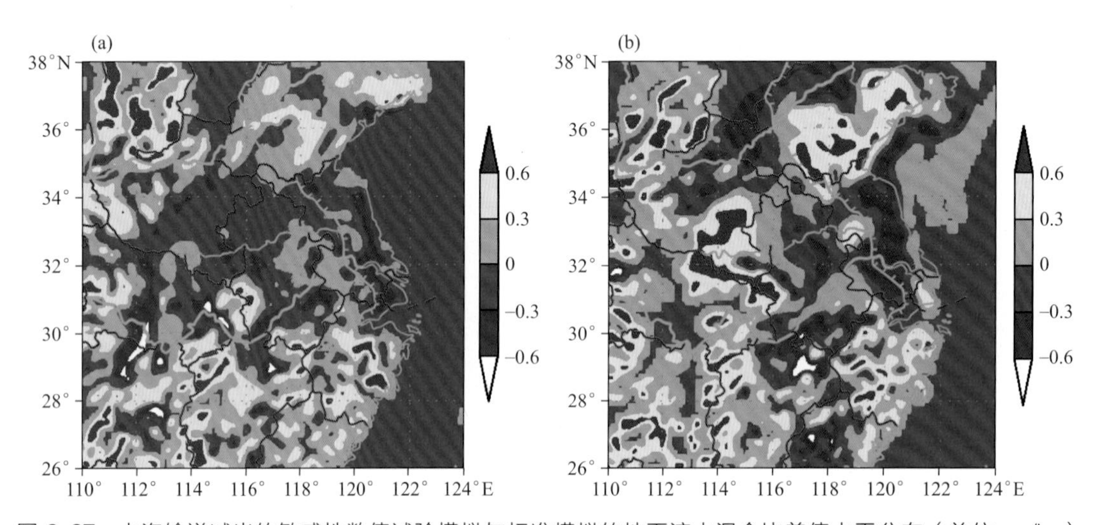

图 2.27　水汽输送减半的敏感性数值试验模拟与标准模拟的地面液水混合比差值水平分布（单位：g/kg）
（a） 2006 年 12 月 25 日；（b） 2006 年 12 月 26 日

当输入的干冷空气减半，27 日凌晨，南京雾将发展得更高，但地面雾将结束得更早。与南京不同，若将雾的发展和维持阶段（26 日）水汽平流减半，合肥雾将持续更久、垂直方向发展更高；同样，当消散阶段的干冷空气减半，合肥雾会持续更久、发展更高。敏感性试验的结果与前面关于南京雾的形成、维持和消散的原因分析结论一致。

比较图 2.28 与图 2.21 还可以发现，在降低水汽平流后，12 月 26 日南京上空 LWC 增强，形成低云，合肥近地面 LWC 增加。通过计算控制试验（标准模拟）边界层内不同高度的散度场，可以发现 26 日 08 时南京和合肥的散度不同。在 975 hPa（约 400 m 高度），合肥位于辐散下沉区，而南京位于一个大范围的辐合区，有弱的上升。在 925 hPa（约 800 m 高度），合肥位于辐合区，南京位于辐散区。因此，如果水汽平流减半，南京 800 m 高空的水汽散度将减小，残余水汽形成低云。同样，合肥市边界层下部的残余水汽也会使雾顶发展更高。

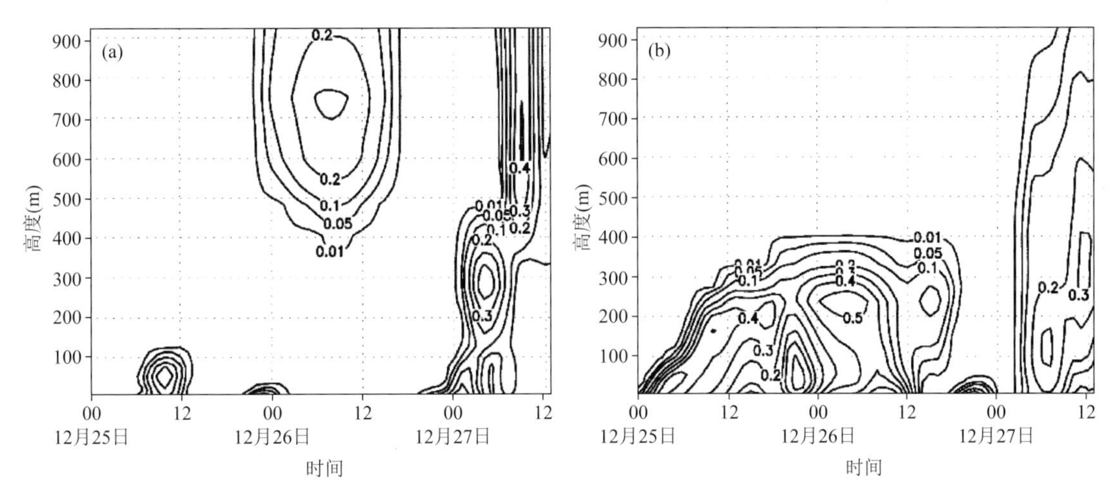

图 2.28　2006 年 12 月 25—27 日水汽输送减半的敏感性数值试验模拟液水混合比（LWC）时间高度分布（单位：g/kg）

（a）南京；（b）合肥

2.5 高速公路雾的监测及预报

雾是影响高速公路车辆行驶的最重要的灾害性天气，交通事故大多发生在浓雾尤其强浓雾期间。为保障高速公路交通安全，安徽省 2011 年开始建设全网覆盖的高速公路自动能见度观测网络，截至 2013 年共建成 93 套 6 要素能见度站和 100 套单要素能见度站（图 2.29），两类观测站基本上间隔分布。为了充分利用这些高时空分辨率的观测数据，开展了高速公路雾特征及预报方法研究。

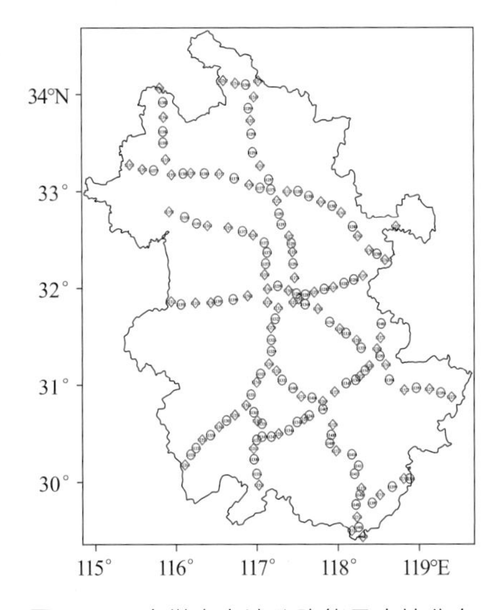

图 2.29　安徽省高速公路能见度站分布

首先，利用 2010 年 9 月—2011 年 12 月安徽省高速公路交通气象站资料分析了安徽省高速公路浓雾（V<500 m）和强浓雾（V<200 m）时空分布规律。

2.5.1 高速公路浓雾变化特征

图 2.30 是各路段浓雾发生次数的逐时变化，是每个路段所有站点浓雾发生的累积统计。可以看出，安徽省高速公路浓雾的发生具有明显的日变化特征，一般发生在午夜和清晨，高发时段集中在凌晨的 04—08 时，这 5 个时次的浓雾发生占浓雾发生次数的 67%，随着季节的不同，浓雾发生的峰值时间会前后变化，到了上午 10 时浓雾几乎全部消散，而从 11—20 时浓雾发生的次数极低，这 10 个时次发生浓雾的次数仅占日浓雾发生的比例为 2.3%，除了短时强降水外，一般不会发生低能见度情况。因此我们在做预报时，可以有选择地关注重点时段，对于浓雾发生次数高的时段，重点加强监测和关注，而对于浓雾发生次数低的时段，可以节约投入的人力和物力。从图 2.30 还可以看出各个路段浓雾发生次数不同，体现了各个路段浓雾的多少。在所有路段中，宁洛高速界阜蚌、合淮阜高速、济广高速亳阜段、安景高速的浓雾发生次数较高，其中排名前三的高速均位于安徽省中北部，只有安景高速位于皖南。

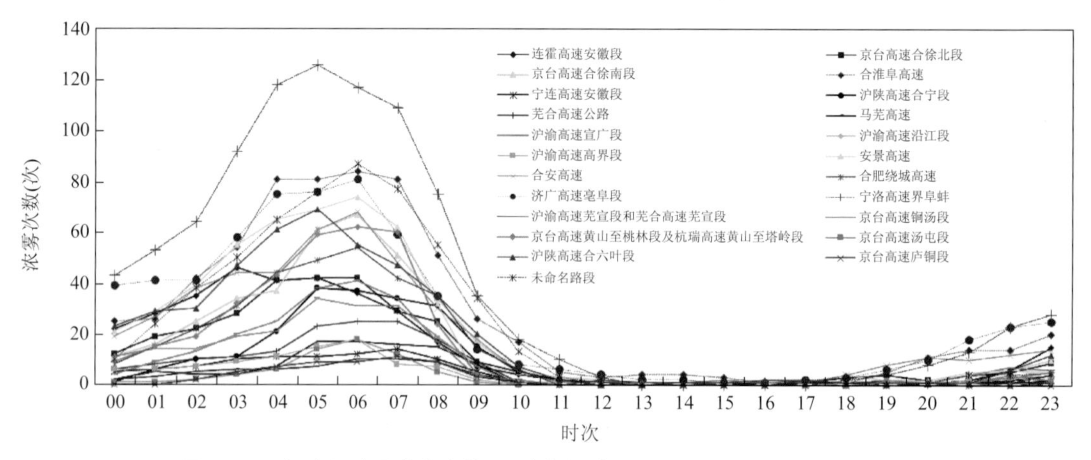

图 2.30　各路段浓雾发生次数-逐时变化（2010 年 9 月—2011 年 12 月）
（浓雾次数为每个路段所有站点浓雾发生的累积统计）

强浓雾发生情况见图 2.31。与浓雾的日变化类似，主要也是发生在午夜和清晨，在 10 时以后会彻底消散。强浓雾主要发生在凌晨的 04—08 时，该时段发生次数占总的强浓雾发生的 67.9%，而 10—24 时的 14 h 里，强浓雾的发生仅占总强浓雾发生次数的 6.4%。所以能够造成严重交通事故的强浓雾最主要的发生时段是凌晨。强浓雾的高发路段和浓雾一致，为宁洛高速界阜蚌、合淮阜高速、济广高速亳阜段、安景高速。

图 2.32 是各个路段浓雾的发生日数，由图可见，各路段浓雾日数为 15～100 d，变化范围很广，发生最高的路段是皖南的安景高速，达到 100 d。宁洛高速界阜蚌、济广高速亳阜段、合淮阜高速、合安高速的浓雾日数也都在 70 d 以上。其中宁洛高速界阜蚌、济广高速亳阜段、合淮阜高速位于安徽省北部，安景高速和合安高速位于安徽省南部。而浓雾日数较低的路段有：马芜高速（23 d）、京台高速庐铜段（21 d）、京台高速汤屯段（20 d）、沪渝高速芜宣段和芜合高速芜宣段（15 d），这些路段基本上都位于沿江区域。

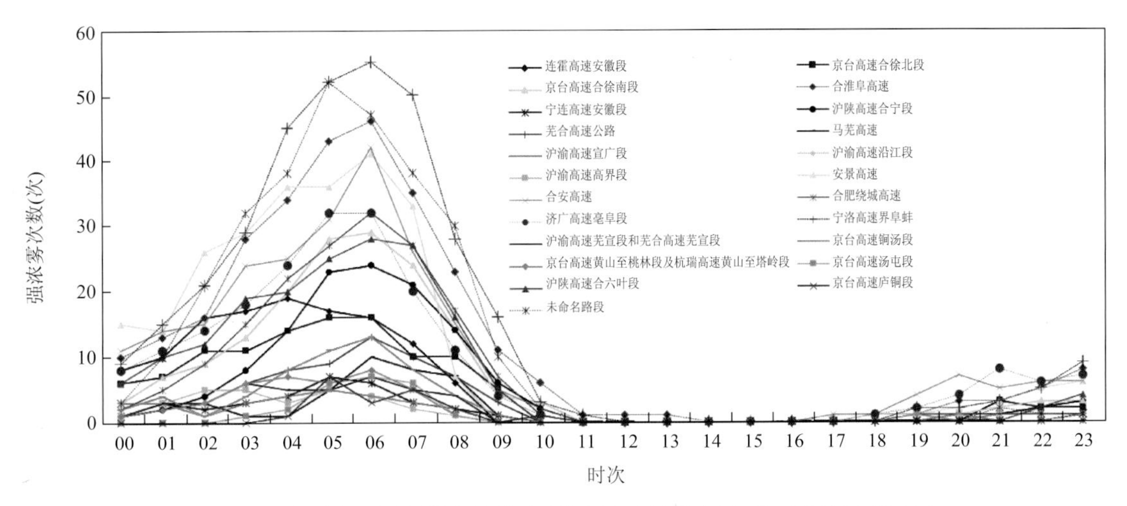

图 2.31　各路段强浓雾发生次数-逐时变化（2010 年 9 月—2011 年 12 月）

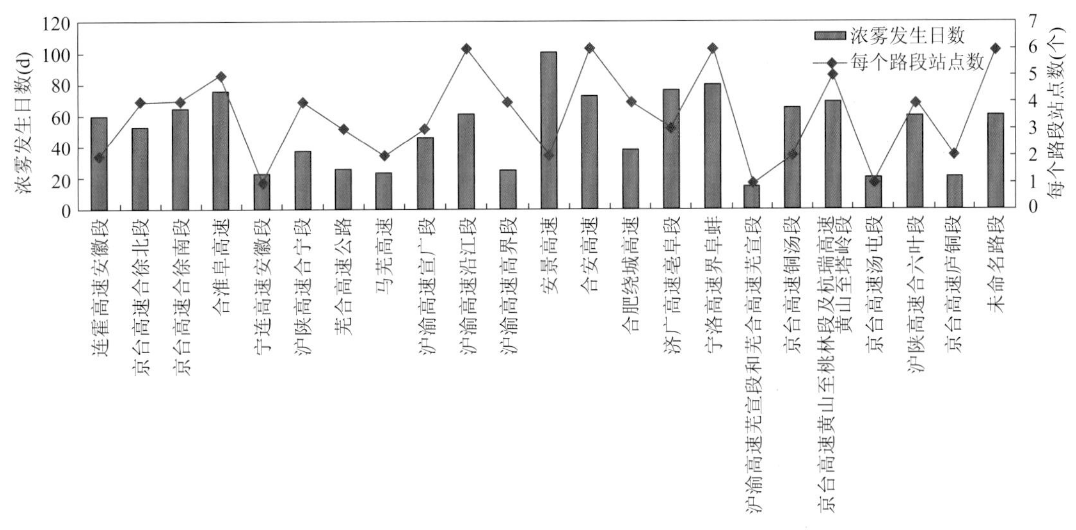

图 2.32　各个路段浓雾发生日数（2010 年 9 月—2011 年 12 月）

（一个路段只要有一个站发生浓雾，就算一个浓雾日）

各路段强浓雾发生情况与浓雾类似，强浓雾比较多的路段还是安景高速（72 d）、宁洛高速界阜蚌（49 d）、济广高速亳阜段（48 d）、合安高速（44 d）、合淮阜高速（41 d），皖北和皖南都有。而强浓雾较少的路段有：沪渝高速高界段（12 d）、沪渝高速芜宣段和芜合高速芜宣段（11 d）、京台高速汤屯段（11 d）、宁连高速安徽段（10 d）。

2.5.2　安徽省高速公路浓雾预报方法

目前，对于雾的预报主要有两种方法：一是基于数值模式的 MOS 预报方法；二是基于观测资料的统计预报方法。这两种方法各有利弊，优缺点明显。模式预报方法物理机制清楚，但时空分辨率较低。统计预报方法原理简单，可以进行单站的预报，但预报效果依赖回归样本的质量。

对于雾的预报方法的选择，要考虑自动站的特点。针对全局覆盖的高速公路自动站，具有高密度覆盖和高频率观测的两个特点。因此，要充分发挥这一优势，应用到雾的预报中来。有研究比较了基于模式结果的 MOS 方法和基于观测资料的统计预报方法的预报效果（Vislocky 和 Fritsch，1997），发现预报时效 6 h 是两种方法的分界点。当预报时效小于 6 h，基于观测资料的统计预报方法在能见度各个等级都优于基于模式结果的 MOS 方法。而在 6 h 预报中，统计预报方法与 MOS 方法的预报效果相当。针对高速公路雾的短时临近预报，主要考虑的是 1 h 预报时效，因此选取基于观测资料的统计预报方法。

Leyton 等（2003）比较了基于高时空分辨率的加密观测与基于常规台站观测的统计预报效果的差异，发现当把观测站点加密，观测频率提高，基于观测统计预报方法的准确率会明显提高。这一预报效果的提高在 1 h 预报时效最为明显，而对于 6 h 预报时效，基于加密观测和常规观测的预报效果差别不大。对于安徽省高速公路自动站网而言，具有全网覆盖、时空密度高的特点，自动站间的距离在 10 km 左右，为预报提供了数据保证。

基于上述研究结论，确定使用统计预报方法，结合高密度的观测站点，参照 Vislocky 和 Fritsch（1997）以及 Leyton 和 Fritsch（2003）的方法，对安徽省高速公路能见度进行短时临近预报。具体预报参数如下：

✧ 预报时效：1 h。

✧ 预报频率：10 min。

✧ 预报因子：自动站观测数据。

✧ 预报量：能见度是否小于 500 m。

2.5.2.1 数据处理

为避免分钟级数据中异常值的影响，使用连续 10 min 的数据平均，平均规则为 0 分平均值用 0～9 min 的分钟值平均，其余以此类推。综合考虑预报时效、数据稳定性以及计算量，选取 10 min 为预报步长，平均 10 min 内有效数据如果全部缺测则定义为缺测，以 -9999 代替。以 10 min 作为预报数据，既可以去除其中的异常值，又可以节约计算量，同时对于预报要求来说也是可以满足的。对于缺测数据，利用最近的时次进行补齐。利用 2010 年 9 月—2011 年 12 月的数据建立回归方程，利用 2012 年 1—9 月的数据进行预报效果评估。

2.5.2.2 统计方法

基于加密观测资料的统计预报方法，参考了 Vislocky 和 Fritsch（1997）以及 Leyton 和 Fritsch（2003）的方法和参数设置，如下：

采用多元线性逐步回归方法，建立方程：

$$Y = B_0 + \sum_{i=1}^{N} B_i x_i \tag{2.3}$$

式中，Y 为站点能见度，N 是所选的预报因子个数，B_i 为利用最小二乘法计算的系数，X_i 是预报因子，包括站点的各个气象要素的观测值，B_0 是拟合常数。使用 SPSS 软件进行逐步回归，选取预报因子和确定回归系数。其中 F 检验值定为 0.001。每个站点单独建立预报方程。

2.5.2.3 预报因子

为充分发挥高密度自动站的优势，我们不仅考虑预报站点的自身观测要素，而且还要考虑预报站点周边的自动站数据，这样就会有大量的预报因子参与到回归计算中。大量的站点和数据如何选择？根据 Leyton 和 Fritsch（2003）的研究得到几点结论。

（1）周边站点数量的选取

对于周边站点数量的选择，通过统计发现了一个最优的组合，就是对 1 h 预报时效选取的周边站点最佳数目为 10 个。因此，潜在的预报因子包括：①预报站点周边 10 个站点，如图 2.33a；②预报时次前 1～2 h 共 7 个时次的所有观测要素都作为潜在预报因子，如图 2.33b。

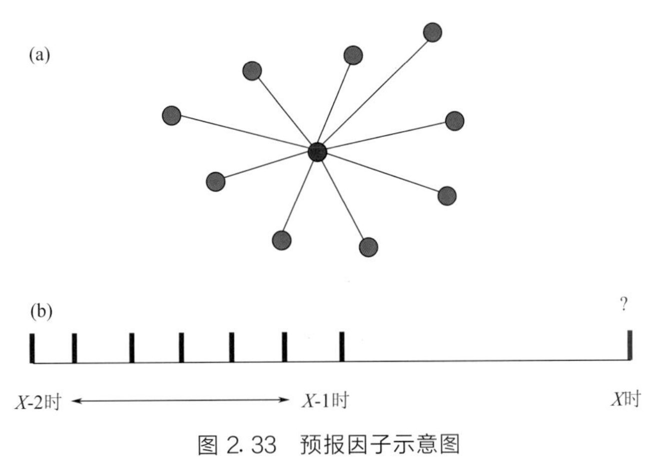

图 2.33　预报因子示意图

（a）预报因子周边站点的选取；（b）预报时次（X 时）前期时次的选取

（2）预报因子数量的选取

Leyton 和 Fritsch（2003）分析得到，对于 1 h 预报时效，比较合适的预报因子的数据量为 10～20。利用 SPSS 软件进行逐步回归，挑选出的潜在预报因子（表 2.6），包括本站及周边 10 个站点的所有观测要素。

（3）预报因子的形式

参考 Leyton 和 Fritsch（2003）的形式，预报因子分为两类：一类是二分类预报因子，对于变量观测值设置一定的阈值，当观测值满足阈值条件，则设为 1，否则设为 0；另一类是连续预报因子，该类预报因子即要素的观测值。

表 2.6　预报因子及其形式

变量	2 进制阈值
降水量	Yes=1,No=0
能见度<500 m	Yes=1,No=0
能见度<1000 m	Yes=1,No=0
能见度<1500 m	Yes=1,No=0
风速	观测值,连续
相对湿度	观测值,连续

2.5.2.4　预报量

预报方程只对于起报点 1 h 后的能见度是否小于 500 m 进行预报，如果能见度小于 500 m，则预报值为 1；反之，则为 0。

在预报方法里有对能见度的客观定量预报，也有对浓雾是否出现的有无诊断预报，结果发现有无诊断预报效果更好。

2.5.2.5 安徽省高速公路浓雾临近预报流程（以宁洛高速界阜蚌段为例）

高速公路浓雾临近预报流程见图 2.34。主要步骤如下。

（1）数据传输。高速公路资料有两种数据格式：分钟级数据和每 10 min 整点数据，而非 10 min 平均数据。为了避免数据的偶然性，使用分钟级数据。

（2）数据质量控制。即根据分钟级数据得到 10 min 平均数据，以供后面的预报方程使用。若 10 min 内都缺测，则该时次记为缺测，不做预报。

（3）预报制作。根据本站能见度预报方程，选取相应的预报因子，获得具体站点的预报能见度，确定浓雾是否发生。

（4）预警发布。需要加入预报员的主观判断，结合预报产品、天气形势、前期自动站观测数据变化趋势等辅助手段，做出浓雾有无的主观判断，及时通知相关单位（如高速公路管理部门），发布浓雾预警。

（5）个例归档。即发生浓雾后，建立浓雾档案，第一时间收集相关数据（如地面气象场、高空环流场、能见度数据、相关图片等），形成浓雾个例库，为后续的动态预报提供数据支持。

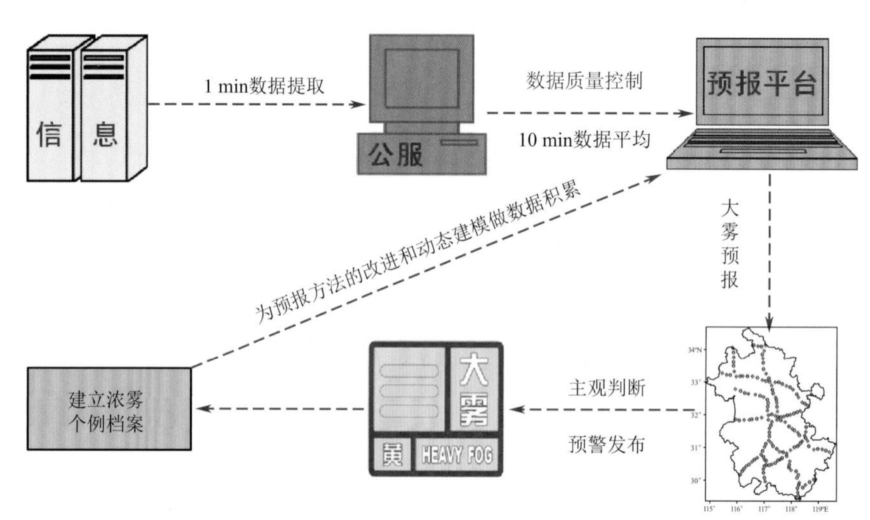

图 2.34 高速公路浓雾预报流程示意图

下面以宁洛高速界阜蚌段为例，给出 2012 年 1—9 月的浓雾预报结果的效果检验，评分方法见附录 A，结果见表 2.7。宁洛高速界阜蚌段位于皖北，是安徽省高速公路路段中浓雾发生最为频繁的路段之一，且该路段站点多（具有 6 个六要素站）。

表 2.7 预报效果检验

站点号	HR	FAR	MR	TS	ETS
31352	0.94	0.72	0.06	0.28	0.27
31353	0.93	0.67	0.07	0.32	0.3
31354	0.96	0.61	0.04	0.39	0.37
31355	0.94	0.63	0.06	0.36	0.35

续表

站点号	HR	FAR	MR	TS	ETS
31356	0.93	0.82	0.07	0.18	0.17
31357	0.87	0.57	0.13	0.4	0.39

注：HR 是命中率（hit rate）、FAR 是空报率（false alarm ratio）、MR 是漏报率（missing rate）、TS 是预报技巧评分（threat score）、ETS 是公平预报评分（equitable threat score）。

需要注意的是：①这里的检验是对每 10 min 做一次的数据进行检验，而非浓雾个例，如果我们按照浓雾个例或每小时进行检验，预报效果会更好；②没有使用消空条件，这将在下一节进行讨论；③空报率高有一个直接原因，就是在一个浓雾过程中，能见度仪会出现数值跳跃的情况，导致空报率较高。

随机选取了一个站点的预报序列和实测序列的时间序列图，发现几乎所有的浓雾过程都得到了准确的预报，有时会出现零星的空报，漏报极少，这就告诉我们在预报有浓雾时，预报员就要注意可能发生的浓雾，及时综合多方资料，进行主观判断。

2.5.2.6　高速公路浓雾前期气象要素特征及消空条件的讨论

上述的预报方法并没有考虑浓雾消空条件，为此，我们分析了浓雾和非浓雾低能见度前期 1 h 内气象条件的差异，以期制定相应的消空条件。图 2.35 为高速公路浓雾（能见度＜500 m）和非浓雾（500 m＜能见度＜4000 m）前期 1 h 相对湿度（RH）、降水、风速和能见度的概率分布。

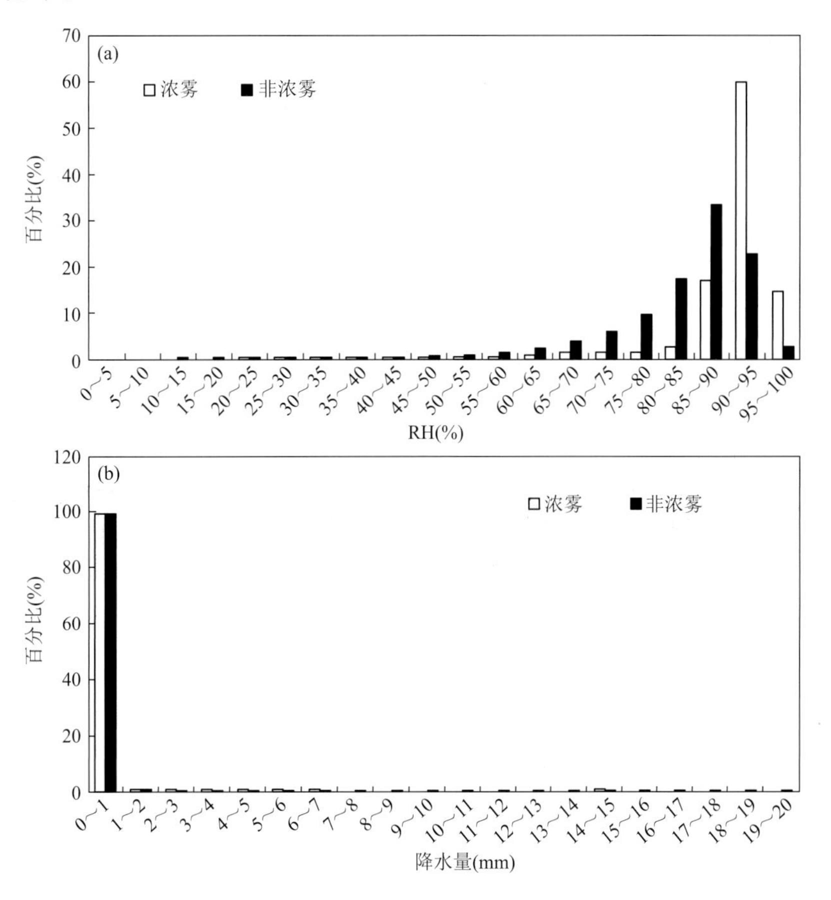

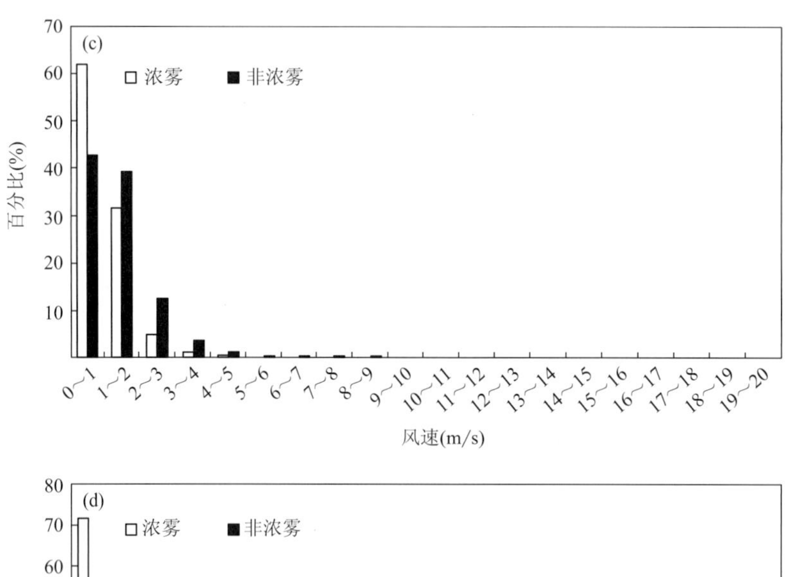

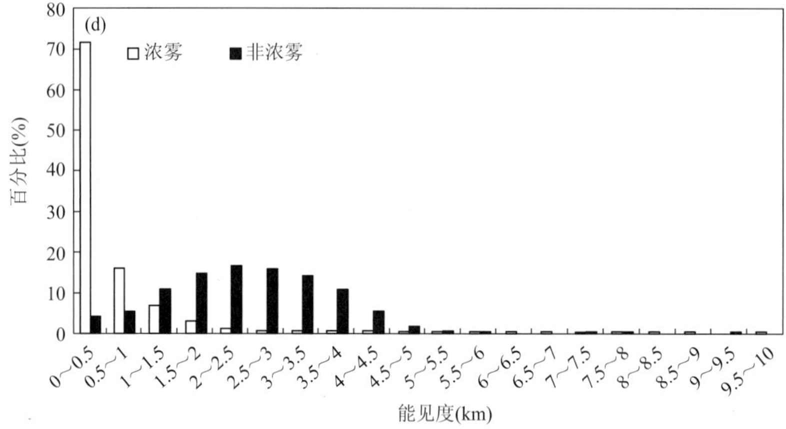

图 2.35　高速公路浓雾、非浓雾前 1 h 各气象要素频率分布

（a）相对湿度；（b）降水量；（c）风速；（d）能见度

由图可见，浓雾和非浓雾前 1 h 的相对湿度差异显著，浓雾前 1 h 的相对湿度基本都大于 85%，累计占比达 91%。而对于非浓雾情况，相对湿度分布较为平均，大于 90%的高湿度比例明显低于浓雾情况。相对湿度与浓雾的产生条件具有非常好的相关关系。

浓雾和非浓雾前期降水量差异不大，降水量都很小。

风速在两种情况下也有明显差别。浓雾形成前期，以低风速为主，基本上都是小于 2 m/s，累计比例达到 93.5%，且以小于 1 m/s 的风速占比最高，达 62%。对于非浓雾情况，低风速（<2 m/s）的比例明显减少（82%），而高于 2 m/s 的风速比例由 6.5%增加到 18%。

能见度在浓雾和非浓雾前 1 h 的差异最为明显。浓雾前 1 h 能见度都相对较低，能见度小于 2000 m 的累计比例达到 97.3%，也就是说当能见度高于 2000 m，1 h 之内基本上不会出现浓雾。而对于非浓雾情况而言，前期能见度范围主要集中在 1000～5000 m 之间，累计比例达到 93.2%。可见，浓雾受到前期能见度影响是非常明显的。

如何结合上述四个气象要素进行消空，还需进一步研究，如果加入这一条件，浓雾的预报效果应该有所提高。

2.6 小结

（1）安徽雾的空间分布不均匀。皖南山区和大别山区多、江淮丘陵少，淮北平原居中，且季节变化明显。

（2）安徽省20世纪80年代之后城市年雾日数下降，雾的持续时间延长。20世纪80年代年均雾日数为29.6 d，21世纪00年代年均25.0 d，下降了15%。20世纪80年代之后，雾的消散时间推后，持续时间延长，20世纪80年代雾的平均持续时间为156 min，到21世纪00年代延长为224 min，增加了68 min。

（3）城市热岛效应和气溶胶粒子过度增多对雾生消过程有重要影响。城市热岛效应减缓了夜间的降温幅度，近地层高浓度的气溶胶粒子减缓了大气的辐射冷却，均阻碍雾的形成，使得安徽省20世纪80年代中期以来城市雾日数下降；白天，气溶胶粒子吸收短波辐射影响地面升温，从而延长雾的持续时间；气溶胶粒子增多必然增加雾滴数浓度，使雾内能见度降低。

（4）安徽雾以辐射雾为主。以合肥为例，雾前一日20时地面即开始具有高湿（65%的样本相对湿度超过85%）、小风（82%的风速低于2 m/s）的特点，雾前一日20时偏东风（NE和ENE）出现频率最高，雾日08时偏西北风（NW和WNW）出现频率最高。

（5）对2006年12月25—27日的强浓雾过程的分析和模拟表明，边界层中上部（925 hPa）的暖平流和大尺度下沉增温引起的深厚逆温是这次浓雾得以长时间维持的重要因子。低层持续的东南来向和西南来向的暖湿平流为雾的维持提供了充足的水汽，后期来自北方的干冷空气是浓雾消散的原因。

（6）基于安徽高速公路自动站观测数据分析，浓雾多发生在清晨（04—08时），占67.9%；年发生次数最高的路段是皖南的安景高速，达到100 d，宁洛高速界阜蚌、济广高速亳阜段等雾日数也都在70 d以上。

（7）基于统计方法研发了安徽省高速公路浓雾临近预报方法，并对部分路段进行了试报，取得了良好的预报结果，建立了数据质控、预报制作、信息发布为一体的安徽省高速公路浓雾预报业务流程，为业务化运行提供了可行性依据。

第3章 安徽霾时空分布及气象条件研究

3.1 安徽霾的时空分布特征

3.1.1 资料与方法

选取安徽 80 个地面观测站的观测数据，时间范围为 1970—2009 年，共计 40 年，其中观测要素包括能见度（V）、相对湿度（RH）等。由于在大多数台站 02：00（北京时，下同）能见度缺测率较高，因此没有利用该时段资料。同时，由于 1980 年以前能见度观测是以等级为单位记录，故根据表 3.1 将能见度等级转化为对应的能见度距离中值。

表 3.1 能见度等级与能见度距离中值的转换对照表（史军和吴蔚，2010）

能见度等级	能见度距离(0.1 km)	中值(0.1 km)
0	$0\leqslant V<1$	0.5
1	$1\leqslant V<2$	1.5
2	$2\leqslant V<5$	3.5
3	$5\leqslant V<10$	7.5
4	$10\leqslant V<20$	15.0
5	$20\leqslant V<40$	30.0
6	$40\leqslant V<100$	70.0
7	$100\leqslant V<200$	150.0
8	$200\leqslant V<500$	350.0
9	$V\geqslant 500$	500.0

霾日重建判别方法采用 3 种常用的霾日历史资料统计方法中的日均值法（吴兑等，2010），对 1970—2009 年安徽霾日进行判别。日均值法（即使用日平均值）定义当日平均能见度 $V<10$ km，日平均相对湿度 $RH<90\%$，并排除降水、吹雪、雪暴、扬沙、沙尘暴、浮尘、烟幕等其他天气现象导致低能见度事件的情况，则为 1 个霾日。该方法在国内已被广泛使用（史军和吴蔚，2010；吴兑，2011）。

将安徽所有 80 个地面观测站的霾日数进行平均得到安徽霾日数。分析中，根据 2010 年颁布的国家行业标准《霾的观测和预报等级》（中国气象局，2010）对霾进行等级划分，具体方法见表 3.2。

表 3.2 霾的等级划分

等级	能见度(km)
轻微	$5\leqslant V<10$
轻度	$3\leqslant V<5$
中度	$2\leqslant V<3$
重度	$V<2$

3.1.2 霾日数记录值与重建值的比较

选取了安徽省具有代表性的 4 个城市（蚌埠、合肥、马鞍山和铜陵），比较了重建霾日数和观测霾日数（图 3.1）。由图可见，蚌埠、合肥和马鞍山实测和重建的年霾日数均具有比较好的一致性，其相关系数分别为 0.82、0.88、0.85。其中，蚌埠在 2008 年霾日数的激增、合肥霾日数的持续增长、马鞍山霾日数在 2004 年左右的起伏等细节特征，在实测和重建数据序列中都得到很好的表现。无论从霾日数的整体年变化趋势，还是从霾日数的转折性时间点来看，重建序列都能很好地反映实测序列的特征。因此，利用能见度和相对湿度来定义霾具有一定的合理性。同时，蚌埠、合肥和马鞍山霾日数的重建值与实测值之间也存在一定的差异，除个别年份外，霾重建值都要大于实测值，这说明气象观测员的观测记录明显要偏小，这可能与我们在重建时选取相对湿度为 90％的阈值有关。而相关研究表明由于判别标准的不确定性、不统一以及相对湿度阈值的明显偏低，导致大量的霾被记为了轻雾或雾，这也是实测霾日偏少的一个主要原因（陈敏等，2007）。

在图 3.1 中还可以看到，铜陵站霾日数的重建值和实测值差别很大。尤其是自 1982—

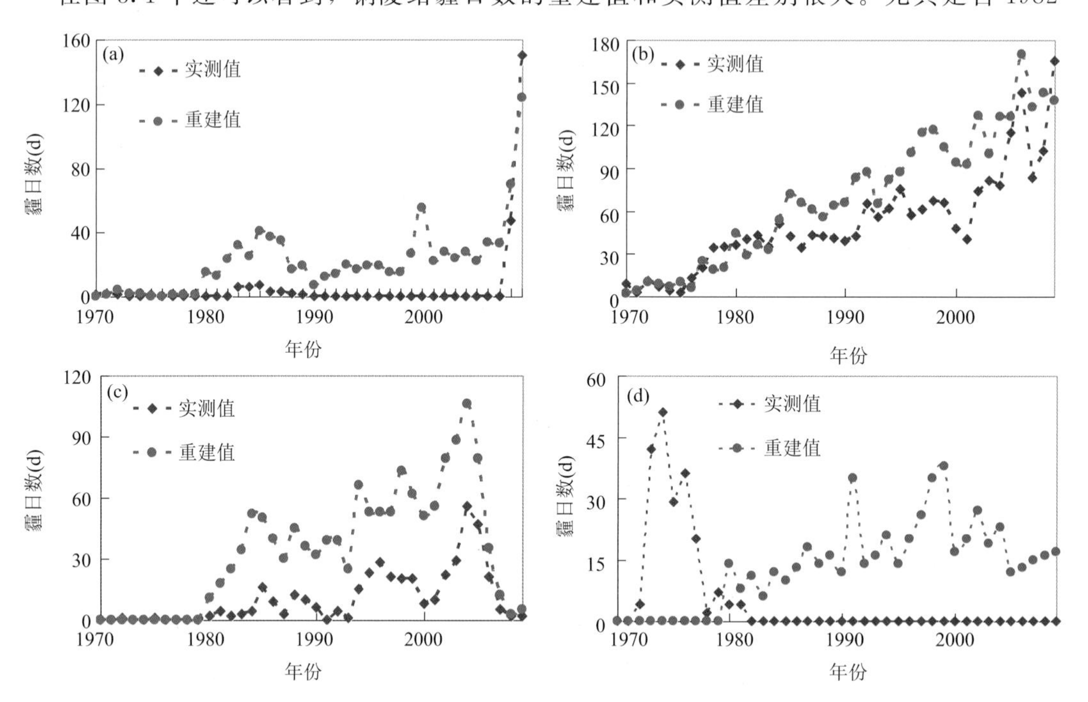

图 3.1 1970—2009 年安徽省 4 个代表性城市霾日数记录值与重建值的年际变化分布和比较

（a）蚌埠；（b）合肥；（c）马鞍山；（d）铜陵

2009年的28年间，铜陵站没有观测到1次霾天气，这与我们实际的调查情况不符。因此，使用地面观测的天气现象资料分析霾日的长期变化是不客观的，必须借助一定的标准进行统一（吴兑，2012），而使用相对湿度和能见度阈值的方法可以弥补霾天气在实际观测中出现的类似问题，对历史资料中的霾记录进行系统订正。从铜陵站重建后的霾日数来看，1980年后霾日数的激增，较好地反映了20世纪80年代经济发展可能导致的污染排放增加。

3.1.3　安徽霾日数的空间分布特征

利用重建的霾日资料，系统地分析了安徽省霾日的空间分布和年代际变化规律。图3.2给出了20世纪70、80、90年代和21世纪00年代安徽省霾日的空间分布。可以看出，安徽省霾日时空变化特征非常明显，随着时间的推移，霾日数增长显著，霾日高值区范围不断扩大。

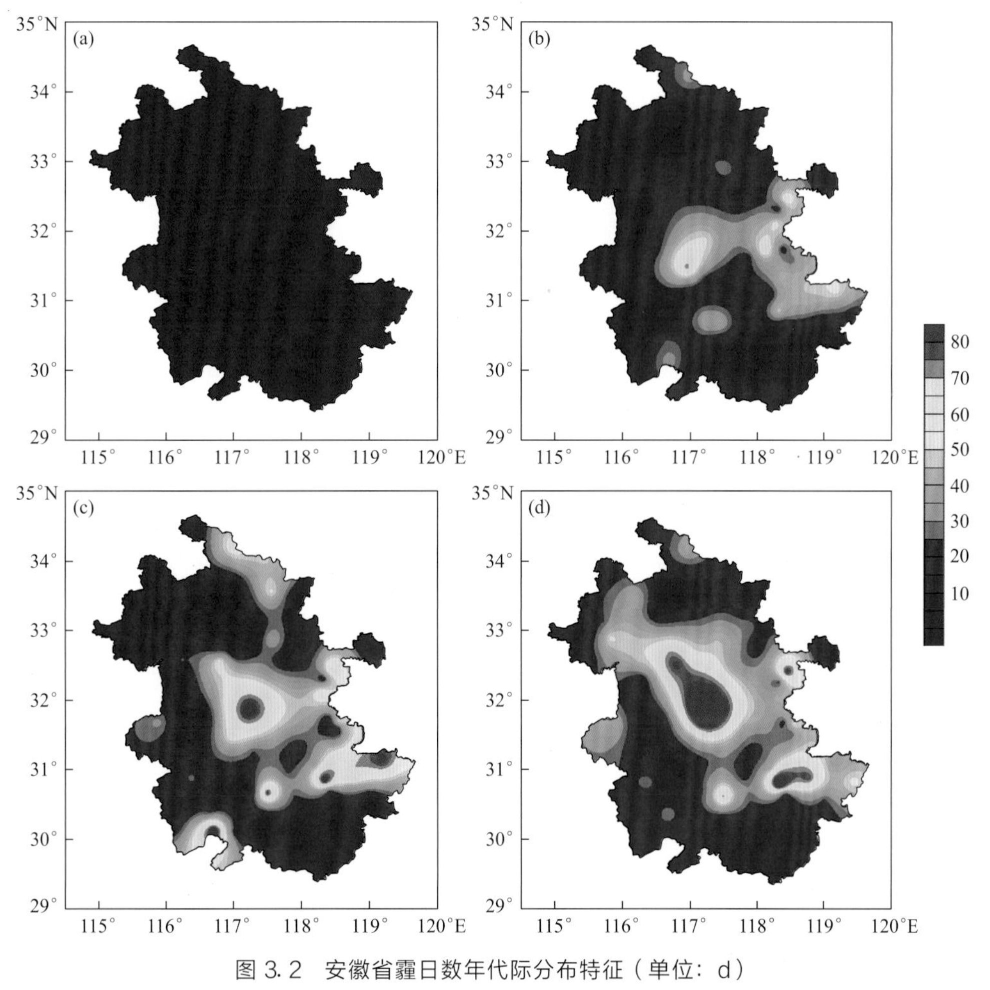

图3.2　安徽省霾日数年代际分布特征（单位：d）
（a）20世纪70年代；（b）20世纪80年代；（c）20世纪90年代；（d）21世纪00年代

以20世纪80年代为显著的分界线，20世纪70年代安徽省霾日很少，全省霾日较为均匀，几乎都在10 d以下，但进入20世纪80年代后，霾日有了明显的增加，其中霾日高值区集中在与江苏临近的安徽东部地区及省会城市合肥附近，如合肥在 1985 年霾日已经达到 72 d。总体来说，20 世纪 80 年代安徽省年均霾日超过 50 d 的高值区范围较小。20 世纪 90 年代，霾日高值区不断扩大，在安徽形成了两个高值区，一个是以合肥为中心的高值区，该高值区向四周不断扩张，几乎覆盖皖中的大部分丘陵地区，且霾日数高于 70 d 的范围也明显增加。另一个是沿江高值区，该高值区较 20 世纪 80 年代向西不断伸展，高值范围已经到达安庆地区，同时该高值区内的芜湖等地也出现霾日数大于 70 d 的站点。21 世纪 00 年代的霾日数变化与 20 世纪 90 年代相似，依然维持着两个高值区，高值区范围依然在增长。以合肥为中心的高值区，霾日高值范围向北发展，淮河沿岸的蚌埠和阜阳等地区霾日数显著增加。与此同时，霾日大于 70 d 的范围也由点发展成面，合肥周边的广大地区霾日数都已经超过 70 d。在沿江高值区，西部高值区消失，中东部区域变化并不大，但其强度增加明显，霾日数超过 70 d 的区域已经包括了芜湖和铜陵两地及其周边区域。

图 3.3 是安徽省霾日数年代际变率。可以看到，安徽东部的霾日增加速度明显高于西部，而且表现出两个高变率中心。以合肥为中心的高变率区域最为突出，其中心霾日增速可以达到 30 d/10 a 以上，合肥市到 2006 年霾日数已经达到了 169 d 的历史最大值。同时，高变率范围也很广，周边的广大地区霾日增速都达到 10 d/10 a 以上。而在大别山区和皖南山区，由于受到植被和地形的影响，霾日增速较慢。

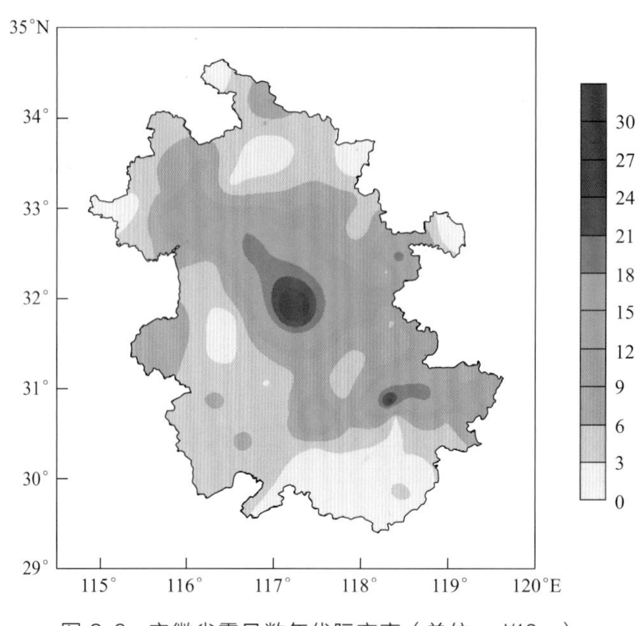

图 3.3　安徽省霾日数年代际变率（单位：d/10 a）

通过 4 个年代的霾日变化可以看出，随着经济的高速发展，1980—2009 年安徽霾日具有快速增长和扩散的趋势，呈现出两个中心，不断向北和向西扩散，而且高值区中心霾日数持续增加。

由图 3.2 和图 3.3 可看出安徽霾日数分布及其变率都具有显著的区域特征，为说明其合理性，借助 MODIS 的气溶胶产品进行讨论。从霾的定义来看："霾是指大量极细微的干尘粒等均匀地浮游在空中，使水平能见度小于 10 km 的空气普遍混浊的现象"（中国气象局，2007），其本质是细粒子污染（吴兑，2012）。当气溶胶粒子浓度达到扩散气象条件的容量限制时，霾天气就会发生。图3.4是基于MODIS的气溶胶产品得到的安徽省大气气溶胶的分布状况，与图3.2d对比，可以看出，气溶胶光学厚度和质量浓度的高值区与霾日数高值区基本一致。在气溶胶粒子含量较高的皖中地区和长江沿岸地区，对应着21世纪00年代2个霾日高值区；而在皖北、大别山区和皖南山区气溶胶粒子较少，属于霾日数低值区。可见，应用重建方法重建的霾日记录能反映安徽大气气溶胶污染空间分布实况。

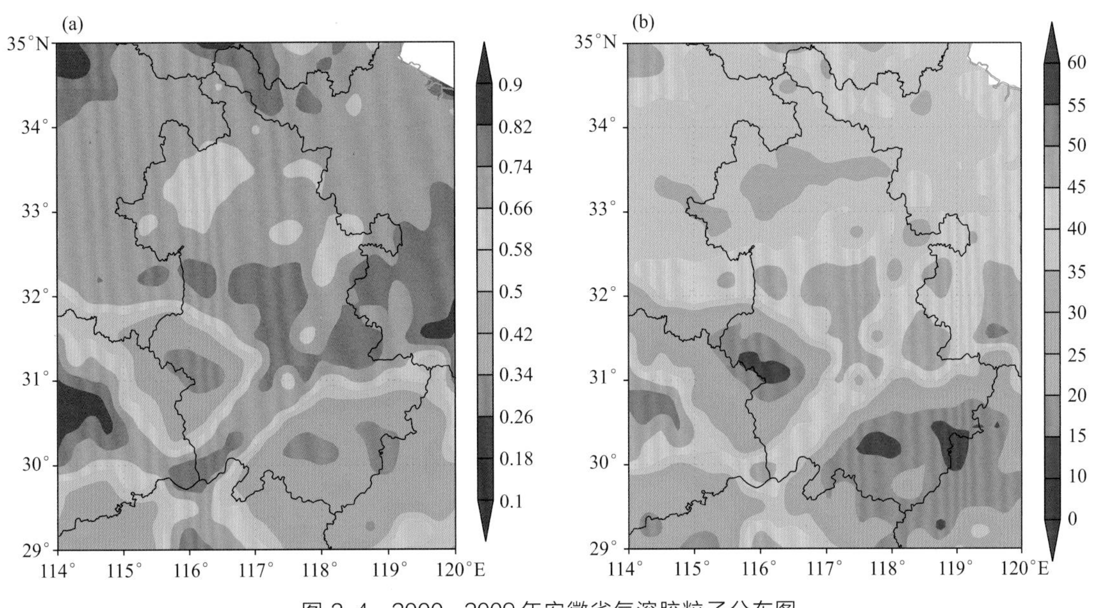

图3.4 2000—2009年安徽省气溶胶粒子分布图

（a）光学厚度；（b）质量浓度（单位：10^{-6} g/cm^2）

3.1.4 安徽霾的月、季变化

图3.5是1970—2009年安徽省40年平均的霾日数季节变化。由图可见，安徽省霾日具有显著的季节变化特征。在冬季（图3.5a），霾天气处于高发期，达到一年中的最大值，全省大部分地区平均霾日数都大于4 d，大于10 d的高值范围包括了沿江和江淮之间的大部区域，只有皖南山区霾日数少于4 d。秋季（图3.5 d），与冬季比较，无论是平均霾日数大于4 d的范围，还是平均霾日数大于10 d的高值范围都大大减少，而在大别山区、皖南山区和皖北中部霾日数都少于4 d。在春季和夏季（图3.5b，c），霾天气发生频率较低，平均霾日数也达到一年中的最小值，大部分区域平均霾日数都低于4 d，只有在合肥周边和沿江区域霾日数高于4 d，与秋季和冬季相比，霾天气影响的范围和强度都明显减小。这与京津冀（赵普生等，2012）、浙江（陈丽芳，2012）等地区的霾日数变化特征相似。

图3.6是1970—2009年40年平均的安徽省各等级霾日数的月际变化。与图3.5结果一致，霾日数最多的月份是12月和1月，分别是4.2 d和4.1 d，这两个月占全年霾日数的30％以上。秋、冬两季6个月的霾日数则占全年的72％，所以秋、冬季是霾天气的高发期。春、夏季的霾日数明显减少，其中最小的月份发生在7月，只有0.8 d，仅占全年的3％。

从不同等级霾日变化来看，各个月主要以轻微等级霾为主，占总霾日数的88.8％。轻度、中度、重度等级霾的比例分别为8.5％、1.5％、1.2％。虽然轻度以上等级的霾所占比

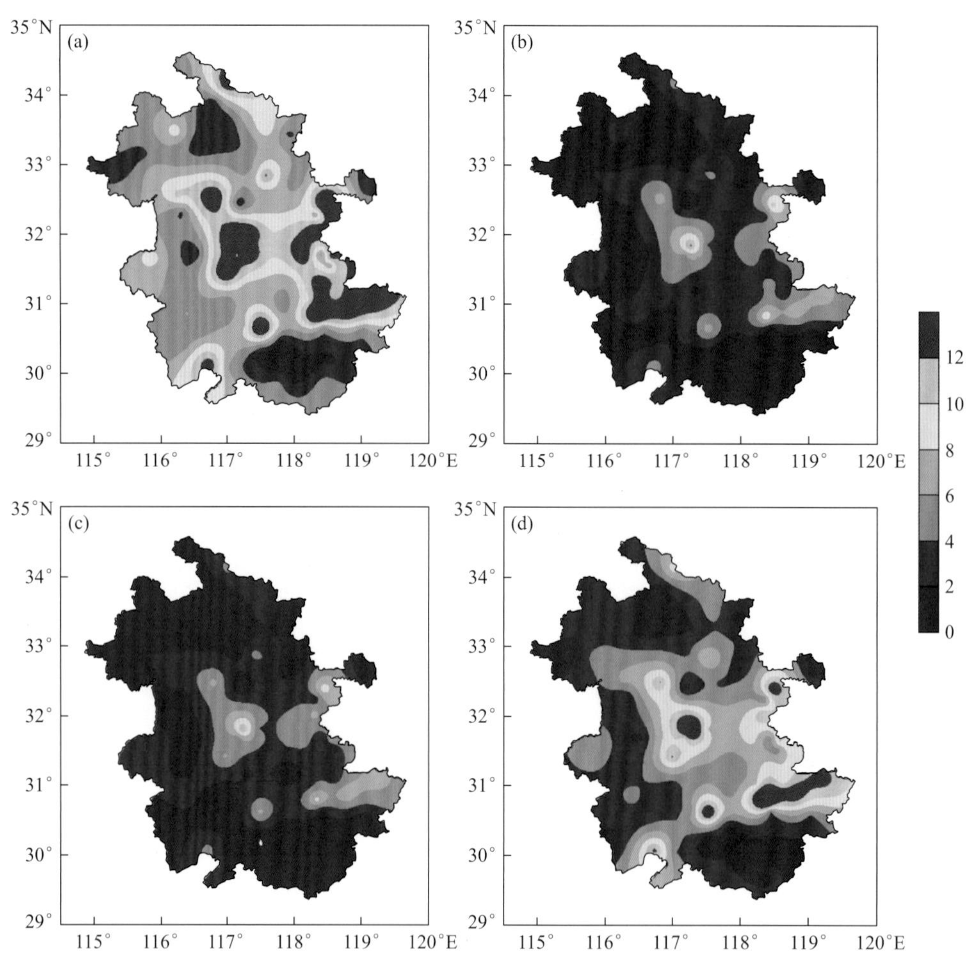

图 3.5　1970—2009 年安徽省霾日数季节分布特征（单位：d）

（a）冬季；（b）春季；（c）夏季；（d）秋季

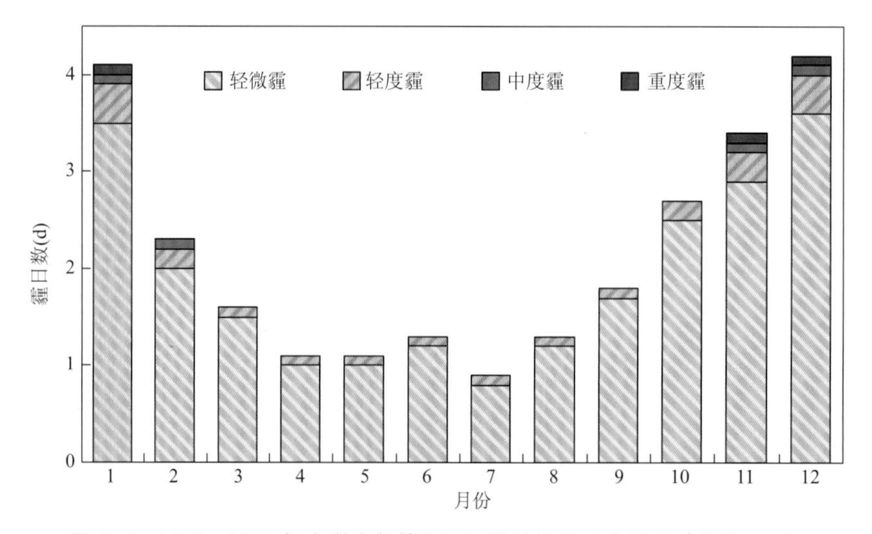

图 3.6　1970—2009 年安徽省各等级霾日数的月际变化特征（单位：d）

例并不高，但其对人体健康和社会经济的影响巨大，所以引起社会更多关注，并且随着经济发展带来能源消耗增多，高等级霾的发生率还在不断增加（图 3.7）。从月际变化来看，12 个月都有轻微和轻度等级霾发生，但是中度和重度等级霾只有在秋、冬季的 11、12、1、2 月才会出现。而且在秋、冬季，轻度及以上的高等级霾所占比例明显高于春、夏季，可以达到 15%左右。这说明秋、冬季不仅霾日高发，而且霾的强度也要高于春、夏季。

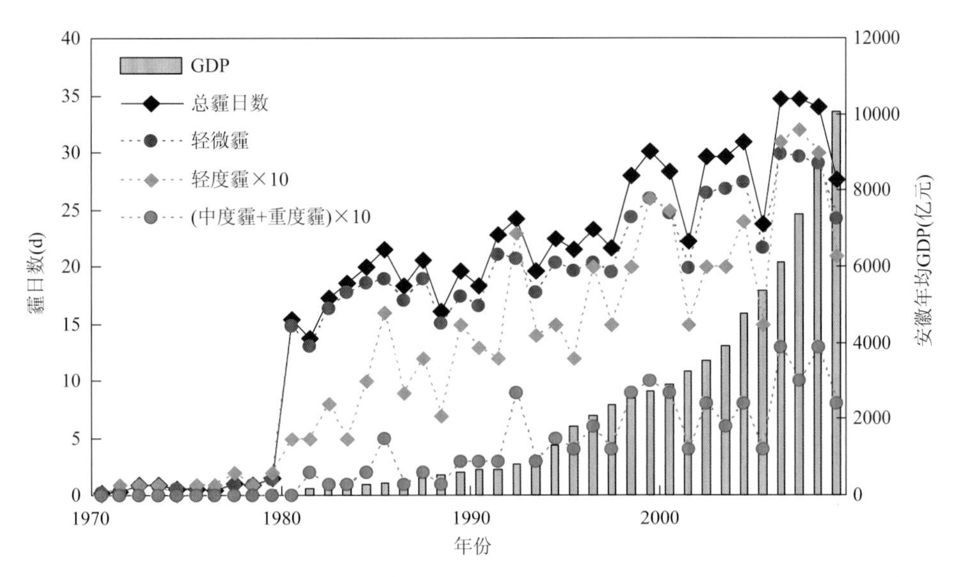

图 3.7　1970—2009 年安徽省各等级霾日数和年均国民生产总值（GDP）的年际变化

3.1.5　霾日年际变化

从全省 40 年（1970—2009 年）的霾日变化趋势来看（图 3.7），霾日数具有明显的增长趋势。从 20 世纪 70 年代初霾日数小于 1 d，到 21 世纪 00 年代超过 30 d，经过 40 年的变化，霾日数增加明显，全省平均霾日增速为 0.88 d/年。最为明显的变化是在 20 世纪 80 年代初期改革开放前后，霾日数发生了一次激增，年霾日数从 1979 年以前的 1 d 以下增长到 1980 年以后的 10 d 以上，这种现象在江浙等地也被发现（陈丽芳，2012）。这一时期对应着改革开放初期，经济复苏，城市化进程加快，工业、能源、交通迅猛发展，能源消耗迅速增长，排放到大气中的气态和固态污染物迅速增多，霾日数也迅速增长。还要注意到，霾天气的增加是伴随着安徽省年均国民生产总值（GDP）的迅猛上升，虽然随着经济增长方式的不断变化，霾日数会有所波动，但总体增加的趋势没有变。

从不同等级霾的逐年变化来看，各等级霾具有一致的增加趋势。轻微等级霾与总霾日变化基本相同，而轻度和（中度＋重度）等级霾则在缓慢增加，年增长率分别为 0.07 d 和 0.03 d。到 21 世纪 00 年代，轻度、（中度＋重度）等级霾的年均出现次数分别可以达到 2 d 和 1 d。从全省平均来看，高等级霾发生的次数并不高，但是分析发现高等级霾的发生主要集中在少数地区，对于单个站点来说，高等级霾的影响就会显现。在安徽省高等级霾发生最频繁的区域是合肥及周边区域（图略），其在 21 世纪 00 年代的 10 年里（图 3.8），年均总霾日数、轻微、轻度和（中度＋重度）等级霾日数分别达到了 120.1 d、100 d、14.2 d 和

5.9 d，轻度、中度和重度等级霾的比例高达16.7%（表3.3），日数达到20 d，远远高于全省的平均水平。

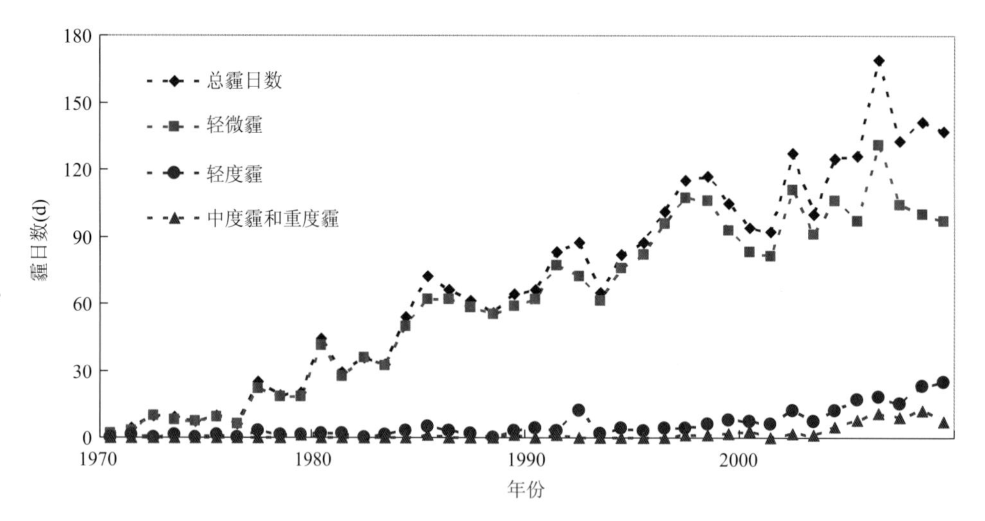

图3.8 1970—2009年合肥市各等级霾日数的年际变化

表3.3 合肥市各等级霾日数年代际变化

	20世纪70年代		20世纪80年代		20世纪90年代		21世纪00年代	
	日数(d)	比例(%)	日数(d)	比例(%)	日数(d)	比例(%)	日数(d)	比例(%)
总霾日	11.2	—	50.5	—	88.7	—	120.1	—
轻微霾	10.3	92.0	48.2	95.4	83.2	93.8	100.1	83.3
轻度霾	0.8	7.1	2.1	4.2	5	5.6	14.2	11.8
中度霾+重度霾	0.1	0.9	0.2	0.4	0.5	0.6	5.9	4.9

3.2 安徽区域性持续性霾污染特征

2000年之后，安徽省存在多个霾的高发区，霾的区域性特征日益明显（石春娥等，2016a），凸显出对霾的覆盖范围和持续时间进行划分的必要性。事实上，持续的大范围霾天气影响和危害更大，因为持续性、大范围的霾天气，意味着长时间大范围的低能见度，且伴随着$PM_{2.5}$浓度超标，对人们生活、出行影响巨大，因此需对这种霾过程的特征进行深入研究，为开展相关的预报预警业务奠定基础。

鉴于此，我们首先定义了持续性区域性霾天气，然后对安徽不同子区（沿淮淮北、江淮之间和沿江江南，见图3.9）持续性区域性霾天气的年际、季节变化进行统计分析，最后结合气象要素、地基和空基遥感资料、地面空气质量监测资料分析了区域性霾天的气象要素特征、气溶胶水平及垂直分布特征、空气质量分布特征。

3.2.1 安徽持续性区域性霾的定义标准

关于持续性区域性霾的定义，目前没有统一标准。不同学者采用不同的标准定义区域性霾，如Chen和Wang（2015）定义严重霾过程标准为50%以上的站点达到霾标准，刘端阳等（2014b）以连续3个相邻城市在同一天都出现霾定义为区域性霾，以连续3个站以上连续天数超过3 d的霾日定义为持续性区域性霾。为便于统计和应用，我们按区域内出现霾的站点数占总站点数百分比来确定区域性霾（石春娥等，2018）。

考虑安徽能见度分布和气候特点（石春娥等，2017a），将全省分为沿淮淮北、江淮之间和沿江江南3个子区（图3.9）。对每一子区所含站点的具体规定同安徽省连阴雨天气的区域划分（于波等，2013），站点划分时考虑了气候特征。沿淮淮北21个站点，包括亳州、淮北、宿州、阜阳、蚌埠5个城市，以平原为主，淮北北部属于暖温带气候区，沿淮属于北亚热带过渡气候区；江淮之间25个站点，包括淮南、滁州、六安、合肥、巢湖5个城市，以丘陵为主，包括西边的大别山，主要属于北亚热带气候区；沿江江南32站，包括芜湖、马鞍山、安庆、铜陵、宣城、黄山、池州7个城市，部分沿江平原和皖南山区，属于亚热带气候区。

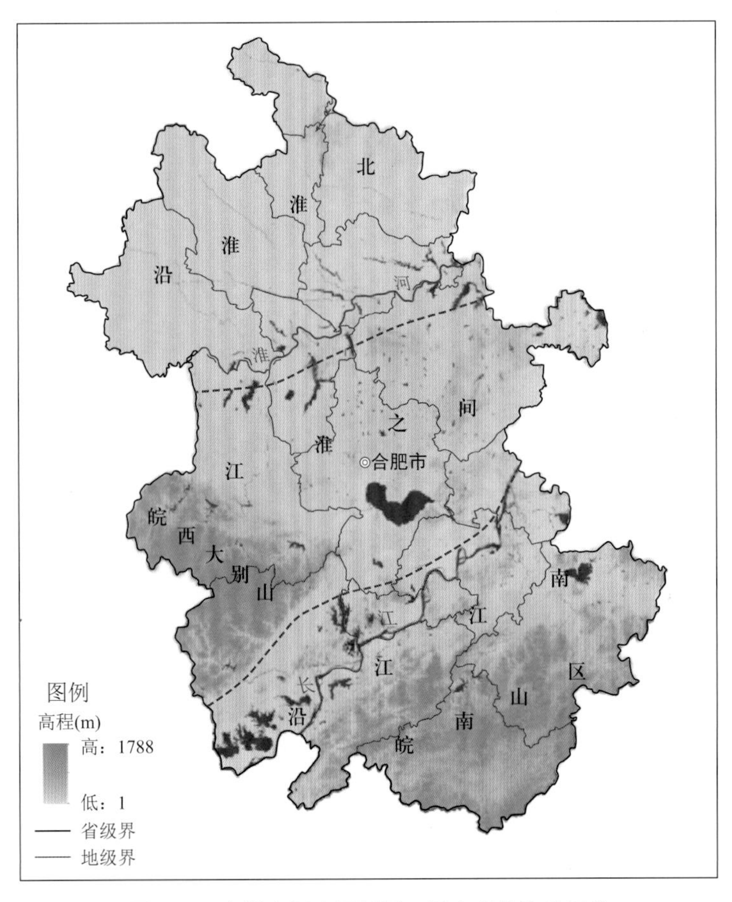

图3.9 安徽省行政区划图，图中虚线为分区线

某一子区有超过 1/3 的站点达到霾的标准，即沿淮淮北大于 7 站、江淮之间大于 8 站、沿江江南大于 10 站，则算该区域出现一个区域性霾日。如果 3 个子区都达到区域性霾标准，则为全省性霾天，如淮北和江淮之间都达到区域性霾标准，则为江北区域性霾天，如江南和江淮之间都达到区域性霾标准，则为淮河以南区域性霾天。

持续性方面参考安徽省连阴雨天气的定义中对观测站和持续时间的规定（于波等，2013）。

持续性霾：按持续天数分为 3 类，分别为 4～6 d、7～10 d、10 d 以上。

持续性区域性霾：某一子区的 4～6 d 的区域性霾过程，必须有连续 3 d 的霾日，总霾日不能少于 4 d；7 d 及以上的持续性霾过程，该区的霾日要不少于该区霾日总数的 2/3（中间若有间隔只能 1 d）。

持续性区域性霾分类：按持续时间分为 4～6 d、7～10 d、10 d 以上；按空间分为沿淮淮北、江淮之间和沿江江南。考虑到持续性区域性霾的演变过程，如一般相连的两个子区都是先后发展为区域性霾，为简单起见，暂不考虑跨子区的持续性区域性霾过程。

图 3.10 给出了用上述标准得到的 1980—2015 年安徽不同子区区域性霾日数的年际变化。由图可见，1980—2000 年，沿江江南和江淮之间 2 个子区的区域性霾日数总体呈上升趋势，且 2 个子区差别不大，从 20 世纪 80 年代初的 20 d 左右上升到 2000 年前后的 40 d 左右，而沿淮淮北无明显变化趋势，且明显少于另外 2 个子区；2000—2012 年，总体上无明显变化趋势，江淮之间次数最多，各子区霾日数年际变化幅度增大，这可能是受大尺度气候条件的影响（石春娥等，2016a）。2013—2015 年，各子区区域性霾日数都明显增多，且沿淮淮北超过了江淮之间，各子区变化趋势一致。

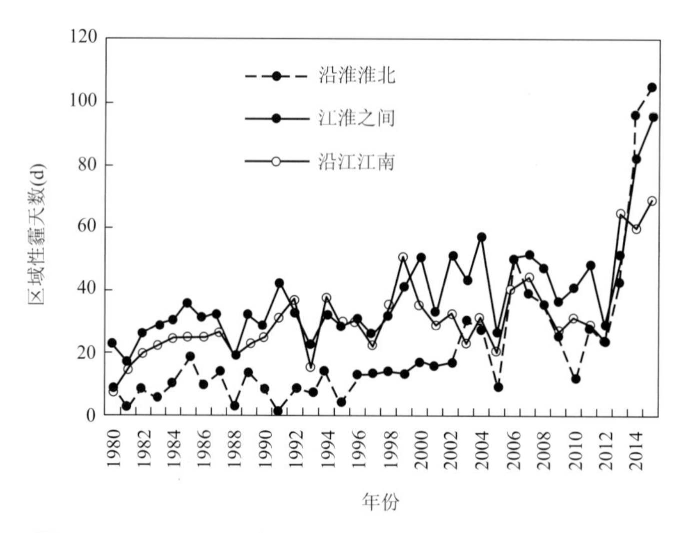

图 3.10　1980—2015 年安徽各子区区域性霾日数的年际变化

图 3.10 中各子区区域性霾日数与石春娥等（2016a）分析的全省平均霾日数的相关系数分别为 0.62（沿淮淮北），0.66（江淮之间）和 0.74（沿江江南），均已通过 $\alpha=0.01$ 显著性检验，可见，用该标准得到的区域性霾日数变化趋势比较合理。

根据上述标准得到江北、淮河以南及全省区域性霾的年变化（图 3.11），其中，全省性霾天、江北和淮河以南的霾天可有重复。2005 年之前，3 个子区 3 种组合得到的区域性霾天都呈增加趋势，淮河以南组合最多，江北与全省组合接近，即是否出现全省性霾天关键在于

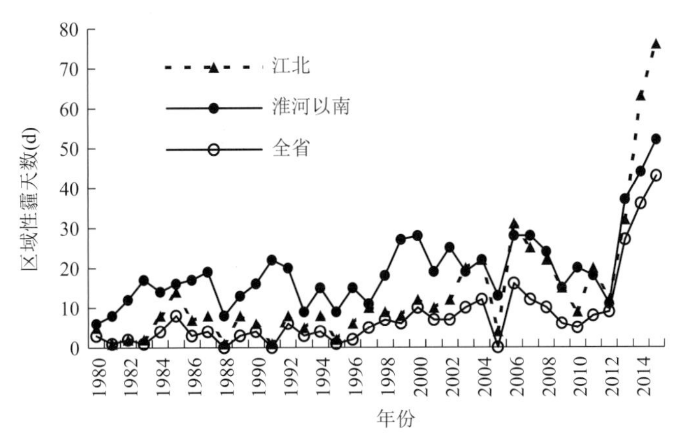

图 3.11 1980—2015 年安徽多子区区域性霾日数的年际变化

沿淮淮北是否霾天；2006—2012 年，3 种组合得到的区域性霾日数都呈下降趋势，江北和淮河以南组合接近；2013—2015 年，3 种组合均呈明显的上升趋势，江北组合上升更明显，2014—2015 年淮河以南组合与全省组合更为接近，说明是否出现全省性霾天关键在于沿江江南是否霾天。

3.2.2 持续性霾的年际变化

图 3.12 给出了全省 17 个城市（含巢湖）连续 4 d 及以上，5 d 及以上和 6 d 及以上霾过程站次数的年际变化。持续 4 d 及以上的霾过程 1980—2013 年稳步上升，尤其是 2000 年之后，上升趋势更明显，由 2000 年的 28 站次增加到 2013 年的 71 站次，2015 年增加到 102 站次。持续 5 d 和 6 d 及以上的霾过程总体呈上升趋势，2000 年之后上升趋势明显，到 2015 年，连续 5 d 及以上的霾过程达到 60 站次，2014 年连续 6 d 及以上的霾过程达 26 站次。

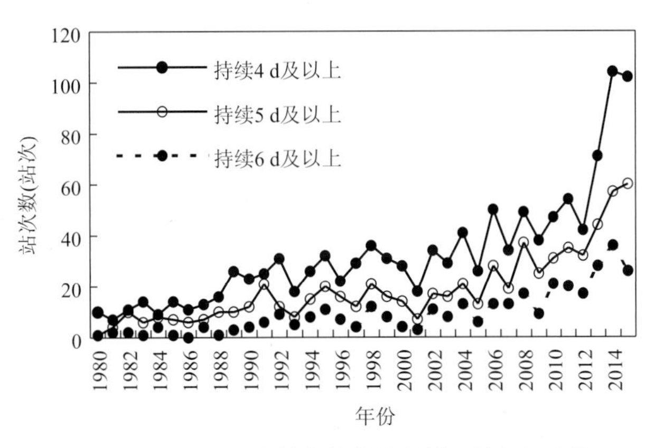

图 3.12 全省 17 个城市持续性霾过程的年际变化

2014—2015 年，持续 4 d 及以上和持续 5 d 及以上的霾过程出现次数比之前有较大幅度的上升，持续 4 d 及以上的过程 2014、2015 年分别达 104、102 站次，而 2013 年仅 71 站次。

即使是同一子区，不同城市持续性霾的次数和年际变化差异也很大，图 3.13 给出 2006—2015 年各市不同时间长度持续性霾过程的平均次数。各市都是随着持续时间延长，

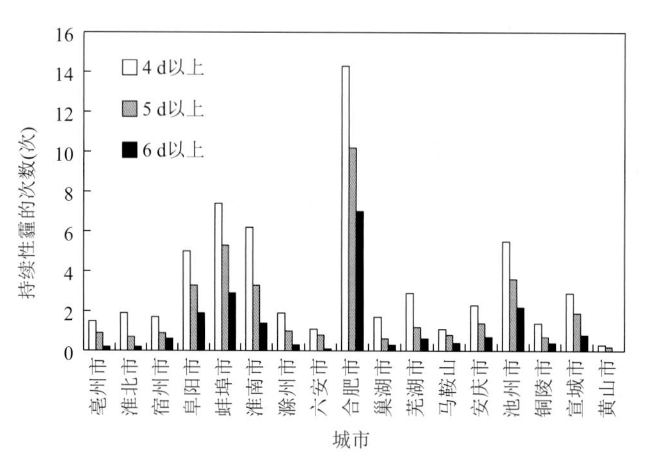

图 3.13 2006—2015 年安徽各市持续性霾的年均次数

次数减少。4、5、6 d 以上的霾过程沿淮淮北持续性霾次数最多的是蚌埠市（分别为 7.4、5.3 和 2.9 次），最少的是亳州市（分别为 1.5、0.9 和 0.2 次），江淮之间持续性霾次数最多的是合肥市（分别为 14.3、10.2 和 7 次），最少是六安市（分别为 1.1、0.8 和 0.1 次）；沿江江南最多是池州市（分别为 5.5、3.6、2.2 次），最少是黄山市（分别为 0.3、0.2 和 0 次）。除了黄山市，各市都出现过 6 d 以上的持续性霾过程。

3.2.3 持续性区域性霾过程的时空分布

图 3.14 给出了 1980—2015 年安徽 3 个子区不同持续时间的区域性霾的发生次数年际变

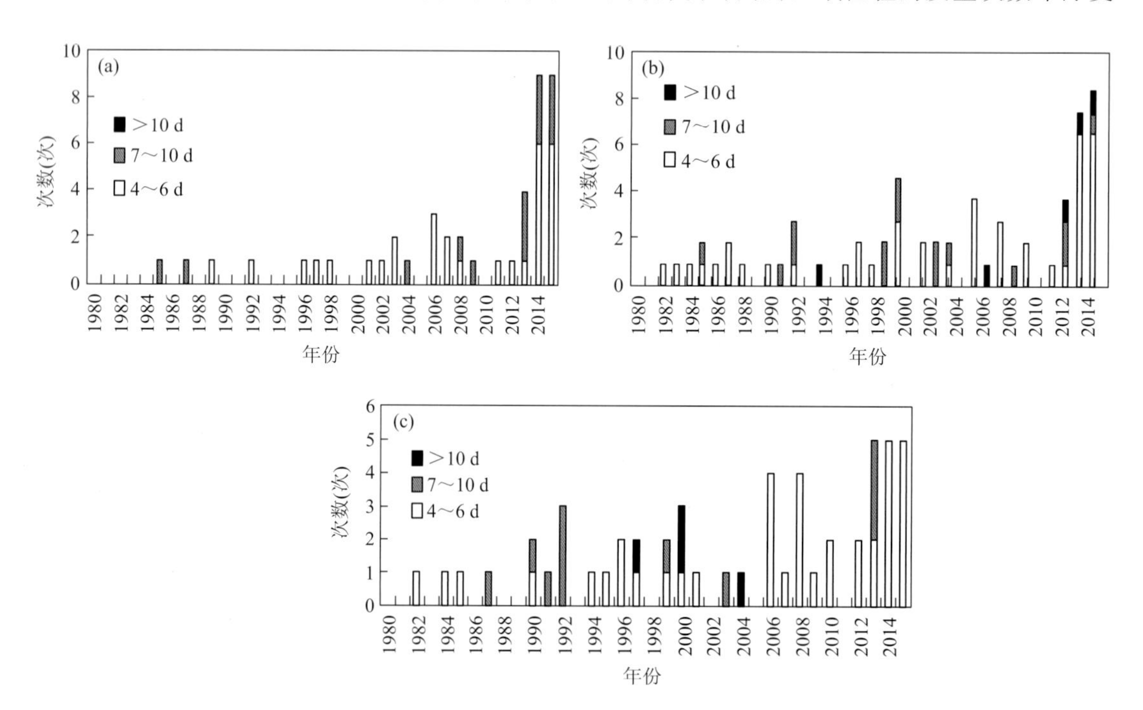

图 3.14 1980—2015 年安徽各子区持续性区域性霾过程年际变化

（a）沿淮淮北；（b）江淮之间；（c）沿江江南

化。由图可见，2000 年之前，持续性区域性霾过程较少，沿淮淮北每年最多 1 次，大部分年份没有；江淮之间和沿江江南一般不超过 2 次，偶尔 3 次，且分别有 5 年和 8 年没有持续性区域性霾过程发生。2000—2012 年，各子区持续性区域性霾过程年际变化均较大，沿淮淮北和沿江江南年发生次数最多的年份都是 4 次，沿淮淮北以 4～6 d 的过程为主，无 10 d 以上的过程；江淮之间年发生次数最多为 5 次，在 3 个子区中 7～10 d 的过程数最多，且有大于 10 d 的过程。各子区在 2001、2005 年持续性区域性霾过程不超过一次，这与石春娥等（2016a）报道的全省霾日数变化趋势一致，这 3 年均为霾日数谷值。

2013—2015 年，沿淮淮北和江淮之间持续性区域性霾过程显著增多，尤其是 2013—2014 年，出现了跳跃式增长，2015 年均达到 9 次，且沿淮淮北每年都有 7～10 d 的过程，江淮之间每年都有超过 10 d 的过程。但是，与江北 2 个子区不同，沿江江南 2013—2015 年每年均为 5 次，仅 2013 年有大于 6 d 的过程。

如前文所述，到 2014—2015 年，安徽各子区区域性霾日数、持续性霾过程都比之前明显增多，而根据已有研究（石春娥等，2017b），2013—2015 年，合肥市 $PM_{2.5}$ 污染呈减轻趋势，重污染天数减少，年均 $PM_{2.5}$ 质量浓度下降，因此，2014、2015 年区域性霾日数的增加可能与 2014 年开始能见度观测方式的改变有关，石春娥等（2016c）的分析表明能见度观测方式由目测转为器测后霾日数显著增加。而安徽省气象部门器测能见度的使用是由北向南推进的，2015 年江南的大部分观测站还是使用目测能见度，而江北以器测能见度为主。可见，能见度观测方式的改变对持续性区域性霾过程的长时间变化趋势客观影响不容忽视。

通过分析不同年代 3 个子区持续性区域性霾过程的季节分布（表 3.4），可以看到不同年代均是冬季最多，秋季次之，春夏季少。2010 年之后持续性区域性霾过程明显增多，江北 2 个子区四季皆会出现，但仍然是冬季占绝对多数（占比超过 62%）。各类过程中，以 4～6 d 的过程为主，7 d 以上的过程基本上出现在冬季，以 12 月和 1 月为主。总体上，每一个时间段都是江淮之间次数最多，前 3 个时间段是沿淮淮北最少，最后一个时间段是沿江江南次数最少。

表 3.4　安徽各子区持续性区域性霾过程的季节分布（单位：次）

子区	年份	冬	春	夏	秋	总	4～6 d	7～10 d	>10 d
江淮之间	1980—1989	5		2	2	9	8	1	
	1990—1999	10			2	12	6	5	1
	2000—2009	14	2		4	20	13	6	1
	2010—2015	16	1	2	5	24	18	3	3
沿淮淮北	1980—1989	3				3	1	2	
	1990—1999	4				4	4		
	2000—2009	9	1		3	13	10	3	
	2010—2015	15	1	4	4	24	15	8	1
沿江江南	1980—1989	4				4	3	1	
	1990—1999	8	1	1	4	14	10	3	1
	2000—2009	10	1		5	16	12	4	0
	2010—2015	13		1	5	19	16	3	

3.2.4　区域性霾天地面气象要素的统计特征

为凸显区域性霾天地面气象条件、气溶胶粒子污染等的特殊性，定义了区域性晴空天。

晴空天定义为排除雾、霾、降水等天气，08、14、20 时 3 个时次平均能见度大于 10 km。当区域范围内所有台站（市县）均为晴空天，则当天计为区域性晴空天。图 3.15 给出了与霾密切相关的气象要素（风速、相对湿度）在区域性霾天和区域性晴空天的统计结果。考虑排放源的稳定性，统一时段为 2011—2015 年。各子区分别有区域性晴空天 348 d（沿淮淮北）、198 d（江淮之间）和 171 d（沿江江南），区域性霾天 296 d（沿淮淮北）、305 d（江淮之间）、246 d（沿江江南）。

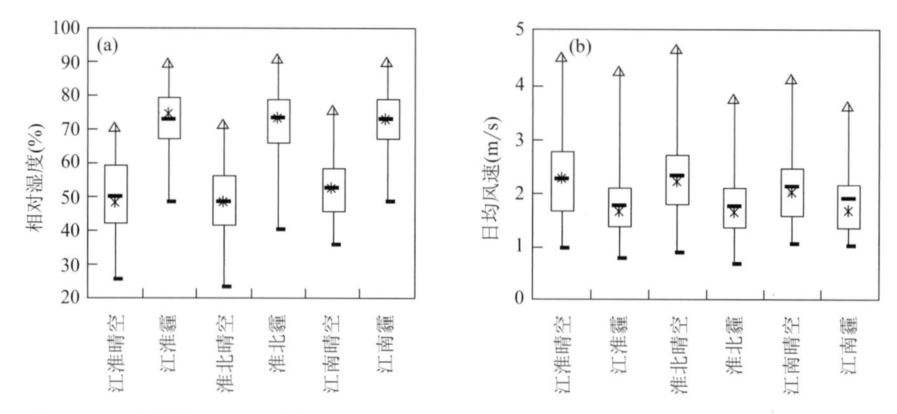

图 3.15　安徽各子区区域性霾天与区域性晴空天相对湿度（a）和风速（b）的对比

（长方形的上下边分别表示第三（75%）和第一（25%）四分位值，长方形中的星号表示中位值，长方形中的横线表示均值，长方形上下线端的三角形和短横线分别表示最大值和最小值）

由图 3.15 可见，各子区霾天相对湿度普遍较高，下四分位值大于 65%，中位值和平均值都在 70%以上，而晴空天的日均相对湿度普遍低于霾天，上四分位值低于 60%，中位值和均值都在 50%左右，最大值都不到 80%。从风速看，霾天与晴空天也有明显差异，但差异不及相对湿度显著，霾天风速的上四分位值在 2 m/s 左右，而晴空天的下四分位值在 1.6～1.8 m/s，霾天和晴空天风速的中位值和均值分别在 1.7～1.9 m/s 和 2.0～2.3 m/s。可见区域性霾天常对应着大范围的高湿、小风天，高湿是主要的。

3.2.5　区域性霾天的地面细粒子气溶胶污染特征

用环保部门发布的空气质量资料（$PM_{2.5}$ 质量浓度，AQI）探讨区域性霾天与地面 $PM_{2.5}$ 污染的关系。江淮之间 2013—2015 年共有 228 个区域性霾天、120 个区域性晴空天。图 3.16 给出当江淮之间为区域性霾天与晴空天时合肥 $PM_{2.5}$ 质量浓度的对比，考虑到 2014—2015 年部分台站已开始使用器测能见度，将 2013 年与 2014—2015 年分开统计。霾天有 $PM_{2.5}$ 质量浓度资料的天数 2013 年 51 d，2014—2015 年 170 d。由图 3.16 可见，区域性霾天和区域性晴空天的 $PM_{2.5}$ 质量浓度差异显著，75%的区域性晴空天合肥 $PM_{2.5}$ 质量浓度低于 50 $\mu g/m^3$，但偶尔也有大于 100 $\mu g/m^3$，这与相对湿度有关，低湿晴空下，即使 $PM_{2.5}$ 达到轻度以上污染等级，能见度也不会低于 10 km（石春娥等，2016b）；2013 年和 2014—2015 年江淮地区区域性霾天合肥的 $PM_{2.5}$ 日均质量浓度范围不同，2013 年更高，最小值为 68 $\mu g/m^3$（接近轻度污染的标准，75 $\mu g/m^3$），下四分位值为 112 $\mu g/m^3$（接近中度污染标准的下限值，115 $\mu g/m^3$），中位值达 173 $\mu g/m^3$（超过重度污染标准的下限值，

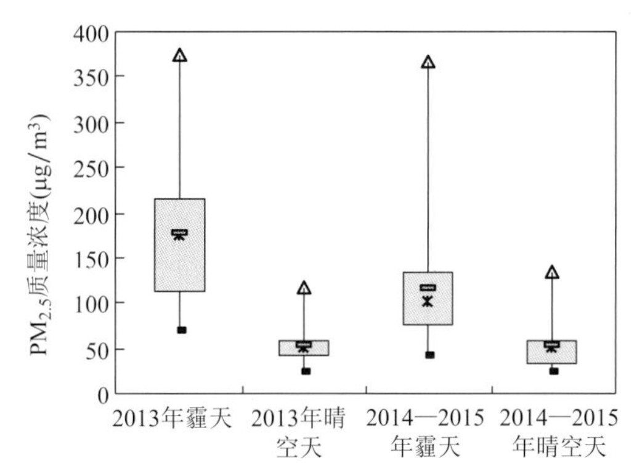

图3.16　江淮之间区域性霾天和区域性晴空天合肥 $PM_{2.5}$ 日均质量浓度

（长方形的上下边分别表示第三（75%）和第一（25%）四分位值，长方形中的星号表示中位值，长方形中的横线表示均值，长方形上下线端的三角形和短横线分别表示最大值和最小值）

150 μg/m³）；2014—2015年，$PM_{2.5}$ 日均质量浓度的下四分位值为76 μg/m³，中位值为100 μg/m³，这说明霾天的本质是气溶胶污染，分阶段（2013年与2014—2015年）的比较说明使用器测能见度资料会使霾日数增多。

3.3 安徽霾的气候变化成因

霾的本质是细粒子污染，一般产生于静风、稳定天气背景下。也就是说，霾天气的出现与空气污染密切相关，人为污染物排放是造成霾天气的内因，不利于污染物扩散的气象条件是外因。一个地区或城市大气污染物的浓度一方面决定于局地污染源的强度，另一方面决定于当地的输送和扩散条件。我们利用地面观测站水平能见度、相对湿度等资料，以及天气现象观测记录，基于日均值方法和14时值方法（吴兑等，2014）重建了安徽68个具有连续能见度观测的市县历史霾记录，本节基于14时值方法的结果分析了1980—2013年安徽省霾天气的变化趋势、不同规模城市观测站霾日数变化趋势，结合中国国家统计局发布的安徽省及周边省份 SO_2 排放量、燃煤量、汽车保有量等资料和搭载在环境卫星一号（ENVI Sat-1）上的大气扫描成像吸收光谱仪（Scanning Imaging Absorption Spectrometer for Atmospheric Chartography，SCIAMACHY）卫星监测对流层 NO_2 柱含量资料、NCEP/NCAR再分析资料等，探讨了安徽城乡霾天气变化趋势及其可能原因（石春娥等，2016a）。

3.3.1　城市观测站和县城观测站霾日数变化趋势

按城市规模把全部观测站分为两类：位于地级市的城市观测站，代表城市情况，共17个（含巢湖站），余下的为位于县城的观测站，代表乡村情况。图3.17给出了两类观测站平均霾日数的年变化情况。两类观测站都是2013年平均霾日数显著高于其他年份，城市和乡村

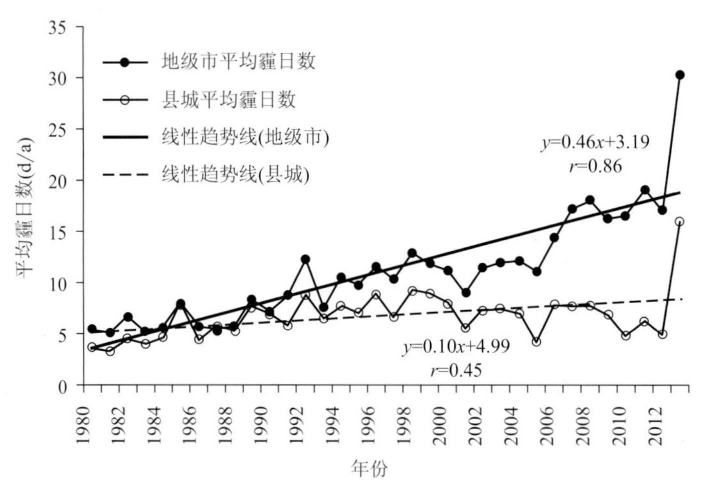

图 3.17 1980—2013 年安徽两类观测站平均霾日数年际变化

观测站分别为 30.3 和 16.0 d。1988 年之前，两类观测站的霾日数差别不大，之后，差别逐步加大，呈现出显著不同的变化趋势，城市观测站霾日数呈显著增加的趋势，年均增长 0.46 d（r＝0.86），2011 年达到 2013 年以外的另一个峰值（19 d）；县城观测站霾日数也呈微弱的上升趋势，年均增长 0.10 d（r＝0.45），1998 年为 2013 年以外的另一个峰值（9.3 d），之后呈下降趋势。

3.3.2 人类活动的影响

煤炭消耗量能大致反映一个地方的工业发展和大气污染物排放水平。由于技术进步，不同年代，同样的煤耗量所排放大气污染物总量会有不同，但最终影响空气质量的是排入大气的污染物的量。图 3.18a 给出了 1988—2012 年安徽省逐年煤耗量和安徽及周边省份 2003—2012 年的 SO_2 排放量。由图可见，1990 年之后，安徽煤耗总量逐步上升，虽然 1996—2000 年有短暂的停顿，但随后又逐步上升。2006 年之前，安徽及周边省份 SO_2 排放量都呈明显的上升趋势，之后，随着中国“一控双达标”和“总量控制”措施的实施，即使煤炭消耗量

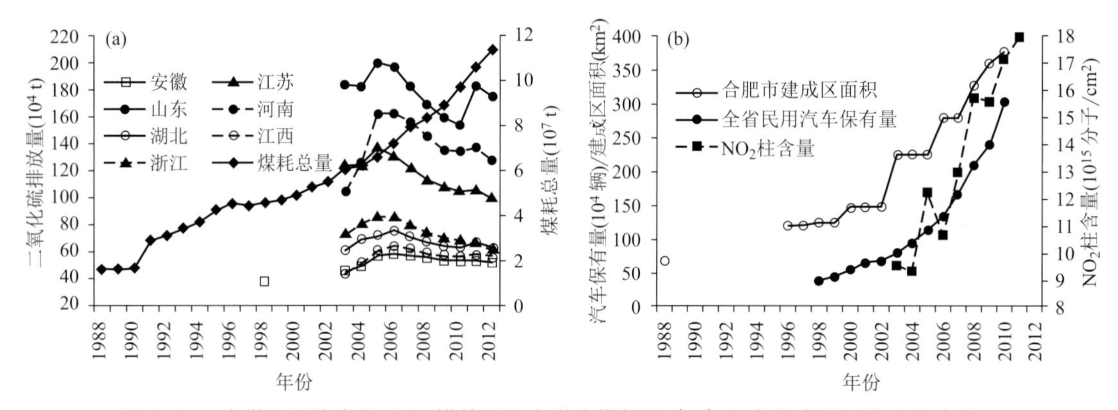

图 3.18 安徽及周边省份 SO_2 排放量及安徽省煤耗量（a）和安徽省民用汽车拥有量、合肥市建成区面积及安徽上空对流层 NO_2 柱含量（b）

仍明显增加，但各省 SO_2 排放量已明显下降。然而 SO_2 排放量下降，对霾日的变化并未产生多大影响。对图 3.17 中两类观测站霾日数变化趋势与图 3.18a 中的安徽省煤耗量与 SO_2 排放量进行相关性分析发现，地级市观测站霾日数的年变化与煤耗量成显著的正相关（$r=0.91$），而与 SO_2 排放量无显著相关；县城观测站的平均年霾日数与煤耗量和 SO_2 排放量之间均无相关性。这说明 SO_2 并不是霾日增长的主要原因。

城市化是城市霾日数上升的另一个重要原因。一方面，城市在扩张过程中大量的基础建设活动增加的地面扬尘，是大气气溶胶粒子的重要来源之一，在环境湿度适宜时，大气中的 HNO_3 和 H_2SO_4 还可以在扬尘中的颗粒物表面发生化学反应（毛华云等，2011）；另一方面，城市高楼增加会使地面风速降低、扩散能力下降。从 20 世纪 90 年代末住房制度改革开始，大量商品房上市，城市进入高速扩张期。以合肥市为例，1990 年的建成区面积不到 70 km^2，1998 年为 120 km^2，2000 年之后迅速扩大，到 2012 年已经超过 350 km^2（图 3.18b）。城市化的过程中，汽车保有量大幅度上升（图 3.18b），汽车尾气的排放是大气中氮氧化物的重要来源之一，直接导致大气中 NO_2 浓度上升。而氮氧化物一方面是光化学反应的主要参加者，其浓度上升会导致硝酸盐等细粒子浓度上升，降低大气能见度，另一方面 NO_2 本身也有较强的消光作用，是城市地区污染大气中对可见光吸收最强的气体，相对于 NO_2，其他污染气体对可见光的吸收能力要弱得多（刘新民和邵敏，2004）。卫星监测结果显示，2003—2011 年中国东部地区对流层 NO_2 柱含量显著增加（石春娥等，2014），包括安徽地区（图 3.19），尤其是安徽北部和东部的省份。比较图 3.19 与图 3.2d 可以发现，2000 年之后，安徽省内两个霾的高发区与对流层 NO_2 柱含量的高值区基本一致。2003—2011 年，安徽上空 NO_2 柱含量平均值增长了近一倍（图 3.18b），而且比较图 3.18b 中 NO_2 柱含量与图 3.17 中两类观测站霾日数的变化趋势，可以发现 NO_2 柱含量与地级市观测站霾日数的变化趋势有很好的一致性，相关系数为 0.83（通过了 $\alpha=0.01$ 的显著性检验），而与县城观测站霾日数的变化趋势无相关性（表 3.5）。

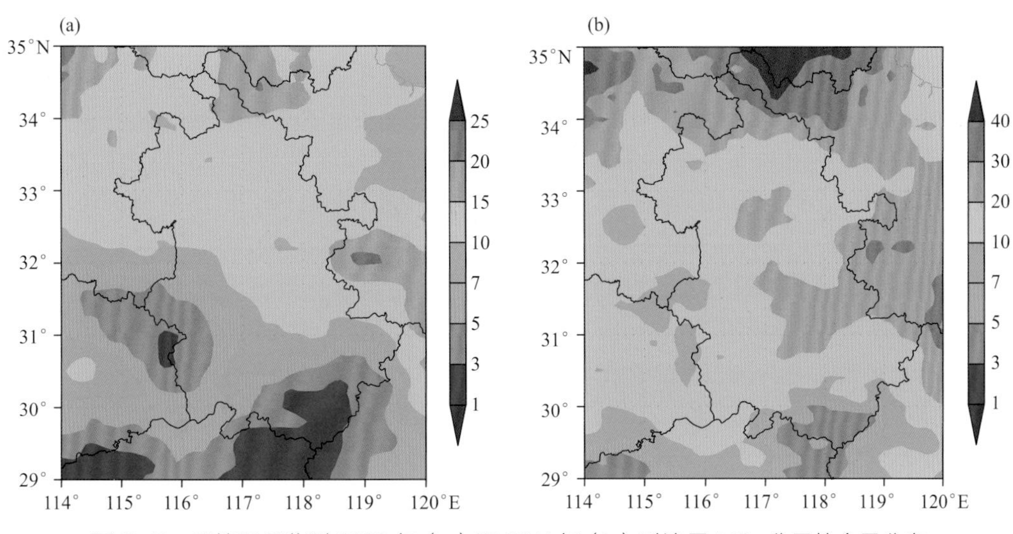

图 3.19　环境卫星监测 2003 年（a）和 2011 年（b）对流层 NO_2 分子柱含量分布

（资料来自 Sciamachy，单位：10^{15} 分子/cm^2）

表 3.5 安徽城市观测站、县城观测站平均年霾日数与多个因子的相关系数

	煤耗量	SO_2 排放量	汽车保有量	NO_2 柱含量	季风指数
地级市	0.91*	0.29	0.80*	0.83*	0.08
县城	−0.29	0	−0.43	−0.31	−0.53*
样本数 n	25	10	13	9	34

注：* 表示通过 $\alpha=0.01$ 显著性检验。

大气中 NO_2 浓度的升高，意味着二次颗粒物硝酸盐浓度的上升。硝酸盐是细粒子的重要组成部分，硝酸盐大部分为强吸湿性气溶胶，潮解点较低，实验室测量结果表明，25 ℃时，$NaNO_3$ 的潮解点在 70%左右，NH_4NO_3 的潮解点更低，在 60%附近，低于 $(NH_4)_2SO_4$ 的潮解点（80%左右）（Martin，2000），说明硝酸盐比硫酸盐更容易吸湿增长，而且硝酸盐气溶胶吸湿后粒径增长明显（王轩，2010）。我们在合肥市区进行的气溶胶粒子分级采样分析结果显示，霾天 $PM_{2.1}$①中水溶性无机离子中 NO_3^- 浓度最高，且浓度的粒径谱显示其峰值粒径在 1～2 μm 之间，而晴空天 NO_3^- 浓度谱的最大峰值在 2.1 μm 以上；霾天硫酸根的最大峰值也在 1～2 μm 之间，但晴空日其最大峰值在 1 μm 以下。考虑到民用汽车的使用者大部分集中在城市地区（比如地级市），而 NO_2 属于短寿命气体，其在大气中的浓度分布与排放源分布有较好的一致性（Shi 和 Zhang，2008），NO_2 及其产生的气溶胶粒子主要分布在城市及周边地区，这就可以较好地解释为什么在 2008 年之后，广大农村霾日数有下降趋势，而城市霾日数则依然持续上升，如城市快速扩张的 10 年，也是合肥市霾日数迅猛增多的 10 年（图 3.17、图 3.18）。可见，城市快速扩张、汽车拥有量激增导致大气污染物排放量的增加可能是造成 2000 年之后城市霾日数显著增多的主要原因。

3.3.3 气候变化影响

以合肥为例探讨局地气象要素的变化对霾日数的影响，主要考虑风速和相对湿度（图 3.20），因为风速会影响污染物的扩散、输送，在高湿环境下，很多大气颗粒物会吸湿增长，消光作用增强，即在同样多的颗粒物浓度下，相对湿度上升对应着能见度的下降。由图 3.20 可见，2000 年之后，合肥市非降水日地面风速呈明显的下降趋势，即不利于污染物的扩散，同期，霾日数显著上升，说明合肥近年来霾日数上升与地面风速下降有关。但注意到，1955—1965 年也出现了 2000 之后那样的风速下降趋势，那时候的相对湿度总体上高于 2000 年之后，但那时候合肥并没有出现霾日数上升现象。这说明近 10 年来霾日数显著上升的关键因子是大气污染物排放的增多。

为讨论大尺度系统对安徽霾的影响，利用 NCEP/NCAR 再分析资料计算了朱艳峰（2008）提出的季风指数年变化。该指数定义为 500 hPa 高度中低纬度和中高纬度两个区域纬向风切变，从环流角度直观地体现了东亚季风强弱对对流层中层风场的影响，其值越大说明季风越强。其计算公式如下：

$$I_{EAWM}=\overline{U}_{500(25°—35°N,\ 80°—120°E)}-\overline{U}_{500(50°—60°N,\ 80°—120°E)} \tag{3.1}$$

① $PM_{2.1}$ 指粒径在 2.1 μm 以下的气溶胶粒子，下同。

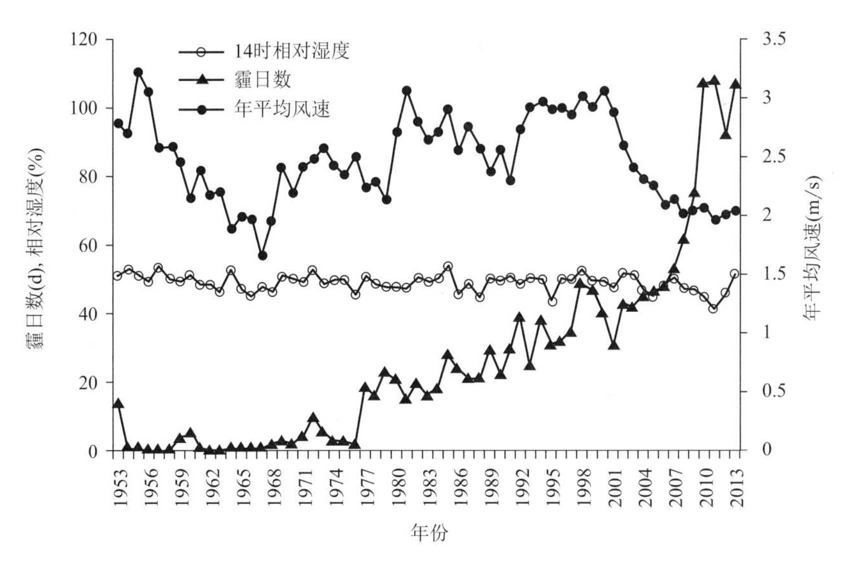

图 3.20 1953—2013 年合肥市霾日数及非降水日地面风速、14 时相对湿度变化趋势

式中，$\overline{U}_{500(25°—35°N,80°—120°E)}$ 为（25°—35°N，80°—120°E）范围内 500 hPa 纬向风的平均值，$\overline{U}_{500(50°—60°N,80°—120°E)}$ 为（50°—60°N，80°—120°E）范围内 500 hPa 纬向风的平均值。

为减少人为排放源的影响，我们选取安徽省县级观测站平均霾日数与季风指数进行比较，从而探讨大尺度季风环流对安徽霾变化趋势演变的影响（图 3.21）。由图 3.21a 可见，二者之间存在显著的负相关（$r=-0.53$），通过了 $\alpha=0.01$ 显著性检验。可见，东亚季风的强弱与安徽省霾的多寡有着密切联系。图 3.21b 给出了 1954—2013 年季风指数和县城观测站平均霾日数的年际变化。从 20 世纪 50 年代到 2013 年，季风指数有较大幅度的波动，但总体呈下降趋势，1977 年以前的大部分年份都在 0 以上，1977 年及之后，大部分年份都在 0 以下。图 3.21b 显示，1980 年之后，季风指数为峰值的几个年份，如 1984、1988、1991、2005、2012 年，对应的都是霾日数比较低的年份；而在季风指数比较低的年份，却不一定都对应着霾日数多的年份，如 2002、2007、2013 年季风指数极低，对应着霾日数较高，尤其是 2013 年。然而，1997 年的季风指数在 20 世纪 90 年代后期是最低的，其对应的霾日数却不高，这可能与大气污染物排放强度有关。如从现有的资料看，跟前后年份相比，1997 年安徽省煤耗量是一个小低值（图 3.18a）。另外，从安徽省统计年鉴上的城市发展概况看，20 世纪 90 年代前期，包括 1997 年，合肥城市化水平还不太高，1998 年建成区面积才 120 km^2，且属于地面风速偏高的时段。可见，季风的强弱通过对地面和低空风场的影响而影响到安徽霾的多寡。此外，2007—2012 年，季风指数单调上升，意味着季风强度增强，这跟 2008—2012 年县城观测站霾日数的下降有较好的对应关系（图 3.21b），这说明 2008—2012 年县城观测站霾日数下降在较大程度上是季风增强的结果。

值得说明的是，虽然 2006 年之后，安徽及周边省份 SO_2 排放量下降（图 3.18a），2007—2012 年季风指数单调上升（图 3.21b），但城市霾日数并没呈现明显的下降趋势（图 3.17、图 3.20）。究其原因可能是在此期间城市在快速扩张、增高，地面风速下降，汽车保有量急剧增大，导致 NO_x 排放量急增（如对流层 NO_2 柱含量加速上升），抵消了 SO_2 排放量下降和季风增强的影响。

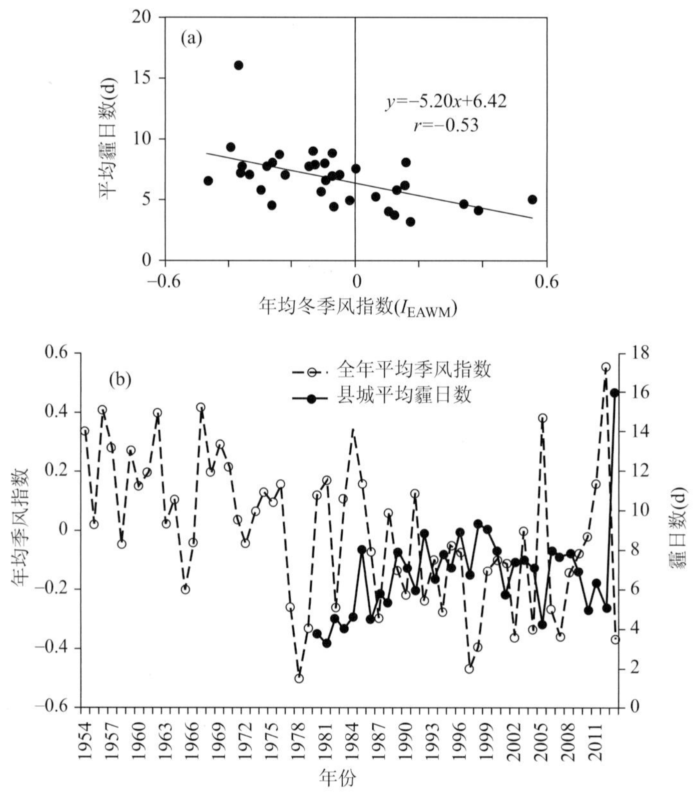

图 3.21　亚洲冬季风指数与安徽县级观测站平均霾日数比较

（a）点聚图；（b）年际变化

3.4 霾天环流形势

Beverland 等（1998）指出，后向轨迹能较好地表示污染气团到达接收地之前所经过地区。我们曾经应用混合单粒子拉格朗日综合轨迹模式 HYSPLIT4 轨迹模式（Draxler，1997），结合聚类分析（Dorling et al.，1992）的方法研究了输送条件对合肥 PM_{10} 浓度、霾天气的影响（石春娥等，2008b；张浩等，2010），后向轨迹虽然能解释一些现象，但在预报业务中不具有可操作性。因此，我们对合肥 2008—2012 年 681 个霾日 14 时 100 m（对应 1000 hPa 高度场）、500 m（对应 925 hPa 高度场）、1000 m（对应 850 hPa 高度场）后向轨迹进行聚类，并根据聚类结果，给出不同高度各类轨迹对应的平均形势场，便于指导预报。所用资料为美国国家海洋和大气管理局（NOAA）全球资料同化系统资料（GDAS1）水平分辨率：1°×1°，垂直方向从地面到 20 hPa 分为 23 层，逐 3 h 一次。下面给出 100 m 高度后向轨迹分类结果及对应的 1000 hPa 的高度场。

霾日 100 m 的后向轨迹经过聚类可分为 6 组，各组平均轨迹见图 3.22。图 3.23 给出了图 3.22 中各组轨迹对应的 1000 hPa 高度的平均高度场。

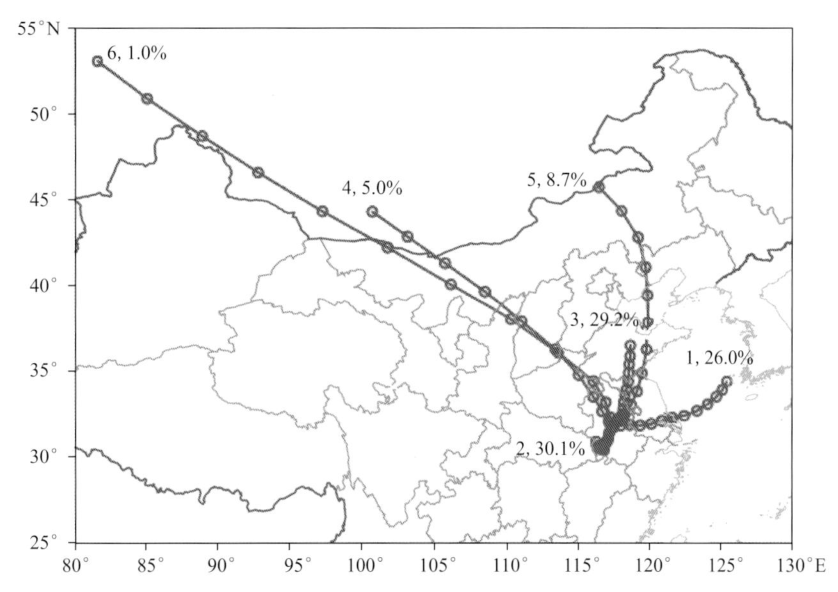

图 3.22　合肥霾日 14 时 100 m 高度组内平均后向轨迹水平分量

（每组轨迹末端左边数字为分组序号，右边数值为该组轨迹占总轨迹数的百分比）

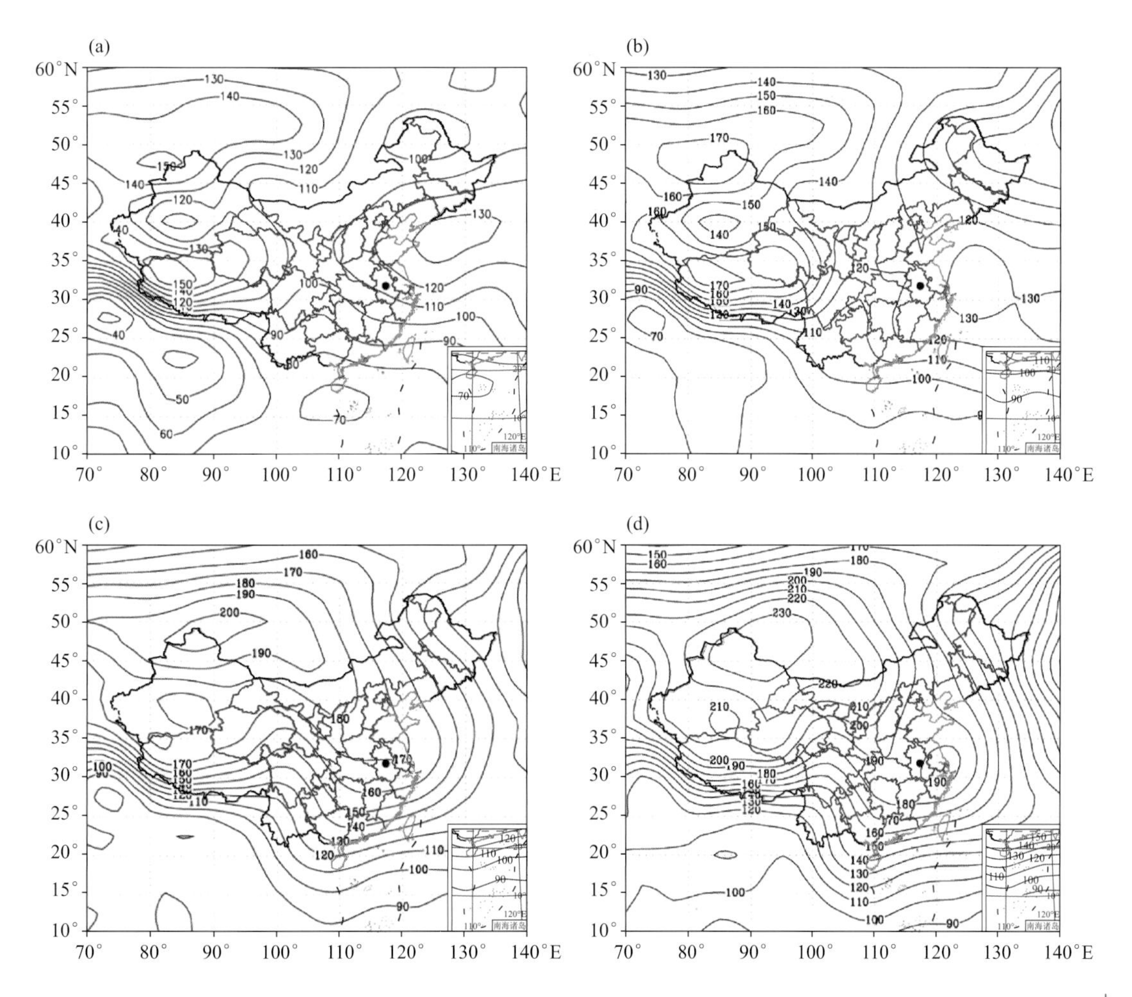

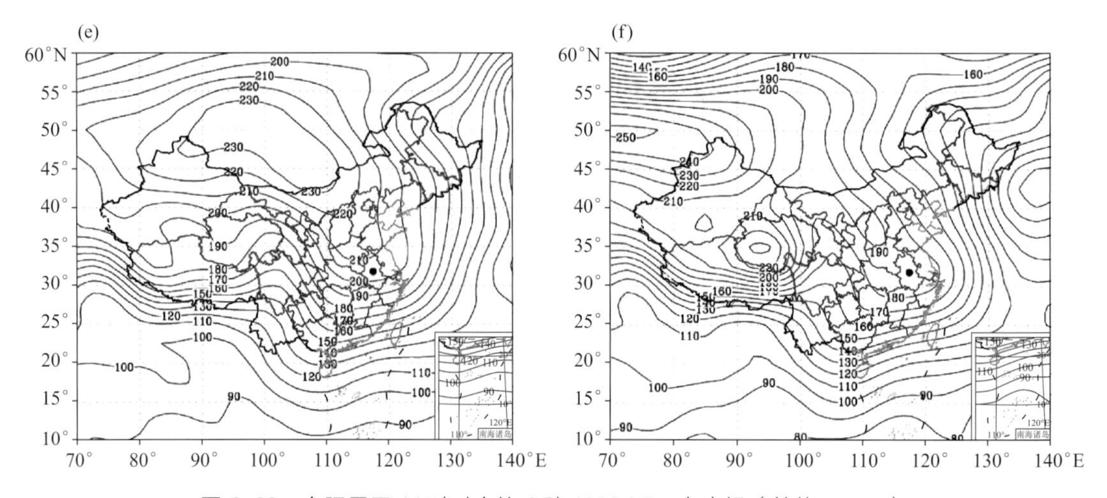

图 3.23　合肥霾天 14 时对应的 6 种 1000 hPa 高度场（单位：gpm）

（安徽中部的黑色实心圆表示合肥）

（a）第 1 组；（b）第 2 组；（c）第 3 组；（d）第 4 组；（e）第 5 组；（f）第 6 组

根据各组轨迹出现的百分比，依次为：

（1）局地轨迹（图中第 2 组），占比 30.1%。这一类轨迹来向混乱，平均后显示为偏西南来向，对应的高度场上，新疆北部到青藏高原为一大的高压系统，东海洋面上为一小的高压，我国东部大部分省份位于这两高之间的均压区，等高线稀疏，气压梯度极小，这种形势不利于污染物的扩散。安徽位于东部小高压的西侧外围。

（2）偏北来向（图中第 3 组），占比 29.2%。对应的高度场上，新疆北部为一大的高压系统，华北和华东都处于这个大高压的底部，等高线稀疏，气压梯度力小，安徽盛行较弱的偏北风。

（3）偏东轨迹（图中第 1 组），占比 26.0%。对应的高度场上，黄海有一高压，新疆北部和青藏高原都是高压区，东北北部为一低涡，安徽位于东部高压的底部，近地层的偏东气流把长江三角洲、山东等地的污染物输送到安徽省。

以上三种环流形势下的霾日数量占霾日总数的 85%。其余三组所占比例不高，都与形势三（图中第 3 组）类似，差别在于新疆北部高压系统的位置和强度，导致到达合肥的 72 h 轨迹长度和来向有偏差，轨迹普遍较长，大的方向都是偏北到西北方向。高度场上，基本上都是新疆到蒙古为高压，安徽位于高压底部的均压区，高压地理位置的差异导致输送轨迹略有差异。

3.5 霾天气象条件及预报方法

3.5.1　霾天气象要素特征

基于 2001—2005 年人工观测霾记录的分析结果显示，合肥霾出现时日均风速一般比较小，以风速≤2 m/s 为最多（53.3%），2～3 m/s 为次多（30.7%），当风速>5 m/s 时，有利于近地面污染物扩散，出现霾的概率不大（张浩等，2010）。从不同风向对应的霾出现频率（表 3.6）可以看出，各风向下均有霾出现，静风时霾出现频率最高，其次是 ENE 风。

表 3.6　合肥不同风向对应的霾出现频率（%）

风向	N	NNE	NE	ENE	E	ESE	SE	SSE	S	SSW	SW	WSW	W	WNW	NW	NNW	C(静风)
出现频率	7.8	28.8	22.7	31	15.8	24.8	29.4	22.6	12.9	13.9	25	28.6	28.5	27.5	20.8	20.7	53.7

表 3.7 为不同相对湿度下霾出现频率，可以看出，当日平均相对湿度在 60%～70%时霾出现频率最高，其次是 70%～80%，相对湿度<30%时则没有霾出现。

表 3.7　合肥不同相对湿度对应的霾出现频率（%）

相对湿度(%)	<30	30～40	40～50	50～60	60～70	70～80	80～90	>90
出现频率	0	6.9	10.8	12.5	15.6	14.3	7.2	0.6

基于安徽省 80 个地面观测站 2008—2012 年的常规气象资料，我们进一步详细分析了安徽省雾、霾、晴空天气象条件的差异（石春娥等，2017a）。本节以合肥为例探讨，通过分析霾日与雾日、晴空日地面气象要素统计规律的差异探寻霾天气的诊断预报方法，这里霾日是用日均值方法重建的，共计 681 d。

（1）前一日 14、20 时的气象要素。图 3.24 给出了合肥雾、霾、晴空日前一日 20 时的相对湿度、风速和能见度的统计结果。由图可见：合肥雾、霾、晴空三种天气前一日的能见度、相对湿度差异显著，风速差别不明显。三种天气比较，雾日前一天的能见度最低、相对湿度最高；晴空日前一天的能见度最高、相对湿度最低，霾日前一天的气象要素在二者之间。14 时的结果与 20 时相似，但雾、霾、晴空日的差别不及 20 时明显。从风向上看不出雾、霾天有明显区别。

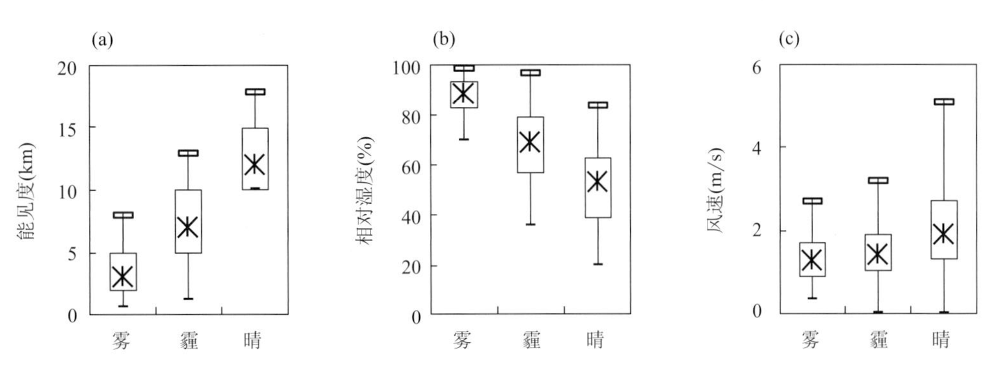

图 3.24　2008—2012 年合肥雾、霾、晴空天前一日 20 时能见度（a）、相对湿度（b）、风速（c）统计结果

（上下两个横线分别表示最大值和最小值；长方形中的星号表示中值；长方形的下、上边分别为第一、三四分位值）

（2）当日 08、14 时的气象要素。雾、霾、晴空天气当天 08 时和 14 时的能见度、相对湿度变化趋势均与前一日的情况类似，即从雾到霾到晴空，能见度递增、相对湿度递减。从几种天气下的差异程度看，雾、霾、晴空日 08 时的能见度、相对湿度都有较大差异（图 3.25），

14 时相对湿度有差异，但差异不显著。若以 75%的样本（或者上下四分位）能区分为接受标准，可以利用合肥 08 时的相对湿度区分雾、霾与晴空，如图 3.25 所示，霾天气时相对湿度的上四分位在 90%附近，接近雾日的最低值，而霾日的下四分位与晴空日的上四分位接近，但 14 时雾、霾天之间的差别就没有超过四分位值。另外，合肥雾日 14 时的能见度 75%低于 10 km，说明雾后即霾的可能性较大。

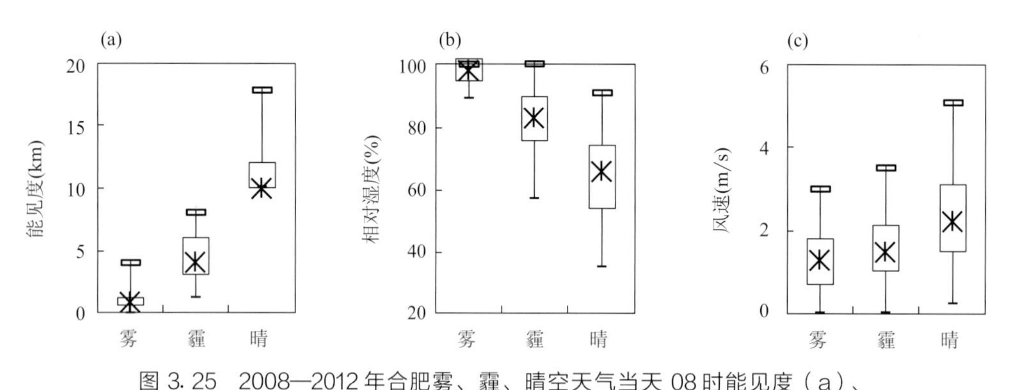

图 3.25　2008—2012 年合肥雾、霾、晴空天气当天 08 时能见度（a）、相对湿度（b）、风速（c）统计结果

（上下两个横线分别表示最大值和最小值；长方形中的星号表示中值；长方形的下、上边分别为第一、三四分位值）

3.5.2　霾天边界层气象要素垂直分布特征

作为内陆省份，安徽雾、霾天的地面气象条件非常相似。考虑到雾、霾都是边界层内的天气现象，且安徽雾以辐射雾为主，一般产生于凌晨，消散于日出之后，利用安庆和阜阳 08 时探空资料进一步分析雾、霾、晴空天各标准层温度、湿度、风速的分布规律。为了直观，又为避免季节影响，大气层结用每一层的位温与地面位温差值表示。为使统计结果能更精准地反映有雾时的廓线特征，用于统计的雾天必须 08 时观测有雾（能见度低于 1 km）。分析表明，3 种天气下边界层内的风速廓线无显著差异。虽然从 3 种天气 08 时的位温分布看，850 hPa 以下 3 种天气下的大气层结有差异，但安庆和阜阳表现不一，如安庆和阜阳（相对湿度的统计结果分别见图 3.26、图 3.27 和表 3.8）都是有雾时大气层结最稳定，这与已有的研究结论一致，即辐射雾往往产生于稳定的大气层结（Gultepe et al.，2007），安庆是晴空时最接近不稳定，而阜阳是霾天最接近不稳定。从相对湿度看，3 种天气下，850 hPa 以下其廓线差异较大，是 3 种要素中差异最大的。

由图 3.26 可见，从地面到 1000 hPa，安庆是雾天相对湿度最高，超过 90%；霾天居中，在 80%～90%之间，中位值和均值都在 80%～90%之间；晴空天最低，第三四分位值在 80%以下，中位值和均值都在 70%附近。再往上，雾天相对湿度随高度递减很快，到 850 hPa，第三四分位值已降到 60%以下，中位值和均值都在 20%～30%附近，700 hPa 第三四分位已降到 20%以下了，中位值低于 10%，这显示了辐射雾上面是一个“干层”的特点。霾天和晴空天相对湿度随高度下降缓慢，尤其是霾天，即使在 850 hPa 高度，其中位值和均值仍然接近 60%。晴空天 850 hPa 的相对湿度比雾天高，中位值和均值分别为 35.7%和 40%（表 3.8）。

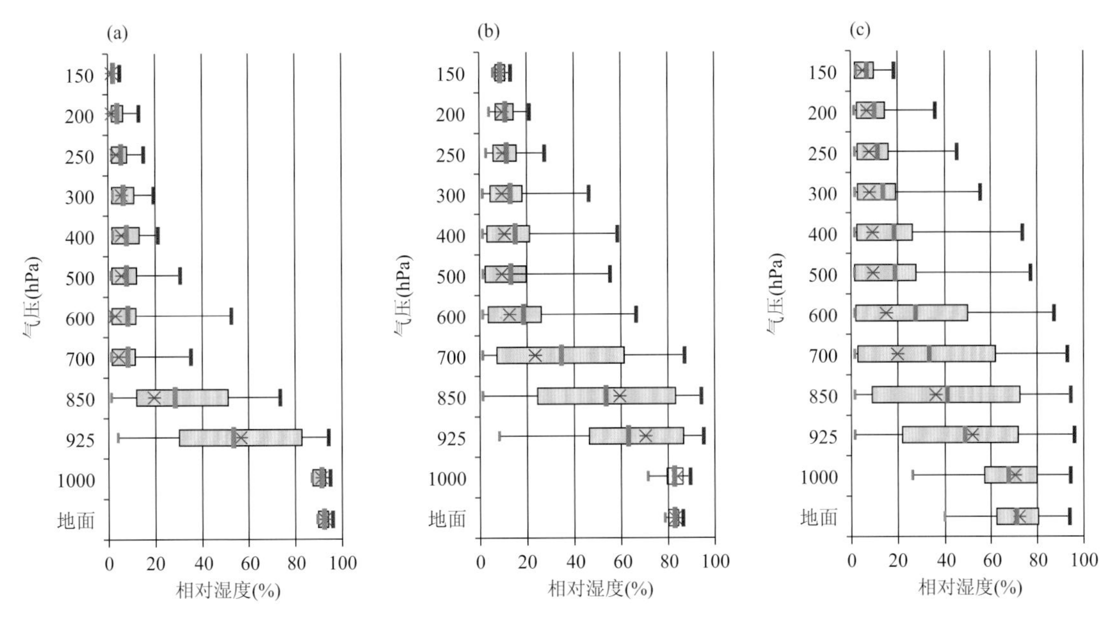

图 3.26　2008—2012 年安庆雾、霾、晴空日 08 时不同高度相对湿度箱线图

（长方形的左右边分别表示第一（25%）和第三（75%）四分位值，长方形中的星号表示中位值，长方形中的竖线表示均值，长方形左右线端的竖线分别表示最小值和最大值）

（a）雾日；（b）霾日；（c）晴空日

表 3.8　2008—2012 年安庆和阜阳雾、霾、晴空天 08 时不同高度相对湿度中位值和均值（%）

高度(hPa)	安庆			阜阳		
	雾 32 d	霾 184 d	晴空 625 d	雾 69 d	霾 201 d	晴空 513 d
600	2.6/8.6	12.4/18.6	15.2/27.1	11.0/19.2	23.2/33.7	9.3/20.0
700	4.3/8.0	23.0/34.1	19.7/32.9	22.5/34.3	39.7/43.1	11.1/21.2
850	19.5/28.1	58.7/53.3	35.7/40.5	42.4/46.8	60.3/56.4	17.7/25.0
925	56.5/53.3	69.7/62.9	51.9/48.4	71.8/64.5	71.6/66.0	26.0/31.6
1000	92.0/92.1	83.3/82.2	70.9/67.6	91.0/89.6	86.0/84.1	48.4/48.8

阜阳的相对湿度分布与安庆类似（图 3.27），但比安庆略低。从地面到 1000 hPa，雾天最高，中位值和均值在 90%左右；霾天居中，中位值和均值都略大于 80%；晴空天最低，中位值和均值都在 50%～60%附近。再往上，相对湿度的变化范围（即图中矩形的长度）比安庆大，随高度下降速度比安庆缓慢；雾天相对湿度随高度递减很快，到 850 hPa，中位值和均值都在 40%～50%之间，700 hPa，中位值和均值在 30%上下；霾天和晴空天相对湿度随高度下降缓慢，尤其是霾天，850 hPa，其中位值和均值都在 60%左右，700 hPa，中位值和均值都在 40%左右；晴空天 850 hPa 和 700 hPa 的相对湿度都比雾天低，850 hPa 的中位值和均值在 20%附近，700 hPa 的中位值和均值在 10%～20%附近。

用欧洲中期天气预报中心数值预报的结果得到合肥雾、霾、晴空天湿度廓线也有类似结论。

边界层的垂直风切变是影响污染物扩散的一个重要因子（雷孝恩，1983）。统计了安庆和阜阳的雾、霾、晴空天边界层下部 925 hPa 和 1000 hPa 之间风的来向之差，表示边界层下部风向改变幅度，类似地计算了边界层上部（850 hPa 和 925 hPa）风的来向的变化，即

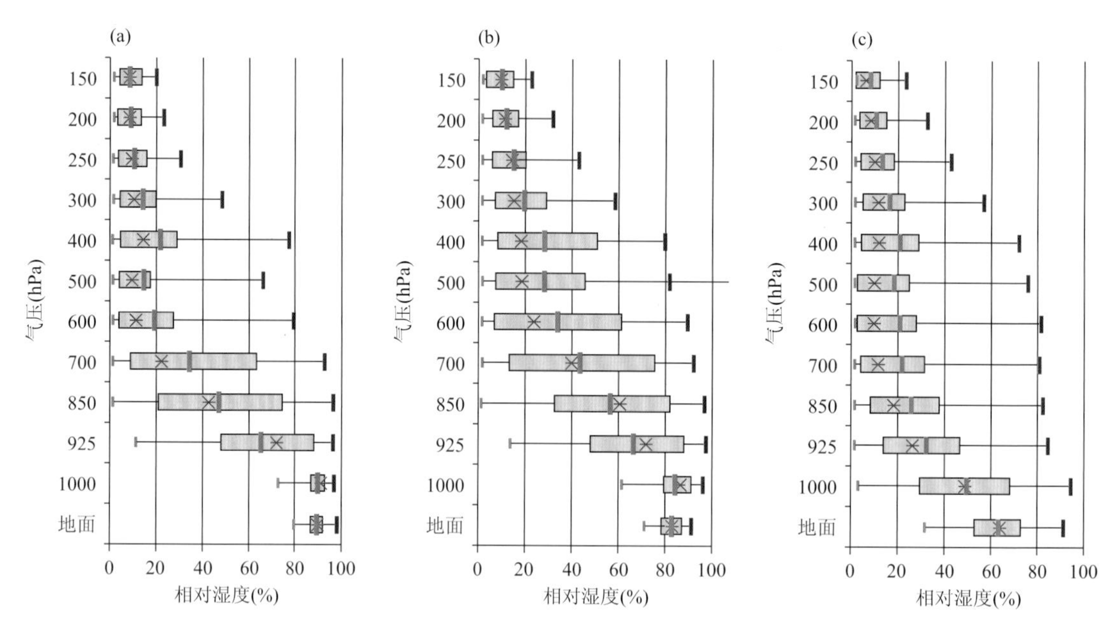

图 3.27　2008—2012 年阜阳雾、霾、晴空日 08 时不同高度相对湿度箱线图

（长方形的左右边分别表示第一（25%）和第三（75%）四分位值，长方形中的星号表示中位值，长方形中的竖线表示均值，长方形左右线端的竖线分别表示最小值和最大值）

（a）雾日；（b）霾日；（c）晴空日

上下两层风的来向之差，正值表示风向随高度增大，来向右偏，符合边界层埃克曼层的风向分布规律。考虑到近地层（即边界层下部）风向可能受地形和周边建筑物的影响，图 3.28 仅给出了 850 hPa 和 925 hPa 风向变化角度的频率分布。

安庆 08 时有雾的天数较少，仅 32 d，边界层上部风向转变角度的峰值在－10°，其次是－20°（图 3.28a），而边界层下部风向转变角度比较离散，峰值在－20°（图略）；晴空日边界层上下部风向转变角度的峰值基本重合，都在 10°附近，接近正态分布；霾日边界层下部变化角度峰值在 10°～20°，上部变化角度峰值在 0°。

阜阳 08 时有雾的天数也较少（68 d），风向改变角度比较分散，边界层下部风向改变角度的峰值为 10°，上部集中在－30°～10°。晴空日，上下部两个峰值不重合，下部峰值在 30°，上部峰值在 0°。霾日，上下部两个峰值不重合，下部峰值在 0°，上部峰值在－10°。

阜阳和安庆的统计结果都表明，3 类天气中，霾天边界层内的风向转变（风切变）最小。雾天边界层内风向转变角度较大，说明雾时常存在差动温度平流（指上下层温度平流的差异），在应用轨迹分析与聚类分析相结合的方法分析合肥市雾时大尺度输送特征时，也发现差动温度平流的作用（魏文华等，2012）。霾天 925～850 hPa 之间风向切变总体上较雾天小，说明霾天边界层中上部的湍流更弱、扩散条件更差。

3.5.3　合肥霾的诊断预报方法

3.5.3.1　预报方法建立

根据上述分析，合肥雾、霾、晴空天前一天能见度和相对湿度存在显著差异（图 3.24），

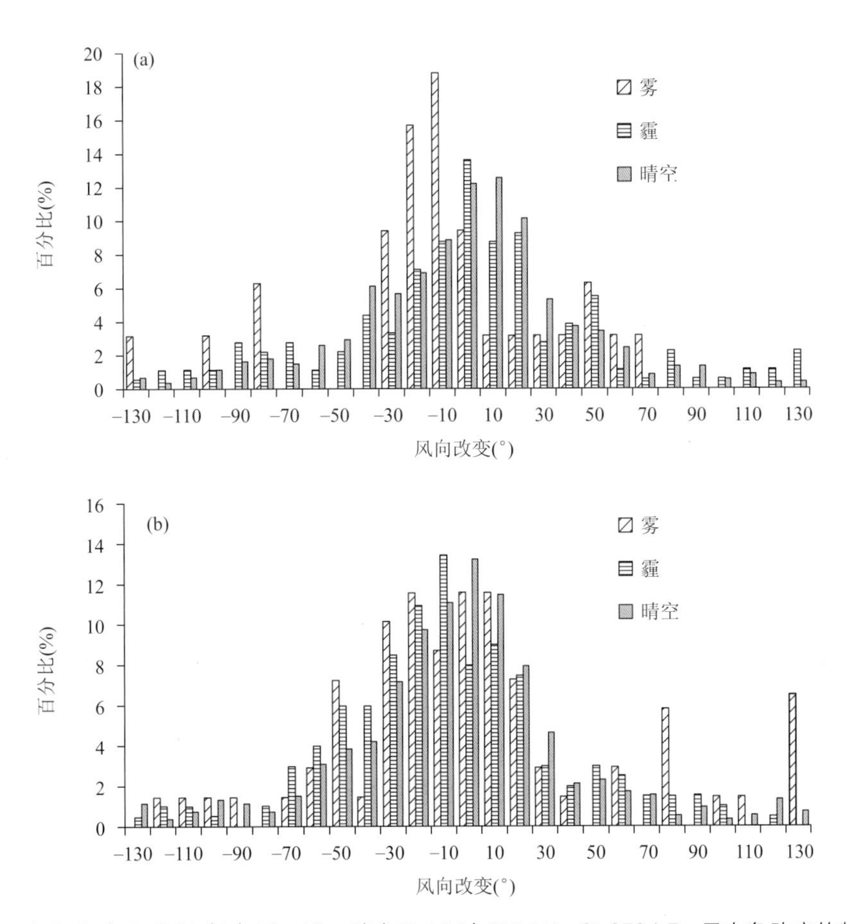

图 3.28　安庆（a）和阜阳（b）雾、霾、晴空日 08 时 925 hPa 和 850 hPa 风向角改变的频率分布

阜阳、安庆雾、霾天相对湿度的垂直分布有较大差异（图 3.26，图 3.27），并给出了不同高度霾天的主要环流形势（图 3.23）。因此，我们尝试建立基于前一天的气象要素对第二天是否有霾的外推预报和基于数值预报当天天气形势判断的多要素霾的诊断预报方法。

（1）基于局地气象要素的外推法。考虑的因子包括预报日前一天 14 时、20 时的能见度、相对湿度和风速。具体方法如下。

①基于 14 时观测资料的外推：

如果 14 时的风速（WS）大于 4 m/s，不考虑霾（$IH_{14}=0$）；

如果 14 时的能见度（V）低于 12 km，且相对湿度（RH）在 30%与 75%之间，预报第二天有霾（$IH_{14}=1$）。

②基于 20 时观测资料的外推：

如果 20 时的风速（WS）大于 4 m/s，不考虑霾（$IH_{20}=0$）；

如果 20 时的能见度（V）低于 8 km，且相对湿度（RH）在 40%与 80%之间，预报第二天有霾（$IH_{20}=1$）。

（2）基于数值预报结果的诊断预报方法。考虑的因子包括：模式预报的 08 时、14 时的相对湿度、风速、有无降水。具体方法如下（以 08 时为例）。

①若地面风速大于 4 m/s，不考虑霾（$IH_{08}=0$）；

②若 1000 hPa 的相对湿度在 70%～95%之间，925 hPa 的相对湿度大于 40%，850 hPa 的相对湿度大于 20%，700 hPa 和 600 hPa 的相对湿度低于 30%，考虑有霾（$IH_{08}=1$）。

由于相对湿度的观测和预报误差都比较大，模式对天气形势的把握比较可靠。因此，在利用数值模式结果预报时，若 14 时 1000 hPa、925 hPa 的形势场分别近似于 3.4 节介绍的霾天环流形势中的一种，且安徽境内等值线不超过 2 根（等值线间隔为 10 gpm），则考虑有霾。本指标带有一定的主观性，使用时可综合考虑前期天气。

（3）消空方法。基于 14 时数值预报结果：

若气象台和模式预报有降水，不考虑霾；

若 1000 hPa 相对湿度低于 30%或风速高于 5 m/s，则判断无霾。

3.5.3.2 预报方法试用与效果检验

利用合肥站 2014 年 10—12 月的观测资料进行效果检验。10—12 月共有霾日 45 d，降水日 18 d。数值预报产品缺 2 d，有效天数为 71 d（外推法 73 d）。

计算了命中率（HR）、空报率（FAR）、漏报率（MR）、预报偏差（FBI）、预报评分（TS）、公平预报评分（ETS）等评估参数（定义见附录 A）。

根据上述介绍的预报指标，通过对不同预报指标的组合得到十种预报方法。

方法一：仅 1000 hPa 天气形势；

方法二：仅 925 hPa 天气形势；

方法三：1000 hPa 形势与 925 hPa 形势二者同时成立；

方法四：1000 hPa 形势与 925 hPa 形势二者之一成立；

方法五：用前一日 14 时气象要素外推；

方法六：用前一日 20 时气象要素外推；

方法七：用前一日 14 时和 20 时外推二者之一成立；

方法八：用前一日 14 时和 20 时外推二者同时成立；

方法九：欧洲中心预报的 1000 hPa 形势与前一日 20 时外推二者之一成立；

方法十：欧洲中心预报的 1000 hPa 形势与前一日 14 时外推、20 时外推三者之一成立。

上述十种方法，方法一至方法四主要是基于预报当天的数值模式预报的天气形势，试验时要求安徽境内等值线不超过 2 根，方法五至方法八主要是基于前一天天气实况的外推，方法九、十是在上述方法中选了 ETS 评分最高和次高的两种进行组合。数值预报用的是每天 08 时起报的第二天 14 时的形势场（模式计算 30 h），评估结果见表 3.9。由表可见，总体上基于天气形势的预报效果优于基于观测的外推预报。方法一与方法三，方法二与方法四的评分结果分别相同，这是由于在使用时方法一比方法二更为严格，如要求安徽境内的等值线不多于 2 根，因此相比之下方法一漏报多、空报少，方法一预报有霾，方法二预报也一定有霾，方法二预报无霾的，方法一一定预报无霾。

表 3.9 预报效果评分

方法	HR	FAR	MR	FBI	TS	ETS	有效天数(d)
方法一	0.73	0.09	0.27	0.80	0.68	0.41	71
方法二	0.86	0.21	0.14	1.09	0.70	0.34	71

续表

方法	HR	FAR	MR	FBI	TS	ETS	有效天数(d)
方法三	0.73	0.09	0.27	0.80	0.68	0.41	71
方法四	0.86	0.21	0.14	1.09	0.70	0.34	71
方法五	0.42	0.24	0.58	0.56	0.37	0.10	73
方法六	0.51	0.18	0.49	0.62	0.46	0.18	73
方法七	0.67	0.23	0.33	0.87	0.56	0.20	73
方法八	0.27	0.14	0.73	0.31	0.26	0.09	73
方法九	0.89	0.17	0.11	1.07	0.75	0.44	73
方法十	0.89	0.20	0.11	1.11	0.73	0.38	73

从 TS 评分和 ETS 评分看，都是方法九效果最好，即用 1000 hPa 的天气形势结合前一天 20 时的天气实况外推，效果最佳。方法九准确预报霾天 40 次，漏报 5 次（方法一漏报 12 次），空报 9 次。下面分别对漏报和空报的情况做简单分析，漏报的具体日期如下：

10 月 12 日，1000 hPa，内蒙古与蒙古交界处有一闭合高压，东南洋面上有一个闭合的低压，安徽位于蒙古高压的边缘以外，等值线较密，境内等值线 5 根，但前一天的风速很低，低于 2 m/s，当天相对湿度比较大，大于 85%。前一天非霾日，傍晚能见度 12 km。

10 月 27 日，1000 hPa，华北到东北有一闭合高压，安徽位于这个高压的边缘以外，等值线较密，境内等值线 5 根，但前一天的风速很低，低于 2.5 m/s，20 时风速 0.9 m/s，当天相对湿度比较大，大于 85%。前一天非霾日，傍晚能见度 12 km。

11 月 18 日，1000 hPa，合肥位于一个小高压中心，偏东风。前一天 20 时和当天风速都低。前一天傍晚能见度 12 km。这一天天气形势不典型，但实际业务中若考虑到前一天日均能见度低于 10 km，且风速较低，应可以避免漏报。

11 月 26 日，安徽位于高压的西部边缘，形势与第四类接近，但没判断准确。前一天有不到 3 mm 的降水，当天早上湿度大。可能 3 mm 以下的降水不足以洁净空气。

12 月 23 日，天气形势不典型，但安徽等值线稀疏，位于东海洋面上高压的西边；东北有个低压，从东北到河南有个槽，安徽位于槽前。合肥平均能见度 9.33 km。

空报的具体日期如下：

10 月 4 日：外推空报，前一天有霾。

10 月 7 日：形势场空报，近似于第一类天气形势，但东海上高压与新疆高压之间的等值线略多，安徽境内 2 根等值线，等值线西北东南走向（非水平的），实况风速较大，大于 4 m/s。

10 月 9 日、11 日、13 日、15 日、28 日：外推空报，前一天有霾。

12 月 4 日：形势场和外推都空报，接近第五类天气形势，且只有 2 根等值线，但等值线是南北向的，实况中午风速较大。

综上所述，等值线的走向很重要，若等值线是水平的（东西向），即使多到 4 根也可能出现霾；若等值线是垂直的，或接近垂直的，多于 2 根则肯定无霾。外推方法容易出现空报，使用的时候要参考形势场。

3.6 冬季霾的月尺度预测方法

利用 NCEP/NCAR 再分析资料计算得到反映东亚季风指数强度的六类大气环流指数，即东亚大槽强度指数（EAT）（孙柏民和李崇银，1997）、西伯利亚高压强度指数（SH）（郭其蕴，1994；龚道溢等，2002）、500 hPa 纬向风切变强度指数（u_{500}）（Ting et al.，1996；郭其蕴，1983）、海平面海陆气压差强度指数（PLS）（郭其蕴，1983；徐建军等，1999）、850 hPa 经向风强度指数（v_{850}）（Yang et al.，2002）、东亚急流经向切变强度指数（EAJ）（Yang et al.，2002；Lau et al.，1988），分析了安徽各区域（沿淮淮北、江淮之间、沿江江南）冬季霾与东亚冬季风强度指数的关系。确定影响安徽冬季霾的大气环流指数，建立安徽冬季霾的月尺度预测模型，并对模型进行效果检验（张浩等，2019）。

3.6.1 安徽霾与东亚冬季风指数的关系

霾天气的变化受污染物排放和气象条件的共同影响。研究表明，受地形和气候条件等因素影响，安徽霾的空间分布和变化趋势都有明显的区域性特征（邓学良等，2015）。随着社会经济快速发展和城市化进程加快，大气污染排放种类和数量不断增加，安徽各区域冬季霾日数均呈上升趋势，而波动变化主要受气候条件变化的影响。因此，在分析东亚冬季风指数与安徽霾日数的相关性之前，对月霾日数进行去趋势化处理（张浩等，2019），引入气候霾日数，表示为实际霾日数和趋势霾日数的差值，反映了由于气候条件变化导致的霾日数变化，其中趋势霾日数采用线性、曲线和滑动平均等多种模拟方法进行分段模拟，并对模拟的合理性进行峰度和偏度检验。

为了消除不同物理量量纲的影响，对东亚冬季风指数作标准化处理，计算公式为：

$$I_i=\frac{A_i-\overline{A}}{\sqrt{\frac{1}{n-1}\sum_{i=1}^{n}(A_i-\overline{A})^2}} \tag{3.2}$$

式中，I_i 为第 i 年某一要素的标准化值，n 为样本长度，A_i 为第 i 年某一要素值，$\overline{A}$ 为某要素的气候平均值，统一为 1981—2010 年的 30 年平均。在霾预测检验中，对霾日数同样进行了标准化处理。

图 3.29 为 1981—2016 年各个区域 12 月气候霾日数与同期 6 项大气环流指数的年际变化。可以看出，6 项反映东亚冬季风强度的大气环流指数与 12 月气候霾日数均呈反相关关系，即在东亚冬季风偏弱的年份，来自北方的冷空气减弱，近地面风速减弱，不利于污染物的扩散，导致霾日数偏多，反之亦然。以东亚大槽强度指数为例，东亚大槽强度指数的年际变化与 12 月气候霾日数呈反对应关系，如在 1983 年、1995 年、2005 年、2010 年、2012 年、2014 年东亚大槽偏强年份，相对应气候霾日数偏少；相反，在 1986 年、1991 年、1994 年、1998 年、2004 年、2015 年、2016 年东亚大槽强度偏弱年，气候霾日数偏多。当然，这

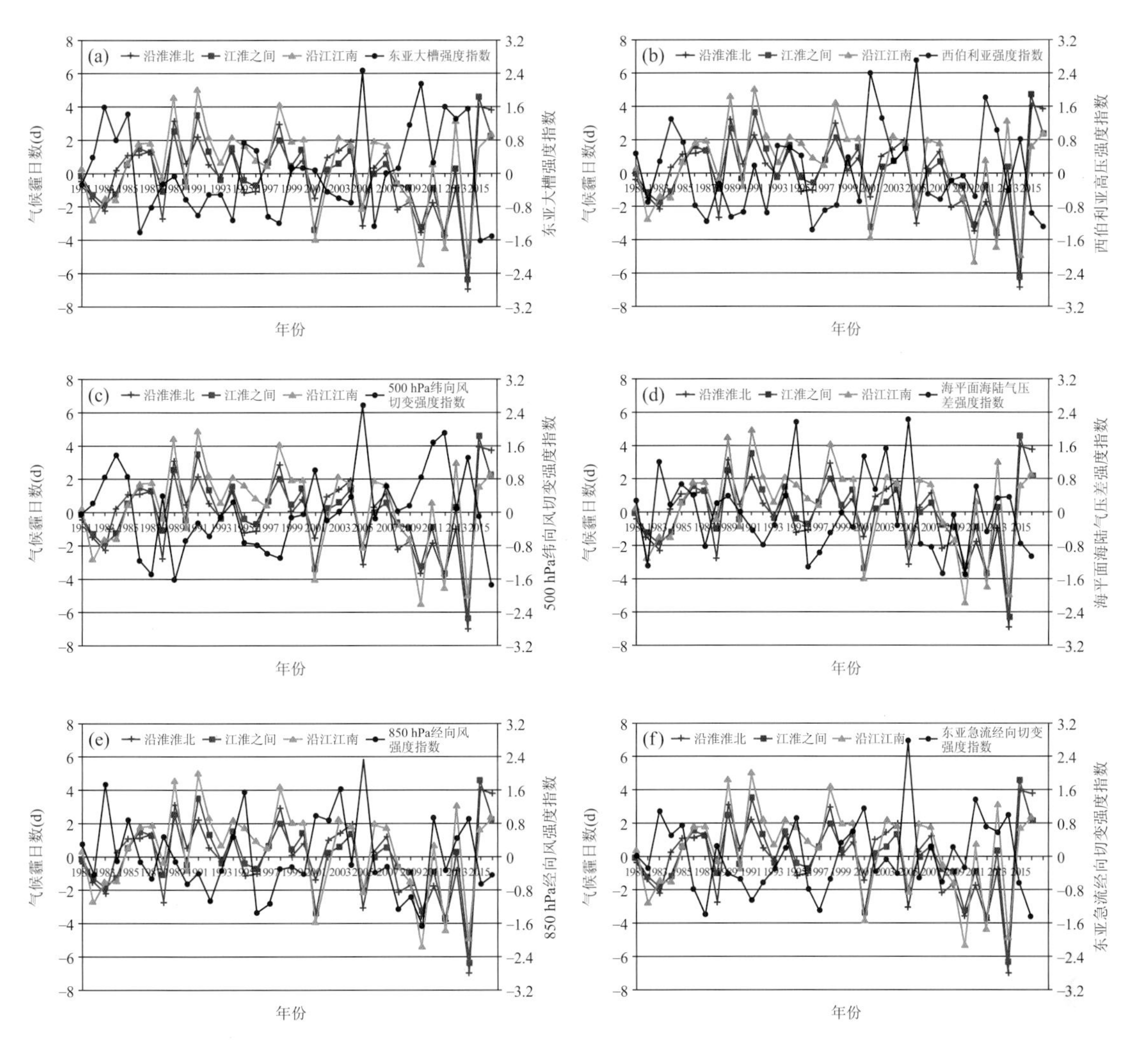

图 3.29　1981—2016 年各区域 12 月平均气候霾日数与 6 类大气环流指数的年际变化

（a）东亚大槽强度指数；（b）西伯利亚高压强度指数；（c） 500 hPa 纬向风切变强度指数；（d）海平面海陆气压差强度指数；（e） 850 hPa 经向风强度指数；（f）东亚急流经向切变强度指数

种反对应关系在某些年份并不符合，如 1985 年、1988 年以及 2013 年。

各区域 1981—2016 年间的 12 月、1 月、2 月气候霾日数与上述 6 类大气环流指数的相关系数分别见表 3.10、表 3.11 和表 3.12。可以看出，各大气环流指数与 3 个子区气候霾日数之间均呈负相关关系，但不同区域气候霾日数与不同大气环流指数之间相关性有所不同。总体来看，东亚大槽强度指数、西伯利亚高压强度指数、500 hPa 纬向风切变强度指数、东亚急流经向切变强度指数与各区域 12 月气候霾日数相关性均较好，除了沿淮淮北的西伯利亚高压强度指数，相关系数均通过 $\alpha=0.01$ 的显著性检验；而海平面海陆气压差强度指数和 850 hPa 经向风强度指数与各子区 12 月气候霾日数相关性均较差，相关系数未通过 $\alpha=0.05$ 的显著性检验。东亚大槽强度指数与各子区 12 月气候霾日数均有较好的负相关关系，相关系数在各项指数中是最高的，因此，用东亚大槽强度指数建立 12 月气候霾日数预测模型。

表 3.10　各区域 12 月气候霾日数与同期大气环流指数的相关性分析

区域	EAT	SH	u_{500}	PLS	v_{850}	EAJ
沿淮淮北	−0.751**	−0.416*	−0.644**	−0.177	−0.209	−0.575**
江淮之间	−0.716**	−0.479**	−0.635**	−0.205	−0.236	−0.553**
沿江江南	−0.626**	−0.421**	−0.587**	−0.048	−0.070	−0.420**

注：表中 **、* 分别表示通过 $\alpha=0.01$、$\alpha=0.05$ 显著性检验。

表 3.11　各区域 1 月气候霾日数与同期大气环流指数的相关性分析

区域	EAT	SH	u_{500}	PLS	v_{850}	EAJ
沿淮淮北	−0.574**	−0.281	−0.445**	−0.370*	−0.199	−0.531**
江淮之间	−0.533**	−0.397*	−0.503**	−0.347*	−0.202	−0.512**
沿江江南	−0.139	−0.576**	−0.530**	−0.252	−0.269	−0.469**

注：表中 **、* 分别表示通过 $\alpha=0.01$、$\alpha=0.05$ 显著性检验。

表 3.12　各区域 2 月气候霾日数与同期大气环流指数的相关性分析

区域	EAT	SH	u_{500}	PLS	v_{850}	EAJ
沿淮淮北	−0.407*	−0.349*	−0.260	−0.429**	−0.482**	−0.403*
江淮之间	−0.304	−0.454**	−0.315	−0.385*	−0.465**	−0.380*
沿江江南	−0.021	−0.515**	−0.459**	−0.040	−0.069	−0.199

注：表中 **、* 分别表示通过 $\alpha=0.01$、$\alpha=0.05$ 显著性检验。

与 12 月不同，1 月长江以北 2 个子区结果比较一致，都是东亚大槽强度指数、东亚急流经向切变强度指数，以及 500 hPa 纬向风切变强度指数与气候霾日数相关性较高，均通过 $\alpha=0.01$ 的显著性检验，相比较而言，东亚大槽强度指数与气候霾日数相关性最高。沿江江南，西伯利亚高压强度指数、500 hPa 纬向风切变强度指数，以及东亚急流经向切变强度指数与气候霾日数相关性较高，均通过 $\alpha=0.01$ 的显著性检验，其中，西伯利亚高压强度指数与气候霾日数相关性最高。因此，沿淮淮北、江淮之间、沿江江南分别用东亚大槽强度指数、东亚大槽强度指数、西伯利亚高压强度指数建立 1 月霾日数预测模型。

各区域 2 月气候霾日数与大气环流指数的相关性最好的分别是 850 hPa 经向风强度指数（沿淮淮北）、850 hPa 经向风强度指数（江淮之间）和西伯利亚高压强度指数（沿江江南）。因此，分别用这 3 个指数建立 3 个区域 2 月霾日数预测模型。

3.6.2　安徽霾的月季尺度预测模型建立和验证

综合以上分析，确定建立各个区域冬季各月气候霾日数预测模型的因子，如表 3.13 所示。然后利用 SPSS 统计软件建立 12 月、1 月、2 月气候霾日数的预测模型。为了对预测模型进行验证，从 1981—2016 年中每 5 年选取 1 年作为验证样本，即 1985、1990、1995、2000、2005、2010、2015 年，共 7 年，其他 29 年作为建模样本。

表 3.13 各区域冬季各月气候霾日数预测模型的预测因子

区域	12月	1月	2月
沿淮淮北	东亚大槽强度指数	东亚大槽强度指数	850 hPa 经向风强度指数
江淮之间	东亚大槽强度指数	东亚大槽强度指数	850 hPa 经向风强度指数
沿江江南	东亚大槽强度指数	西伯利亚高压强度指数	西伯利亚高压强度指数

表 3.14—3.16 为各区冬季各月气候霾日数的预测模型。显著性检验表明，各区冬季各月气候霾日数模型的相关系数均通过 $\alpha=0.01$ 的显著性检验，显著性检验的 P 值都小于 0.01，说明模型整体的合理性和各个因子对霾日数影响的显著性。

表 3.14 沿淮淮北冬季各月气候霾日数的预测模型

月份	回归模型	相关系数 r	显著性水平 P
12月	$I=-0.328-1.841EAT$	0.754	<0.001
1月	$I=-0.066-1.122EAT$	0.657	<0.001
2月	$I=0.030-0.725v_{850}$	0.481	<0.008

表 3.15 江淮之间冬季各月气候霾日数的预测模型

月份	回归模型	相关系数 r	显著性水平 P
12月	$I=-0.303-1.595EAT$	0.729	<0.001
1月	$I=-0.033-1.027EAT$	0.612	<0.001
2月	$I=0.071-0.711v_{850}$	0.472	<0.010

表 3.16 沿江江南冬季各月气候霾日数的预测模型

月份	回归模型	相关系数 r	显著性水平 P
12月	$I=0.368-1.718EAT$	0.629	<0.001
1月	$I=-0.105-1.050SH$	0.670	<0.001
2月	$I=0.142-0.582SH$	0.493	<0.007

将霾日数标准化值（I）进行分级检验，按照 $I\geqslant2$（明显偏多）、$1<I<2$（偏多）、$-1\leqslant I\leqslant1$（正常）、$-2<I<-1$（偏少）、$I\leqslant-2$（明显偏少）分为五个等级。如果预测等级与实况等级相同，则为正确；预测等级与实况等级相差一个等级，为基本正确；预测等级与实况等级相差两个等级及以上，为错误。

利用以上模型对检验样本进行预测检验，并与实况值进行了对比。首先利用预测模型得到气候霾日数，然后与趋势霾日数累加得到预测霾日数，再对预测霾日数和实际霾日数进行标准化处理。表 3.17 为沿淮淮北冬季各月的霾日数预测检验结果，可见，沿淮淮北冬季各月霾日数预测等级与实况等级基本一致，冬季 3 个月均未出现预测错误的情况，2 月在 7 年中有 6 年为预测正确，1 年为基本正确，12 月和 1 月均有 5 年为预测正确，2 年为基本正确，表明各月的模型均具有较好的预测表现。

表 3.18 为江淮之间冬季各月的霾日数预测检验结果，可以看出，江淮之间冬季各月霾日数预测等级与实况等级基本一致，冬季 3 个月均未出现预测错误的情况，每个月都是 5 年预测正确，2 年基本正确，表明各月的模型均具有较好的预测表现。

表 3.17 沿淮淮北冬季各月的霾日数预测检验

年份	12月			1月			2月		
	实况等级	预测等级	预测结果	实况等级	预测等级	预测结果	实况等级	预测等级	预测结果
1985	正常	偏少	基本正确	正常	偏少	基本正确	正常	正常	正确
1990	正常	正常	正确	偏多	正常	基本正确	正常	偏多	基本正确
1995	正常	正常	正确	正常	正常	正确	正常	正常	正确
2000	正常	正常	正确	正常	正常	正确	正常	正常	正确
2005	偏少	明显偏少	基本正确	正常	正常	正确	正常	正常	正确
2010	偏少	偏少	正确	正常	正常	正确	偏多	偏多	正确
2015	明显偏多	明显偏多	正确	明显偏多	明显偏多	正确	明显偏多	明显偏多	正确

表 3.18 江淮之间冬季各月的霾日数预测检验

年份	12月			1月			2月		
	实况等级	预测等级	预测结果	实况等级	预测等级	预测结果	实况等级	预测等级	预测结果
1985	正常	偏少	基本正确	正常	偏少	基本正确	正常	正常	正确
1990	正常	正常	正确	偏多	正常	基本正确	正常	偏多	基本正确
1995	正常	正常	正确	正常	正常	正确	正常	正常	正确
2000	正常	正常	正确	正常	正常	正确	正常	正常	正确
2005	偏少	明显偏少	基本正确	正常	正常	正确	偏少	正常	基本正确
2010	偏少	偏少	正确	偏多	偏多	正确	偏多	偏多	正确
2015	明显偏多	明显偏多	正确	明显偏多	明显偏多	正确	明显偏多	明显偏多	正确

表 3.19 为沿江江南冬季各月的霾日数预测检验结果，可以看出，沿江江南冬季各月霾日数预测等级与实况等级基本一致，冬季 3 个月均未出现预测错误的情况。12 月和 2 月，7 年中均有 5 年为预测正确，2 年为基本正确；1 月，7 年中有 4 年为预测正确，3 年为基本正确，表明各月的模型均具有较好的预测表现。

表 3.19 沿江江南冬季各月的霾日数预测检验

年份	12月			1月			2月		
	实况等级	预测等级	预测结果	实况等级	预测等级	预测结果	实况等级	预测等级	预测结果
1985	正常	偏少	基本正确	正常	正常	正确	正常	正常	正确
1990	正常	正常	正确	偏多	正常	基本正确	正常	正常	正确
1995	正常	正常	正确	正常	正常	正确	偏多	正常	基本正确
2000	正常	正常	正确	正常	正常	正确	正常	正常	正确
2005	偏少	偏少	正确	正常	正常	正确	偏少	正常	基本正确
2010	明显偏少	偏少	基本正确	偏多	正常	基本正确	正常	正常	正确
2015	明显偏多	明显偏多	正确	偏多	明显偏多	基本正确	偏多	偏多	正确

3.7 基于器测能见度的霾的标准探讨

2014—2015 年，安徽省地面观测站分批开始使用器测能见度，我们在业务中发现由于使用不同的能见度观测方式，即使同样使用日均值法重建各地霾日记录，得到的 2014—2015 年全省霾日数分布与以往也有显著的不同（石春娥等，2016c）。为使霾日时空分布客观真实，我们利用安徽省 6 个地级市 2015 年器测能见度、相对湿度，结合生态环境部公布的 $PM_{2.5}$ 小时浓度数据，探讨了基于器测能见度的霾的判断标准（石春娥等，2017c）。

3.7.1 能见度观测方式对霾记录的影响

2013 年之前，安徽省能见度观测一直为观测员目测（即人工观测，这种能见度被称为“目测能见度”，记为 $V_{人工观测}$），2013 年 9 月起个别观测站开始使用能见度仪测量能见度（即自动观测，这种能见度被称为“器测能见度”，记为 $V_{自动观测}$），2015 年安徽省能见度观测方式的观测站分布见图 3.30。根据“气象行业标准《霾的观测判识与分级》编制说明”（2015 版，未颁布），目测能见度与器测能见度之间存在明显偏差。因此，该说明给出了两种能见度的转换公式（公式（3.3））。业务中均采用该公式对器测能见度进行数值转换：

$$\frac{V_{自动观测}}{V_{人工观测}}=\frac{(1/\delta)\times\ln(1/0.05)}{(1/\delta)\times\ln(1/0.02)}\approx 0.766 \tag{3.3}$$

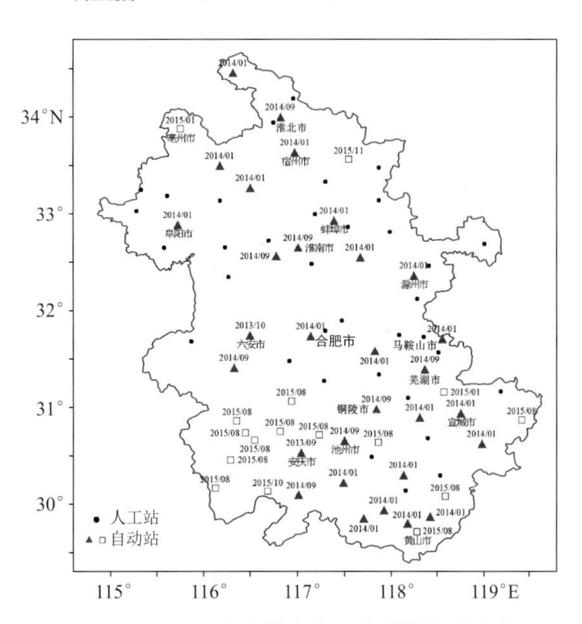

图 3.30　2015 年安徽省能见度观测方式分布

（黑点表示 2015 年年底仍为目测，实心三角形和方框表示器测，上面的数字表示器测开始的月份）

图 3.31 为用日均值法得到的 2014、2015 年安徽省霾日数分布。可见，安徽省霾日数在淮河以北的东部和西部出现一个小范围的低值区，而在淮河以北中部为高值区，这与以往的研究结果（图 3.2d）不一致。

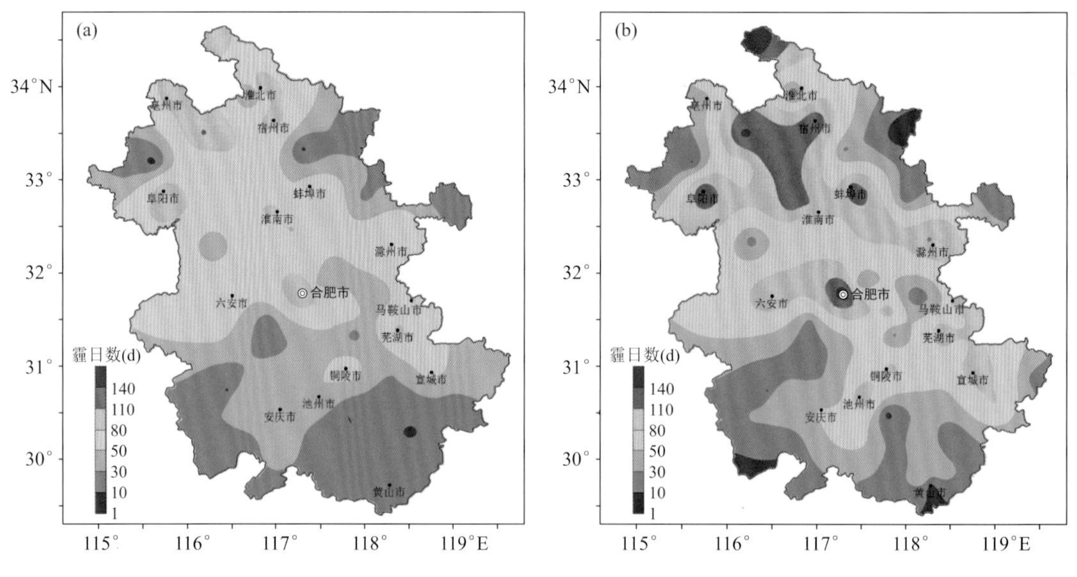

图 3.31 安徽省 2015 年（a）与 2014 年（b）霾日数分布

对照图 3.30，图 3.31 中淮河以北 2014 年霾日数大于 110 d 的高值区涉及的蒙城、涡阳、宿州和砀山都是在 2014 年 1 月开始能见度自动观测，而图 3.31 中淮河以北东、西两个小范围的霾日数低值区，直到 2015 年年底仍然使用目测能见度。江南南部大部分观测站已于 2014 年开始使用器测能见度，对应着 2014 年的霾日数显著上升，而江淮之间西南部（大别山区）大片地区的观测站直到 2015 年 8 月才使用器测能见度，对应地，该地区 2014 年仍然为霾日数的低值区。比较图 3.31 与图 3.30 还可以发现其他小范围的霾日数低值区对应着目测能见度，小范围的高值区对应着器测能见度。据此，可以推测能见度观测方式的改变是安徽霾日数分布发生变化的主要原因，即使使用公式（3.3）进行器测与目测能见度转换，还有可能存在较大偏差。

为验证上述推测，即部分观测站使用器测能见度影响全省霾日数分布，统一使用日均值法（吴兑等，2014）重建 2010—2014 年安徽省各站霾日记录。首先，按 2014 年能见度观测方式对观测站分类。经检查，个别观测站 2013 年年底开始使用器测能见度，2014 年有 30 个观测站分三批开始使用器测能见度，分别为 1 月、4 月和 9 月，2013 年年底和 2014 年 1 月开始器测能见度的观测站合计 20 个，2014 年 4 月和 9 月开始器测能见度的观测站合计 10 个，余下 50 个观测站 2014 年仍然为目测能见度。我们把 2013 年、2014 年开始使用器测能见度的 30 个观测站称为 A 类观测站，余下 50 个观测站称为 B 类观测站。分别统计两类观测站 2010—2014 年逐年平均霾日数。另外，经验表明，降水必须达到一定的量级才能对大气溶胶产生有效清除，在重建霾日数的时候，采取不同的日降水量临界值排除降水的影响。结果见图 3.32。

首先看人工记录的霾日数统计结果。A 类站 2010—2012 年人工记录的年均霾日数在 20 d 左右，三年平均为 20.16 d，2013 年和 2014 年平均霾日数与之相比分别增多了 1.5 倍、

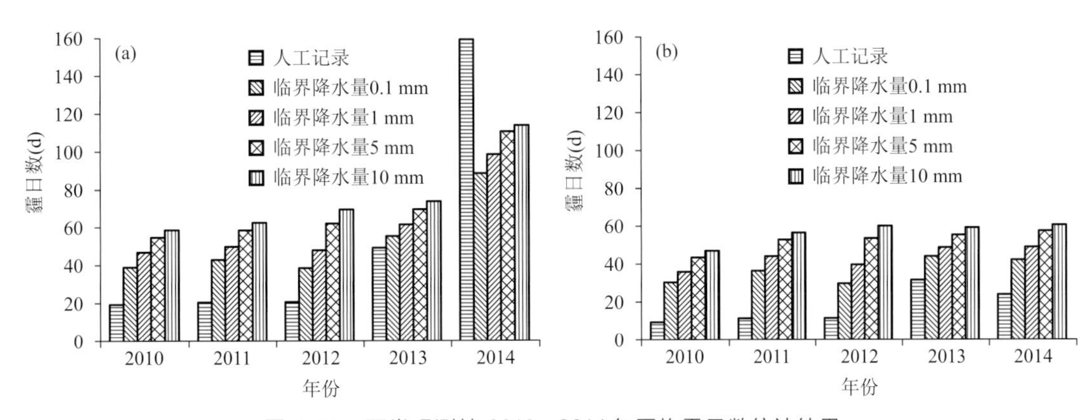

图 3.32　两类观测站 2010—2014 年平均霾日数统计结果

（a） A 类观测站；（b） B 类观测站

6.9 倍；B 类站 2010—2012 年年均霾日数在 10 d 左右，三年平均为 10.9 d，2013 年和 2014 年平均霾日数与之相比分别增多了 1.8 倍、1.2 倍。因此，相对于 2010—2012 年累年平均值，2013 年 A 类站和 B 类站年平均霾日数变化趋势与变化倍数接近，分别增多 1.5 倍和 1.8 倍，而 2014 年 A 类站和 B 类站平均霾日数变化趋势相同，但变化倍数差别很大，分别增多 6.9 倍和 1.2 倍。与邻近的 2013 年同类站相比，A 类站 2014 年年平均霾日数增多 109 d（增幅超过 2 倍），而 B 类站反而减少了 7.4 d。可见，人工记录的霾日数受能见度观测方式的影响很大。

再看重建霾日数统计结果。随着临界降水量的提升（0.1～10 mm，即日降水量大于这个临界值就认为是雨日，而不记为霾日），霾日数逐步升高，两类观测站表现一致。2010—2013 年，两类观测站的重建霾日数都高于人工记录霾日数，以 0.1 mm 为降水临界值的重建霾日数与人工记录的霾日数最为接近。因此，下面主要看以 0.1 mm 为临界值的结果。A 类站 2010—2012 年重建霾日数年均值在 40 d 左右，同类站 2013 年和 2014 年的平均霾日数与之相比分别增多了 0.37 倍、1.2 倍；B 类站 2010—2012 年平均霾日数在 30 d 左右，同类站 2013 年和 2014 年平均霾日数与之相比分别增多了 0.36 倍、0.32 倍。因此，相对于 2010—2012 年累年平均值，2013 年 A 类站和 B 类站年平均霾日数变化趋势与变化倍数接近，分别增多 0.37 倍和 0.36 倍，而 2014 年 A 类站和 B 类站年平均霾日数变化趋势相同，但变化倍数差别很大，分别增多 1.2 倍和 0.32 倍。与邻近的 2013 年同类站相比，A 类站 2014 年平均霾日数增多 32.8 d（增幅 60%），而 B 类站反而略有减少（减少 1.5 d）。

综上所述，2014 年仍然使用目测能见度的 B 类台站不论是观测员记录霾日数还是重建霾日数，与 2010—2012 年平均值相比均明显增加，与 2013 年相比，均略有下降；而 2014 年实现能见度自动观测的 A 类站则表现不同，其 2014 年人工记录的霾日数和重建霾日数均远高于使用目测能见度的 2010—2012 年平均状况以及 2013 年的对应值。因此 A 类站是造成 2014—2015 年全省霾日数分布与以往不同的主因。

3.7.2　气象业务中霾的标准的演变

《地面气象观测规范》（中国气象局，2007）中霾的定义为："大量极细微的干尘粒等均匀地浮游在空中，使水平能见度小于 10.0 km 的空气普遍混浊现象。霾使远处光亮物体微带黄、红色，使黑暗物体微带蓝色。”这说明观测员判断是否有霾不仅要考虑能见度，还有天空颜色。在目测能见度的年代，判别霾所依据的能见度和天空颜色都带有一定的主观性，其观测记录受观测员主观判断的影响较大。为了与轻雾区分，一般的台站都把相对湿度作为判断空气干湿程度的辅助判据，但没有全国统一的标准（吴兑等，2010）。因此，吴兑等（2010）认为中国气象系统台站观测记录的霾缺乏可比性，关键是各地对“干尘粒”的标准把握不一致。

为开展霾的变化趋势研究，吴兑等（2010，2014）介绍了国际上常用的3种重建霾日的方法：单次值法、日均值法和14时值法。其中日均值法和14时值法在科研和业务中均得到广泛应用（石春娥等，2016a），这两个方法都是在满足能见度和相对湿度条件的前提下把能产生视程障碍的9种天气现象中雾、霾以外的天气现象排除。2010年，中国气象局颁布了我国第一个关于霾的气象行业标准《霾的观测和预报等级》（QX/T 113—2010）（中国气象局，2010）。该标准给出了霾观测的判识条件，除了能见度低于10 km外，还给出了2个临界相对湿度，即80%和95%，在满足能见度低于10 km前提下，当相对湿度低于80%为霾，大于95%为雾，当相对湿度在80%～95%时，引入了大气成分指标（PM_1、$PM_{2.5}$和气溶胶散射系数+气溶胶吸收系数）作为辅助标准，强调了“霾的本质是细粒子污染”，但给该标准的推广应用带来了不便。

进入21世纪10年代，能见度自动观测仪在我国气象台站得到广泛应用，但器测能见度和目测能见度间存在系统偏差，部分天气现象的人工观测业务被取消后[①]，中国气象局下文停止使用《霾的观测和预报等级》（QX/T 113—2010），并将能见度自动观测的台站轻雾和霾的能见度判别阈值调整为7.5 km，同时规定基层台站霾的自动判识依据为10 min平均能见度（V）和平均相对湿度（RH），霾的标准为$V<7.5$ km，RH<台站规定的临界相对湿度（RH_c）（任芝花等，2015），如安徽RH_c为65%～70%。统计发现，这种自动记录的霾，即使调整了能见度的阈值（从10 km到7.5 km），各地自动记录的霾日数也比过去显著上升（任芝花等，2015）。

2013—2014年，关于霾及霾日的判断标准、预警标准，中国气象局也发了一系列的文件，考虑的要素也主要是相对湿度、能见度、$PM_{2.5}$质量浓度[②]。但直到2017年仍然没有一个统一的普遍认可的标准。马楠等（2015）以雾和霾在物理性质上的客观区别为基础，提出了一种基于实测$PM_{2.5}$质量浓度、能见度和相对湿度来辨别雾、霾的新方法，但是该方法要求有气溶胶数浓度谱分布的观测，在当前情况下不易推广。

那么，面对能见度自动观测的大趋势，究竟采用什么标准才能充分发挥连续观测的优势，使其既具有明确的空气质量指示意义，又能使仪器自动判断的霾日数合理，且具有历史的延续性，被大众接受呢？

3.7.3 霾的标准初选方案

历史上，不同机构对霾的定义中关于临界能见度（V_c）和临界相对湿度（RH_c）的规定

① 气预函〔2013〕134号文。

② 气测函〔2013〕68号文、气预函〔2013〕34号文、气预函〔2013〕134号文。

都有不同，如世界气象组织（WMO）在2001、2005、2008年的报告中规定$V_c=5$ km，英国气象局的“观测人员手册”和“气象术语”等不给出V_c（吴兑等，2014），而我国最近2个版本的《地面气象观测规范》中给出的霾的能见度限值都是10 km（中国气象局，2003，2007）。考虑到器测能见度与目测能见度的系统偏差，以及使用的便利性，V_c最好取整数，因此，我们尝试把霾的能见度限值（V_c）调整为器测能见度5 km。

如上节所述，为区分轻雾与霾，历史上使用了多个相对湿度临界值。我们利用小时资料统计无降水（小时降水＜0.1 mm）时相对湿度（RH）与$PM_{2.5}$质量浓度等级的关系。具体地：把RH分为7档（＜70％、70％～75％、75％～80％、80％～85％、85％～90％、90％～95％、＞95％），将$PM_{2.5}$小时浓度按空气质量等级分为4档（优良、轻度污染、中度污染、重度污染），统计各级$PM_{2.5}$质量浓度样本出现在各相对湿度段的百分比，最后得到低于某个相对湿度的累积百分比（图3.33），以及各相对湿度段各$PM_{2.5}$质量浓度等级出现的百分比（图3.34）。据此选定2个RH_c（90％、95％）。考虑到不是所有的观测站（如安徽大部分县城观测站）都有$PM_{2.5}$质量浓度实时资料，应探讨一下不使用$PM_{2.5}$质量浓度的诊断结果。因此，设计的计算方案包括RH_c取2个值（90％、95％），分别按考虑$PM_{2.5}$和不考虑$PM_{2.5}$组合，最终得到诊断霾的4个方案：

方案一：$V \leqslant 5$ km（$V_c=5$ km）、RH＜95％（$RH_c=95\%$），且小时降水＜0.1 mm；

方案二：$V \leqslant 5$ km（$V_c=5$ km）、RH＜90％（$RH_c=90\%$），且小时降水＜0.1 mm；

方案三：在方案一的基础上考虑$PM_{2.5}$质量浓度（标准见表3.20）；

方案四：在方案二的基础上考虑$PM_{2.5}$质量浓度（标准见表3.20）。

参考任芝花等（2015）的工作，连续6 h达到霾的标准为一个霾日。当某一天的数据缺损达6 h，且这一天判断为无霾，则认为数据不全。

根据这4个方案计算2015年安徽6个地市霾的出现情况。这6个地市分别位于淮河以北（宿州、阜阳）、沿淮（蚌埠）、江淮之间东部（滁州）、沿江（安庆、马鞍山），基本上可以代表安徽不同地区的情况。其中，马鞍山的资料最完整（缺36 d，主要在1月、4月），宿州缺资料最多（缺58 d，主要在1月、4月），缺的主要是$PM_{2.5}$。并仿照《霾的观测和预报等级》（QX/T 113—2010）（中国气象局，2010），根据能见度和$PM_{2.5}$质量浓度对霾的强度进行分级，具体见表3.20。考虑到马鞍山的资料相对完整，下文分析结果分别给出6个城市综合统计结果和马鞍山市单独统计结果。

表3.20　霾等级相关判识标准

分级	能见度(km)	临界相对湿度(RH_c)	$PM_{2.5}$质量浓度
轻度霾	$3.0<V\leqslant 5.0$	90％、95％	＞75 μg/m³
中度霾	$1.0<V\leqslant 3.0$	90％、95％	＞115 μg/m³
重度霾	$V\leqslant 1.0$	90％、95％	＞150 μg/m³

3.7.4　相对湿度与$PM_{2.5}$污染等级的匹配

图3.33为各级$PM_{2.5}$污染样本随相对湿度从低到高的累积百分比分布，图例“污染”表示所有达到轻度及以上污染等级的样本之和。由图可见，当出现$PM_{2.5}$污染时（浓度

75 μg/m³ 以上），相对湿度低于 70%的样本总数仅约占 30%；达到重度污染时，相对湿度在 70%以下的样本总数低于 25%。可见，若 RH_c 取为 70%，则有约 70%以上的污染样本被排除。随着 RH_c 上升，污染样本数的累积百分比接近线性上升，当 RH_c 为 90%时，污染样本数的累积百分比超过 70%。

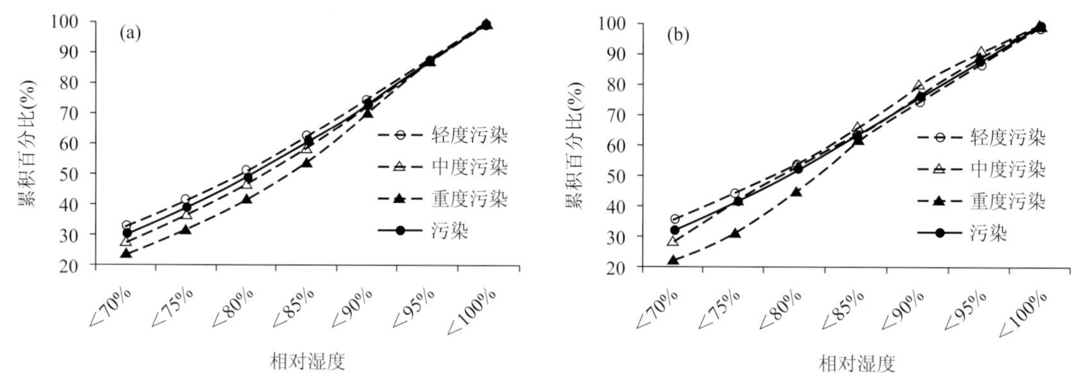

图 3.33　各级 $PM_{2.5}$ 污染出现时的相对湿度分布

（a）6个城市合计；（b）马鞍山

图 3.34 给出了各相对湿度段不同等级 $PM_{2.5}$ 污染出现的百分比。从 6 个城市平均情况看，当 RH 在 70%～95%时，出现 $PM_{2.5}$ 污染的百分比较高，RH 为 85%～90%时最高，当 RH<70%或>95%时，百分比较低，考虑到有降水缺测情况，RH>95%时的百分比可能比实际低。马鞍山的情况与 6 个城市的平均情况接近，但出现污染的百分比比平均情况高，且 $PM_{2.5}$ 污染的百分比在 RH 为 85%～90%呈明显的峰值。

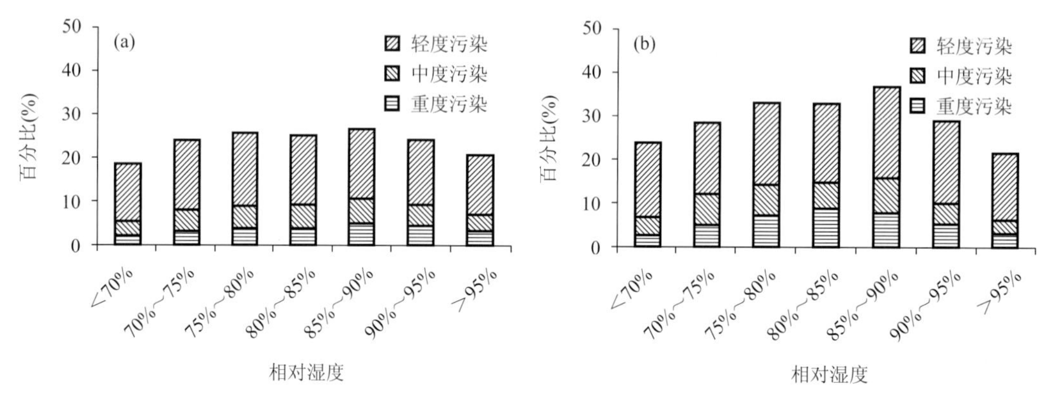

图 3.34　各相对湿度段 $PM_{2.5}$ 污染样本比例

（a）6个城市合计；（b）马鞍山

从 $PM_{2.5}$ 质量浓度与 RH 的关系来看，把判别霾的 RH_c 取为 70%是不合适的，这不仅会排除约 70%的污染样本，同时选取的是 $PM_{2.5}$ 污染百分比较低的相对湿度范围，这不符合“霾具有空气质量指示意义”的说法，因此，RH_c 应大于 85%，使得图 3.33 中的 $PM_{2.5}$ 污染的累积百分比超过 50%。考虑到图 3.34 中峰值出现的相对湿度段为 85%～90%，我们不该把这个相对湿度段排除在霾天气之外。因此，设计的方案对 RH_c 分别取值为 90%和 95%进行计算。

3.7.5 不同方案得到的霾日数月际变化

统一各方案的样本数，即在统计时去掉 $PM_{2.5}$ 缺测的日期，各方案得到的霾日数月际变化趋势一致（图 3.35），而且除了方案一，其余三个方案得到的霾日数比较接近。方案二、四得到的马鞍山月霾日数之差为 0～4 d。从马鞍山的情况看，10 月，方案三的霾日数明显超过方案二、四的霾日数，也就是说，RH_c 由 90%提高到 95%使得该月的霾日数大幅度上升（3～11 d），另外，方案二得到的 7 月霾日数比方案三、四多 3～4 d，经查，有 2 d 实为降水日，由于缺少降水资料而没被剔除。各方案霾日数月际变化的情形也能反映出 $PM_{2.5}$ 和小时降水资料缺失的影响。

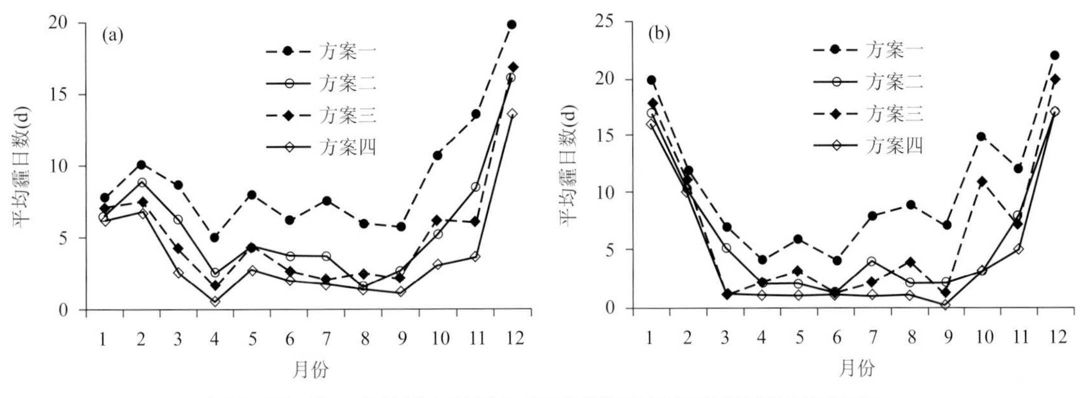

图 3.35 统一有效样本数后各方案得到 2015 年总霾日数月际变化
（a） 6个城市平均；（b）马鞍山

3.7.6 不同方案得到的霾天气日变化

受温度、湿度以及污染物浓度日变化影响，基于上述客观标准得到的霾天气也有明显的日变化（图 3.36），夜间多、白天少，09 时为峰值，14 时为谷值。方案一与其他三个方案之间的差值在 09 时后减小，19 时后增大，00—07 时差别较大，在午后至 18 时，差别较小。可见，RH_c 过高（95%）主要是在夜间高估霾的发生概率，考虑到辐射雾一般形成于夜间，消散于日出之后，且目前仪器自动观测的相对湿度也有一定的误差，与人工观测相比总体偏干，系统性低于人工观测，如寿县器测相对湿度的系统偏差约为－4%，在清晨相对湿度较高时偏差会更大（茆佳佳等，2016），方案一可能会把雾判断为霾，从而造成霾日数的虚高。

从 6 个城市平均情况看，方案二的结果在夜间与方案三比较接近，在午后与方案一接近，但从马鞍山的结果看，方案二的霾次数仅在上午略多于方案三，在午后到傍晚，方案二、三、四都比较接近（图 3.36b）。考虑到人类的活动规律（夜间休息，白天外出），方案二是比较可取的，RH_c 取 90%，与方案一相比，夜间减少了约一半，可能是由于高湿造成的虚假霾，即使在白天条件略显宽松，存在非 $PM_{2.5}$ 污染的虚霾情形，考虑对民众健康的保护，也是合理的。

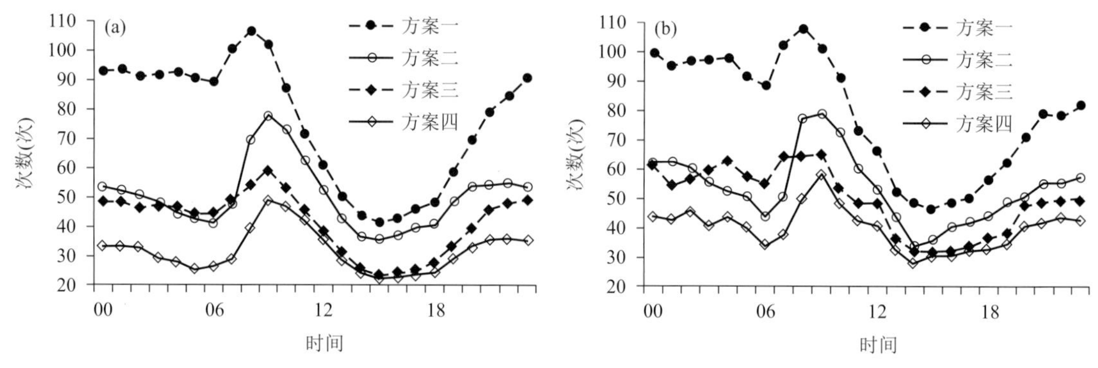

图 3.36 统一有效样本数后各方案得到 2015 年总霾次数日变化

（a） 6个城市平均；（b）马鞍山

3.7.7 年霾日数的历史延续性

考虑霾日数历史延续性问题，分析了用不同方案得到的上述 6 个城市 2008—2015 年霾日数的年际变化，包括观测员记录霾日数和用日均值法重建霾日数（下面简称“日均值法”）。2014 年已有部分观测站是器测能见度，用公式（3.3）换算到目测能见度。统计发现，2008—2011 年，除了蚌埠和安庆，重建和观测的各市霾日数均较低，因此，图 3.37 给出了用日均值法重建的 2012—2015 年各地霾日数年际变化，以及用上述后三种方案得到的 2015 年霾日数。

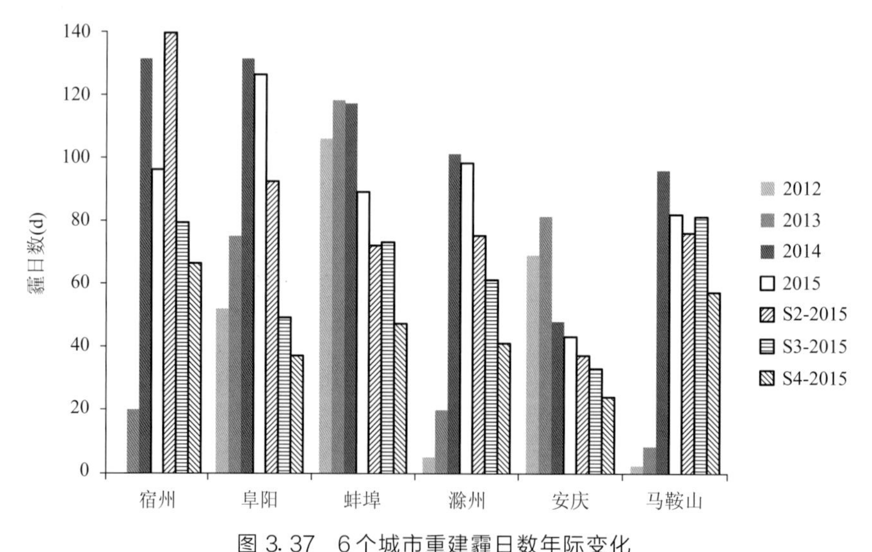

图 3.37 6个城市重建霾日数年际变化

（2012—2015 为相应年份日均值法重建霾日数， S2-2015、 S3-2015、 S4-2015 分别指上文的方案二、三、四得到的 2015 年霾日数）

2012—2015 年，用日均值法得到的安庆和蚌埠的霾日数相对较稳定，分别在 43～81 d 和 89～118 d，均是 2013 年最多，之后呈下降趋势，这与用环保部门公布的数据得到的 $PM_{2.5}$ 年均浓度的变化趋势一致；宿州、滁州和马鞍山变化幅度较大，2012、2013 年均不足

20 d，2014、2015 年均接近 100 d，宿州 2014 年达 131 d。阜阳从 2012—2014 年霾日数稳步上升，2012 年仅 52 d，2014 年达 131 d。表 3.21 给出了各方案得到的 2012—2015 年上述 6 个城市霾日数情况。

表 3.21　安徽 6 个城市 2015 年霾日数回算情况及与 2012—2014 年的比较

年份	重建			观测记录	
	方案	单站范围(d)	平均值(d)	单站范围(d)	平均值(d)
2012	日均值法*	0～106	39	0～167	54.3
2013	日均值法	8～118	53.7	3～235	97.7
2014	日均值法	48～131	104	97～250	207.2
2015	日均值法	43～126	89	40～122	98.2
	方案二	37～139	81.8		
	方案三	33～81	62.7		
	方案四	24～66	45.3		

注：*引自吴兑等，2010。

比较用不同方案得到的 2015 年各市霾日数，可以发现基本上日均值法＞方案二＞方案三＞方案四，即日均值法得到的霾日数最多，仅宿州市为方案二得到的霾日数最多。另外蚌埠和马鞍山是方案三得到的霾日数超过了方案二。因此，从历史延续性看，方案二得到的 2015 年霾日数与日均值法得到的 2014 年和 2015 年霾日数最为接近，且 2015 年低于 2014 年，与环保部门公布的合肥 $PM_{2.5}$ 年均浓度的变化趋势一致。

3.7.8　霾等级与 $PM_{2.5}$ 污染等级的匹配

综上所述，我们认为方案二得到的霾日数较合理，且具有历史延续性，又可独立于环境数据。为考察方案二的“空气质量的指示意义”，基于小时数据计算了方案二得到的无霾到各级霾天气各等级 $PM_{2.5}$ 污染出现的百分比（图 3.38）。由图可见，从无霾到中度霾、重度霾，$PM_{2.5}$ 质量浓度为优良等级的百分比下降，中度和重度污染的百分比上升。例如，无霾时接近或超过 80%的样本 $PM_{2.5}$ 质量浓度为优良等级，中度霾（重度霾很少，代表性不足）时，$PM_{2.5}$ 质量浓度为优良等级样本百分比都在 30%以下，蚌埠、马鞍山和安庆都低于 10%。可见，霾的严重程度与 $PM_{2.5}$ 污染的严重程度有较好的一致性，方案二得到的霾具有较好的空气质量指示意义。

综上，方案二的历史延续性最好且方案二得到的各级霾天气具有较好的空气质量指示意义。从各方案的条件看，考虑了 $PM_{2.5}$ 质量浓度的诊断方案（方案三、四），霾就一定是空气污染了，同等级的霾比同等级的空气污染危害更大，不仅仅是 $PM_{2.5}$ 质量浓度高，且能见度低。如果不考虑 $PM_{2.5}$，霾的天数会增多，但不一定会比空气污染总天数多，如方案二得到的无霾天气里仍然有达到污染等级的情况。2015 年，宿州以外的城市方案二、三、四得到的霾日数都比日均值法低，具体采用哪个方案，取决于制定标准的指导思想，即是否需要定义一个比生态环境部定义的“污染”危害更严重的天气现象。从实用性出发，在当前气象

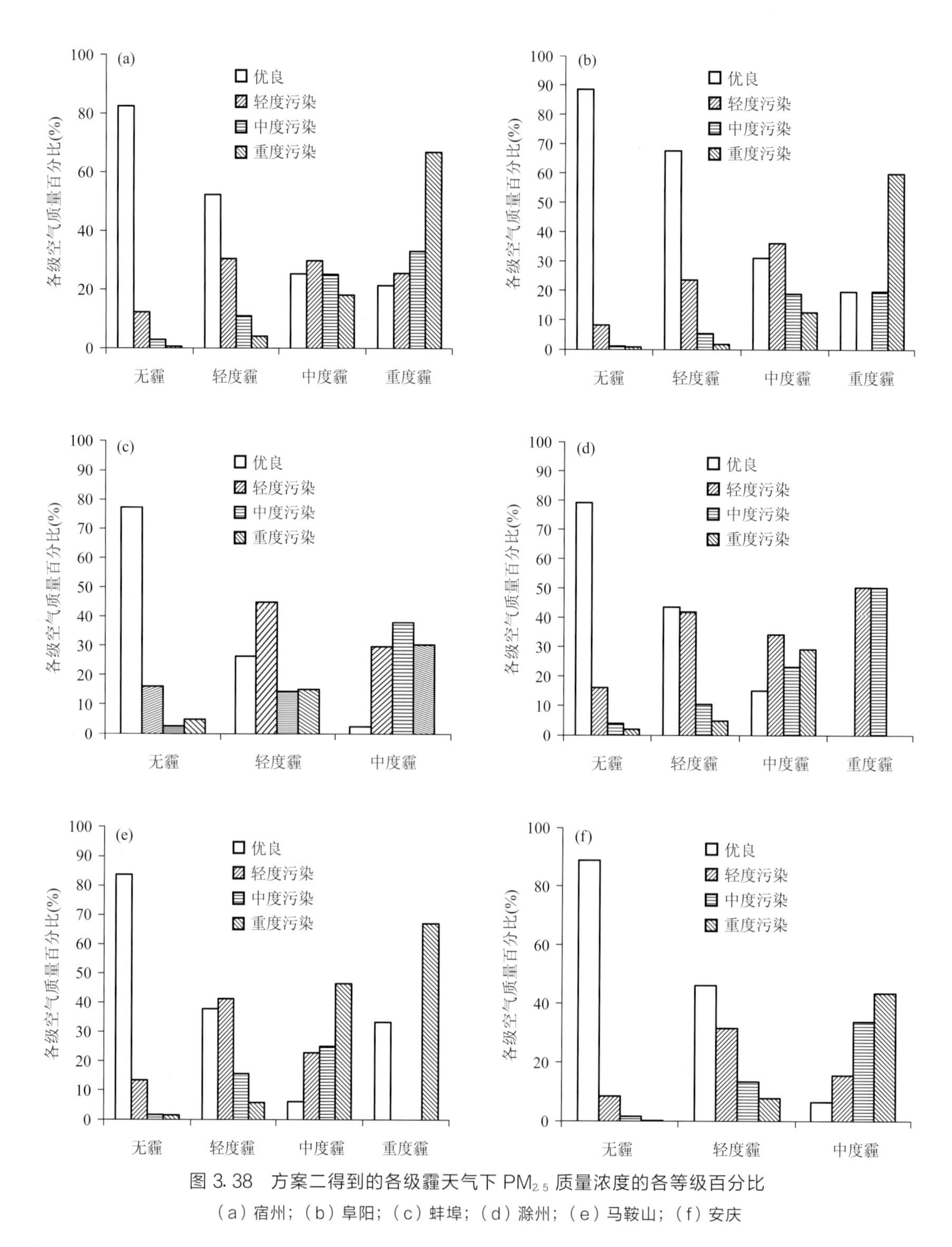

图 3.38 方案二得到的各级霾天气下 $PM_{2.5}$ 质量浓度的各等级百分比

（a）宿州；（b）阜阳；（c）蚌埠；（d）滁州；（e）马鞍山；（f）安庆

部门 $PM_{2.5}$ 观测站点不全的情况下，可将“排除降水，临界相对湿度（RH_c）取 90%，器测能见度不超过 5 km”，即方案二暂定为小时霾的判据，6 h 连续为霾算作一个霾日。未来，随着基层气象站观测设备的逐步完善，可以进一步更新标准。

3.8 基于 MODIS 数据的安徽霾天气监测方法

应用安徽省 80 个地面观测站 2001—2009 年常规气象观测资料和 Terra MODIS Level2 气溶胶产品资料，建立 MODIS 气溶胶产品参数与能见度的拟合关系，由能见度和相对湿度得到安徽省霾的时空分布规律及变化趋势。由于 Terra 卫星经过本地的时间为上午 10 时左右，所以能见度和相对湿度资料采用 08 时、14 时和两个时次的平均值。一是利用 MODIS 气溶胶产品中的光学厚度（AOT）、小颗粒比例（FMF）、波长指数（Angstrom）和质量浓度（Mass）等参数，利用经验公式计算安徽省能见度；二是利用 MODIS 气溶胶产品中的各个参数与地面能见度进行相关分析，得到拟合关系，通过拟合公式计算全省能见度。对以上两种方法进行对比分析，选择适合安徽省的能见度计算方法。由计算得到的能见度分布，再根据相对湿度判断是否有霾出现，最后分析安徽霾的月、季分布特征。

3.8.1 地面能见度与 MODIS 气溶胶产品参数的相关性分析

分别计算各季节安徽省 80 个地面观测站能见度与 AOT、FMF、Mass 和 Angstrom 的相关系数（表 3.22，表 3.23）。经分析发现，能见度与 AOT 和 Mass 的相关性较好，均为负相关，80 个地面观测站的能见度与 AOT 的相关系数均达到 $\alpha=0.001$ 的显著性水平；除夏季太和站外，80 个地面观测站的能见度与 Mass 的相关系数均达到 $\alpha=0.01$ 的显著性水平。为此，主要利用 AOT 和 Mass 数据计算能见度。

表 3.22　能见度与 AOT、FMF、Mass 和 Angstrom 的相关性检验（80 个地面观测站平均）

季节	AOT		FMF		Mass		Angstrom	
	平均样本数	相关系数	平均样本数	相关系数	平均样本数	相关系数	平均样本数	相关系数
春季	349.1	−0.50209	203.5	−0.26049	349.1	−0.40897	349.1	−0.18749
夏季	308.2	−0.51636	270.1	−0.17621	308.2	−0.37869	308.2	−0.05673
秋季	391.1	−0.53506	301.8	−0.16091	391.1	−0.50287	391.1	−0.10079
冬季	232.9	−0.52669	129.0	−0.15825	232.9	−0.49119	232.9	−0.09486

表 3.23　能见度与 AOT、FMF、Mass 和 Angstrom 达到不同显著性相关的观测站数

季节	AOT		FMF		Mass		Angstrom	
	$\alpha=0.001$	$\alpha=0.01$	$\alpha=0.001$	$\alpha=0.01$	$\alpha=0.001$	$\alpha=0.01$	$\alpha=0.001$	$\alpha=0.01$
春季	80	80	53	62	79	80	53	57
夏季	80	80	29	44	75	79	9	13
秋季	80	80	37	51	80	80	30	51
冬季	80	80	9	26	80	80	13	30

3.8.2 利用经验公式计算能见度

（1）气溶胶“标高”的计算

通常情况下，假定气溶胶消光系数垂直方向上按指数分布（李成才等，2003a）：

$$\beta_z = \beta_0 e^{-\frac{z}{H}} \tag{3.4}$$

而光学厚度为消光系数垂直方向上的积分：

$$\tau = \int_0^{\infty} \beta_z dz = \int_0^{\infty} \beta_0 e^{-\frac{z}{H}} dz = H\beta_0 \tag{3.5}$$

式中，τ 为光学厚度，β_z 为垂直方向上的消光系数，β_0 为地面消光系数，H 为气溶胶“标高”。一般情况下，气溶胶数密度随高度指数递减，若粒子的谱分布不随高度值改变，则此高度 H 称为气溶胶“标高”（盛裴轩等，2003）。它是气溶胶浓度随高度分布相关的重要参数，反映了大气边界层气溶胶的特征厚度。

地面消光系数与能见度有反比关系，V 为能见度：

$$V = 3.912/\beta_0 \tag{3.6}$$

得到能见度和气溶胶光学厚度的关系：

$$V = 3.912H \frac{1}{\tau} \tag{3.7}$$

由于安徽属于季风气候，AOT 具有明显的季节性变化，将 AOT 和地面能见度数据按季节进行划分。

利用安徽省 80 个地面观测站 2001 年 1 月—2009 年 12 月的 AOT 和能见度资料，结合公式（3.6）逐日计算得到各站的气溶胶标高，然后分季节进行平均，得到各站四季平均的标高，再将标高插值到 0.25°×0.25°网格点上。

图 3.39 为经 Kriging 方法插值后得到的安徽省四季气溶胶标高分布。可以看出，全省气溶胶标高由北向南呈降低趋势，淮北平原、江淮之间中部较高，大别山区和皖南山区较低。从季节变化看，夏季和春季较高，冬季较低。夏季高于冬季是由于夏季混合层厚度高，大气气溶胶可以分布到更大的空间范围。

（2）利用经验公式计算能见度

利用 Kriging 方法插值后的气溶胶标高数据和公式（3.6）计算了安徽省能见度的平均分布状况（图 3.40b），皖南山区、大别山区，以及淮北平原中东部能见度较高，沿江、江淮之间中东部，以及沿淮部分地区能见度比较低，总体分布状况与站点观测的能见度（图 3.40a）类似，但量级上明显提高，特别是在高值区，二者差值超过 5 km。

3.8.3 多元回归方法计算能见度

该方法的基本思想是将能见度分解为规律性分量和非规律性分量两部分（周锁铨等，2006；吴文玉和马晓群，2009）。规律性分量包括 MODIS 气溶胶相关产品及气溶胶标高，根据上述分析，能见度与 AOT 和 Mass 的相关性比较好，因此规律性分量为 AOT、Mass 和气溶胶标高；非规律性部分是模拟方程的残差部分，反映局部小地形因素和随机因素的影响。

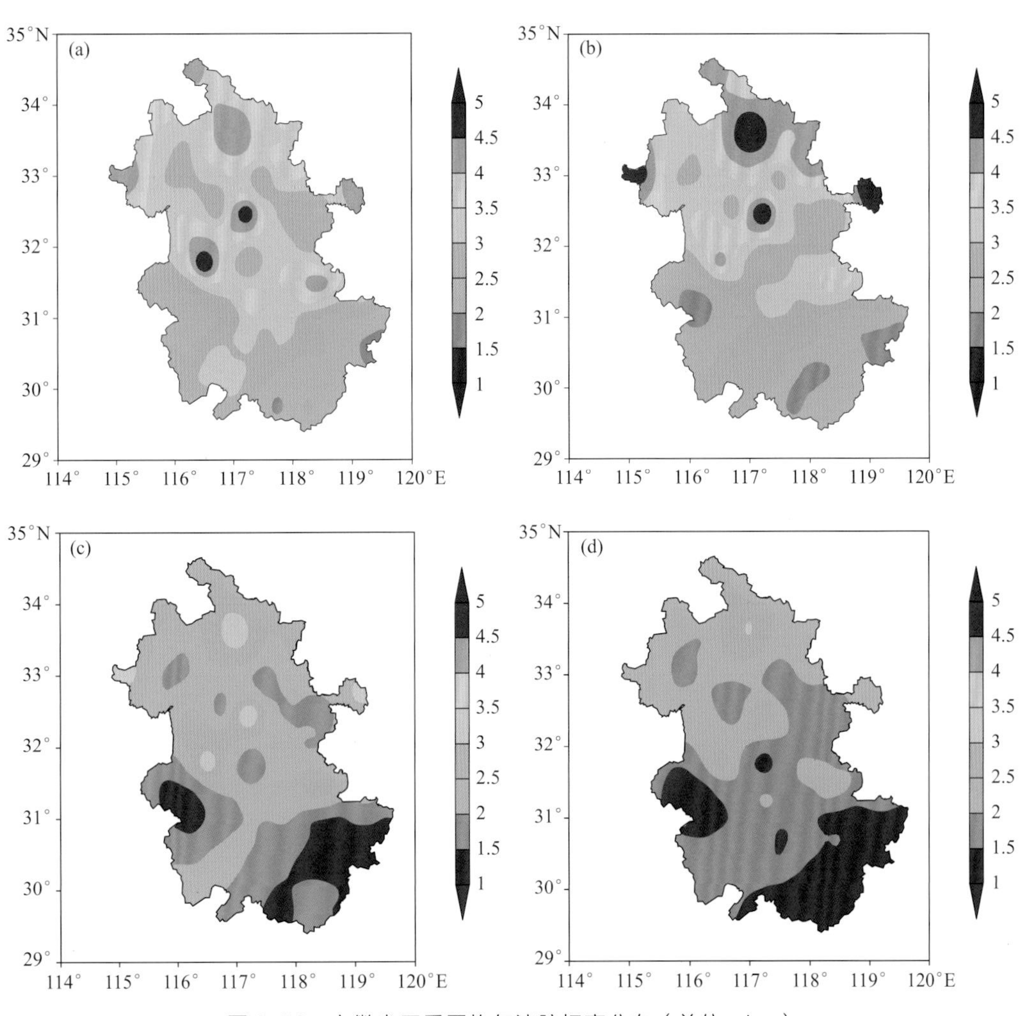

图 3.39 安徽省四季平均气溶胶标高分布（单位：km）

（a）春季；（b）夏季；（c）秋季；（d）冬季

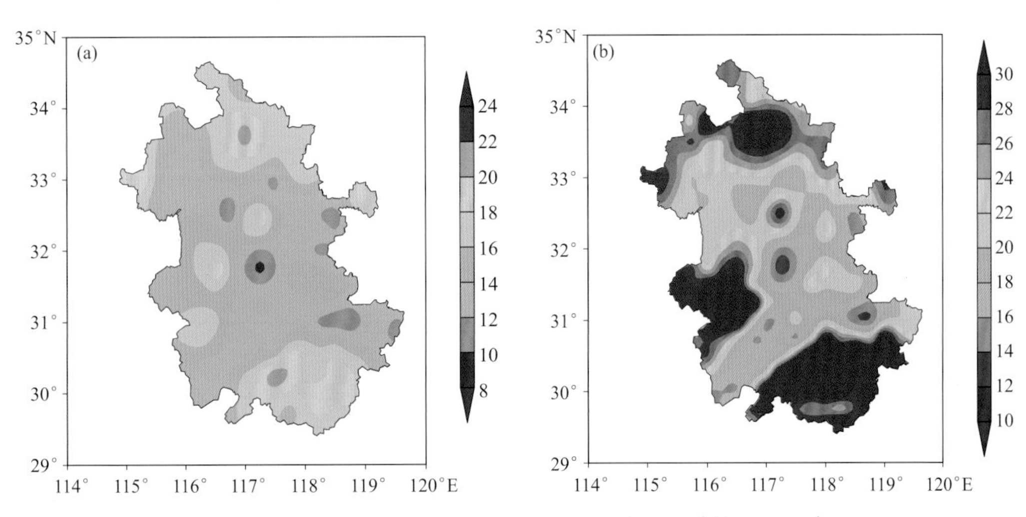

图 3.40 安徽省 2001—2009 年平均能见度分布（单位：km）

（a）站点观测的能见度；（b）利用经验公式计算的能见度

具体方法为，首先用80个地面观测站的实际能见度作为因变量，以地面观测站的AOT、Mass和标高为自变量进行多元回归，可得到回归方程和每个地面观测站的能见度残差，然后用回归方程和各网格点上的AOT、Mass和标高数据计算各网格点上的能见度（规律性分量），同时用空间插值方法对能见度残差进行空间插值，得到各网格点上的残差。最后将两部分进行栅格化运算得到各网格点估算的能见度值，其表达式为：

$$V = aT + bM + cH + d + \varepsilon \tag{3.8}$$

式中，V 为能见度，T 为气溶胶光学厚度，M 为质量浓度，H 为气溶胶标高，d 为常数项，ε 为残差项，a、b、c 为回归方程系数。

利用SPSS统计软件分季节建立2001—2009年平均能见度的多元回归统计模型（表3.24），并得到各季的残差数据，然后将能见度残差插值到0.25°×0.25°网格点上。

表3.24　各季节能见度多元回归模型

季节	回归模型	r^2	显著性水平
春季	$V = -29.125T + 0.06993M + 5.082H + 20.739$	0.958	0.001
夏季	$V = -27.288T + 0.04156M + 4.919H + 22.085$	0.931	0.001
秋季	$V = -29.346T + 0.003844M + 6.586H + 19.158$	0.932	0.001
冬季	$V = -38.084T + 0.02940M + 7.939H + 19.574$	0.951	0.001

3.8.4　两种能见度计算方法比较

为了比较两种插值方法的优劣，从安徽80个地面观测站中均匀地选择9个地面观测站作为验证站点，分别是：宿州、阜阳、寿县、滁州、岳西、合肥、安庆、泾县和休宁站。基于平均绝对误差（MAE）和均方根误差（RMSE）对两种计算方法反演的2001—2009年各站逐日能见度与实况能见度进行了比较（表3.25）。可以看出，多元回归方法计算的能见度精度明显要好于经验公式，即多元回归方法更适合于计算安徽能见度。

表3.25　计算能见度验证结果（单位：km）

季节	MAE		RMSE	
	经验公式	多元回归	经验公式	多元回归
春季	3.630	1.341	3.994	1.665
夏季	10.153	1.682	11.981	2.098
秋季	4.219	1.542	4.554	1.943
冬季	3.687	1.863	4.175	2.039

3.8.5　基于MODIS数据的安徽霾空间分布

由以上分析得知，采用多元回归方法计算安徽能见度的精度要优于经验公式，为此，采用多元回归方法计算得到各网格点的能见度，同时对同一天的站点相对湿度进行插值处理，并根据插值后的相对湿度判断各网格点上是否出现霾，霾的判断根据中国气象行业标准《霾的观测和预报等级》（QX/T 113—2010）：能见度＜10 km，相对湿度低于80%。

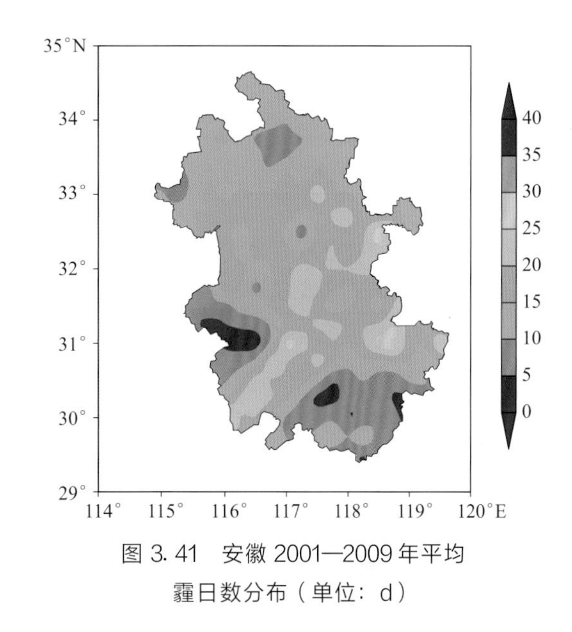

图3.41　安徽2001—2009年平均霾日数分布（单位：d）

图3.41为安徽省2001—2009年平均霾日数的分布状况，可以看出，沿淮、江淮和沿江大部，年均霾日数比较多，部分地区超过20 d，大别山区、皖南，以及淮北平原中部霾日数低于10 d，局部不足5 d。与基于观测重建的霾日数（图3.2）相比，霾日数的分布形势基本一致，如从沿淮到江淮之间中东部、沿江中东部都是霾日数高值区，但量级上明显偏小。不同的是，图3.2d中，沿江西部属于霾日数的低值区。考虑到冬季云量较多，有效样本少，而霾主要发生在冬季，计算的霾日数低于实际值是合理的。

3.9 小结

（1）应用日均值法和14时值法重建了安徽省80个地面观测站历史霾日数据，在此基础上系统地研究了安徽霾的分布特征、年际变化规律。自20世纪80年代开始，安徽霾日数持续增多、霾强度增强；2000年之前，霾的区域性特征不明显，2000年之后，区域性特征日益明显，形成2个霾高发区：江淮中部高值区（以合肥为中心）和沿江中东部高值区（以宣城为中心）；在季节上，霾日在秋、冬季最多，而在春、夏季较少。同时中度和重度等级的霾全都出现在秋、冬季。

（2）1980—2013年，地级市和县城年霾日数呈现不同的变化趋势。地级市年霾日数持续显著上升，县城年霾日数变化平缓，趋势不显著，且在2008—2012年呈下降趋势。NO_x排放量快速增多是地级市霾日数增多的主要因子；季风减弱等气象因子是县城霾日数变化的驱动因子。

（3）将安徽分为沿淮淮北、江淮之间和沿江江南等3个子区，定义区域性霾天气为“超过子区1/3的站点为霾天气”即算一个区域性霾天，当出现连续3 d以上的区域性霾天，即算一个持续性区域性霾过程。2000年之前，各子区持续性区域性霾过程一般每年不超过2次，2000年之后持续性区域性霾过程明显增多，并且出现了7 d以上甚至10 d以上的持续性区域性霾过程，总体上江淮之间次数最多，沿江江南次数最少。持续性区域性霾过程主要

(60%以上)出现在冬季,秋季次之,春夏季偶尔发生。

(4)区域性霾天常对应着大范围的高湿(日均相对湿度大于65%)、小风天(日均风速低于2 m/s),至少有一个城市空气质量指数(AQI)大于100(轻度以上污染)出现概率大于75%,而晴空天AQI大于100的概率极少。

(5)霾天地面气象条件与雾天相似,常对应着小风、高湿。以合肥为例,雾、霾、晴空天前一日和当日地面相对湿度和能见度差异显著,风速不及湿度差异显著。从雾、霾到晴空天能见度递增、相对湿度递减、风速增大;霾天08时相对湿度均值和中值均大于65%。垂直方向,雾时相对湿度随高度下降很快,850 hPa中位值已降到20%(安庆)和45%(阜阳)以下,霾时相对湿度随高度下降缓慢,850 hPa中位值仍在60%左右;另外,霾天边界层中上部风切变较小,雾天和晴空天边界层中上部都存在较大的风切变。

(6)霾的发生与近地层输送条件密切相关。对合肥霾日三个高度(100、500、1000 m)的后向轨迹进行分类,得到近地面边界层不同高度各类输送轨迹对应的形势场。其中,100 m高度的轨迹可分为6类,占比最多的前三类合计占比超过85%。

(7)建立了合肥霾的多种诊断预报方法,并进行了检验。用欧洲中心预报的1000 hPa形势与前一日20时气象要素外推,并用降水、相对湿度和风速进行消空得到的客观评分最高。

(8)基于冬季霾与六类东亚冬季风指数的关系,建立了各子区冬季各月霾的预报模型。安徽冬季各月气候霾日数与东亚冬季风指数均呈负相关关系,但不同月份不同区域气候霾日数与不同东亚冬季风指数之间相关性有所不同。选择相关最显著的东亚冬季风指数建立各个区12月、1月、2月气候霾日数的预测模型,模型均通过$\alpha=0.01$的显著性检验;验证结果表明,各月霾日数预测等级与实况等级基本一致,未出现预测错误的情况,表明各月的模型均具有较好的预测表现。

(9)根据“空气质量指示意义”和“历史延续性”,我们得出基于器测能见度的霾日判断标准为“排除降水,临界相对湿度(RH_c)取90%,器测能见度不超过5 km”,为小时霾的判据,6 h连续为霾算作一个霾日。

(10)MODIS监测的气溶胶光学厚度(AOT)和质量浓度(Mass)与地面能见度呈显著负相关。基于此,建立了基于MODIS数据的地面霾的反演方法。

第4章 安徽酸雨及降水化学特征

中国大规模的酸雨观测和研究始于20世纪70年代末，80年代初开始了全国酸雨观测工作，20世纪90年代初，中国国家环保总局和中国气象局分别建立了酸雨观测网（王文兴，1994；丁国安等，2004），并通过国际合作加入了东亚酸沉降观测网（EANET）。早期（20世纪80年代），多数站位于市区，样品代表性较差；20世纪90年代，酸雨观测网的大多数站位于城郊及农村，观测结果的区域代表性增强。另外还在一些敏感地区不断开展了一些短期的降水化学观测科学实验。通过这些常规观测和不同年代的试验观测，可以了解到我国各地降水酸度和离子组分都存在地区差异和年代际变化。如中国南方多酸雨、西北方降水碱性偏多，21世纪00年代，酸雨范围向北扩展、酸度增加，硫酸根与硝酸根浓度比（$[SO_4^{2-}]/[NO_3^-]$）下降（王文兴和许鹏举，2009；侯青和赵艳霞，2009；Li et al.，2012；Shi et al.，2014）。

安徽省属于内陆农业大省，东部与亚洲经济最为发达、人口最为稠密的长江三角洲接壤，北边与我国酸雨前体物SO_2、NO_2排放较高的华北地区相邻。早在20世纪80年代中期，安徽省就在部分城市开始了酸雨观测工作（琚泽萍，2003），20世纪90年代，安徽沿江一些城市被划为酸雨控制区（孙欣等，2002）。我们自2007年开始承担酸雨观测评估业务，并在安徽省高层次人才项目的资助下，在黄山光明顶和合肥进行了降水采样和离子成分分析，基于7个酸雨观测站的常规观测和课题组的降水化学资料对安徽酸雨特征进行了分析研究，取得了一些有意义的成果。

4.1 观测站网及资料处理

4.1.1 观测站网及观测概况

本章所用资料包括安徽省气象部门7个酸雨观测站常规监测的降水pH值和电导率（K值）。这7个观测站分别位于阜阳、蚌埠、合肥、马鞍山、铜陵、安庆和黄山光明顶的气象观测场内，由专职气象观测人员负责采样、分析。除黄山光明顶外，其他站均位于地级市的城郊接合部，海拔50 m以下，黄山光明顶站海拔1840 m。其中，合肥的酸雨观测有效资料始于1992年1月，马鞍山始于2007年1月，蚌埠始于2006年6月，其余站始于2006年1月。另外，安庆、蚌埠、铜陵观测站都在2013年1月发生搬迁，即搬到远离城区的新址。

酸雨观测业务规范规定，日降水达到 1.0 mm 以上时，进行酸雨采样。

2010 年 5—9 月我们在位于合肥市南郊的气象观测站对降水进行按日采样和离子成分分析（唐蓉等，2012）。2010 年 2 月—2011 年 12 月，我们在黄山光明顶气象观测场内进行了降水按日采样和离子成分分析（石春娥等，2013；Shi et al.，2014）。

合肥和黄山的采样方法相同。采样设备是直径为 36 cm 的聚乙烯采样容器，采样设备距地 1 m 左右，以防止地面尘埃溅入，其中，2010 年 10 月—2011 年 6 月黄山光明顶用同样的采样桶和一次性尼龙-聚乙烯复合膜采样袋采集。08 时—次日 08 时收集降水样品，样品取回室内平衡一段时间后，用 0.01 级 pH 计和 1.0 级电导率仪（PHS-3B 型 pH 计和 DDS-307 型电导率仪，上海雷磁仪器厂）进行检测。降水样品采集后，保存在干净的聚乙烯塑料瓶中，在 4 ℃的环境中冷藏储存，每月用低温保温箱（冷冻过的蓝冰）将样品运送至安徽省地质实验研究所进行离子成分测定。

降水离子成分的测定委托安徽省地质实验研究所完成，另外，实验室使用电导率仪测定电导率，离子选择电极的方法测定 pH 值。Ca^{2+}、K^{+}、Mg^{+}、Na^{+}、SO_4^{2-} 用离子色谱法测定，采用的是美国 Thermo Fisher 公司研制的 ICAP-6300 型仪器，直接倒 10 mL 原水于电感耦合等离子体发射光谱测定；Cl^{-} 采用容量法测定；NO_3^{-} 用紫外线分光光度计比色法测定；NH_4^{+} 用纳氏试剂比色法测定。以上仪器均为国内外比较先进的仪器，仪器可靠性均通过验证。

4.1.2 资料处理

应用汤洁等（2008）提出的 K-pH 不等式方法对所有常规观测的 pH 值和电导率资料进行质量控制，去掉不满足 K-pH 不等式的记录。根据《酸雨观测业务规范》（中国气象局，2005），pH 值和电导率所有的平均值都采用降水体积加权平均计算。计算方法见附录 B。为了描述不同酸度降水的年/季变化特征，参考中国气象局的酸雨评估业务将 pH$<$4.5 的降水称为强酸性降水，4.5$\leqslant$pH$<$5.6 的降水称为弱酸性降水，pH$\geqslant$5.6 的降水称为非酸性降水。电导率表示大气降水的导电能力，常用单位为微西门子/厘米，用符号 μS/cm 表示。K 值反映了大气降水的洁净程度，K 值越低，说明降水越干净。

在使用合肥和黄山光明顶的降水离子成分分析结果之前，采用阴阳离子平衡、计算电导率和测量电导率平衡等方法进行质量控制。

2006 年 1 月—2011 年 12 月黄山光明顶总有效样本个数为 819 个，降水量为 12565.2 mm，用 K-pH 不等式方法剔除样本 10 个（占总样本数的 1.2%），剔除降水量 131.8 mm（占总降水量的 1%）。除了统计实测电导率外，也计算了非氢电导率（K_{NHC}）（Li et al.，2012），因为从非氢电导率变化的分析中可得到降水中可溶性离子成分总量的变化，从而可了解降水的清洁程度。

另外，为考查实验室分析是否漏测一些重要离子，用下式计算每一个降水样品的电导率，即计算电导率（K_c，单位：μS/cm）：

$$K_c=\{349.7\times10^{(6-\mathrm{pH})}+80.0[SO_4^{2-}]+71.5[NO_3^-]+76.3[Cl^-]+73.5[NH_4^+]+50.1[Na^+]+73.5[K^+]+59.8[Ca^{2+}]+53.3[Mg^{2+}]\}/1000 \tag{4.1}$$

式中，$[X]$ 是离子 X 的当量浓度（单位为 μeq/L），每一离子浓度前面的系数为该离子的当量电导率。在此基础上对实验室测量与计算电导率进行比较。

4.2 2007—2018 年安徽酸雨分布情况

为避免资料时间长度不同的影响，计算了 2007—2018 年各站降水 pH 值、电导率平均值及各级酸雨出现频率（图 4.1）。由图 4.1 可见，2007—2018 年期间，安徽各观测站都有酸性降水出现，除阜阳站外，各站酸雨频率都在 30%以上，沿江的安庆最高，超过 60%，其次是马鞍山，为 58%，省会合肥居第三，为 55%；各站都观测到强酸雨，安庆强酸雨频率最高（21%），其次是合肥（15%），阜阳最低（0.5%）。从降水平均 pH 值看，仅阜阳站为非酸性降水，其余各站均为弱酸性，其中，合肥、安庆平均 pH 值低于 5.0。

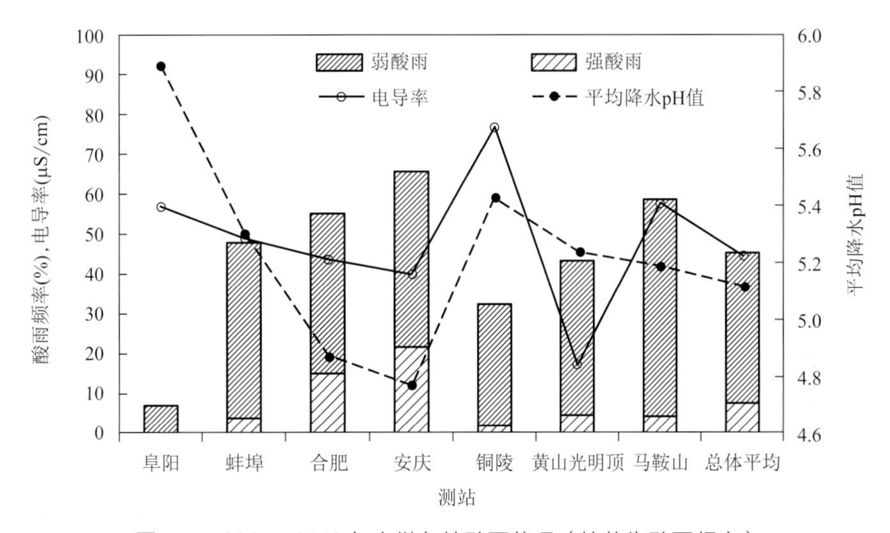

图 4.1　2007—2018 年安徽各站酸雨状况（柱状为酸雨频率）

多年平均电导率，铜陵最高，为 77.0 μS/cm，其次是马鞍山（57.9 μS/cm）和阜阳（57.1 μS/cm）；黄山光明顶最低，为 17.1 μS/cm，次低为安庆和合肥，分别为 39.9 μS/cm 和 43.7 μS/cm。以上表明，黄山光明顶降水相对洁净，铜陵虽然降水平均 pH 值不低，但降水受污染程度较高，马鞍山不仅酸雨频率较高（7 站中排名第二高）、平均 pH 值偏低（7 站中第三低），电导率也是 7 站中排名第二，可见马鞍山降水受污染程度比较突出，值得关注。

受气候条件影响，降水酸性程度季节变化明显，冬半年（10 月—次年 4 月）相对较重，夏半年（5—9 月）偏轻（图 4.2）。从全省平均看，酸雨（强酸雨）频率在 10 月—次年 4 月高，均超过 55%（7%），3 月最高；5—9 月较低，7 月最低。平均降水 pH 值从 10 月—次年 4 月接近或低于 5.0，2 月最低；其他月份都高于 5.2，6 月最高，为 5.3。电导率的月际变化趋势与酸雨频率一致，11 月—次年 3 月，均超过 50.0 μS/cm，1 月最高，6 月最低。

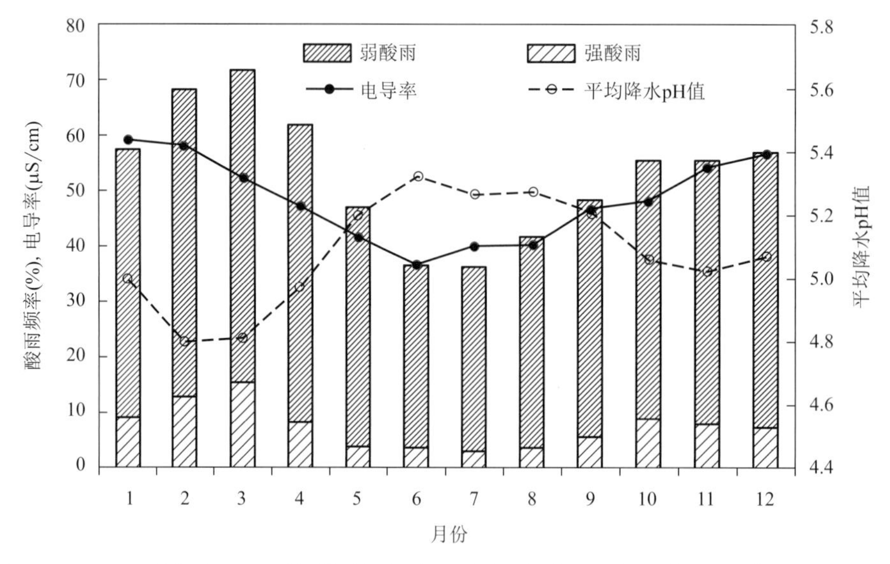

图 4.2 2007—2018 年 7 个观测站酸雨频率、强酸雨频率和平均降水 pH、电导率月际变化

4.3 1992—2018 年安徽酸雨强度变化趋势

4.3.1 酸雨发生范围、强度变化趋势

合肥气象站是安徽省气象局最早开始酸雨观测业务的观测站，有效资料始于 1992 年，马鞍山站酸雨观测起始时间最晚，始于 2007 年，其他观测站 2006 年开始酸雨观测。因此，首先分析 1992 年以来合肥市酸雨变化的基本情况（图 4.3）。由图 4.3 可见，1992—2018 年，合肥降水年均 pH 值和酸雨频率年际变化较大，酸雨污染总体呈先增强后减弱的趋势，可以分为三个阶段。第一阶段，1992—1999 年，合肥酸雨频率和年均降水 pH 值有起伏，但无明显趋势，1999 年是 27 年中酸雨污染最轻的年份。第二阶段，2000—2008 年，合肥酸雨强度明显增强，年均 pH 值平均每年下降 0.14；酸雨频率增加，2008 年酸雨、强酸雨频率分别达到 76.2% 和 47.5%，是合肥强酸雨频率最高、年均 pH 值第二低的年份。第三阶段，2008 年之后，总体上合肥年均 pH 值上升、酸雨频率下降，说明降水酸性程度在改善。年均电导率的起伏比较大，大部分年份在 40 μS/cm 附近，个别年份超过 60 μS/cm，最大值为 62 μS/cm（2012 年），最小值为 32.5 μS/cm（2005 年）。

据文献（王文兴和丁国安，1997）刊载，20 世纪 90 年代初（1992—1993 年），安徽淮河以南 6 个观测站降水平均为弱酸性。20 世纪 90 年代后期（1997—1998 年），淮北平原仍然没有观测到酸雨，江淮丘陵的 pH 值平均值为 5.67，酸雨频率为 13.7%，皖南山地的酸雨频率为 21.4%（檀满枝等，2001）。2006—2016 年，安徽南北各地都能观测到酸雨（图 4.4），

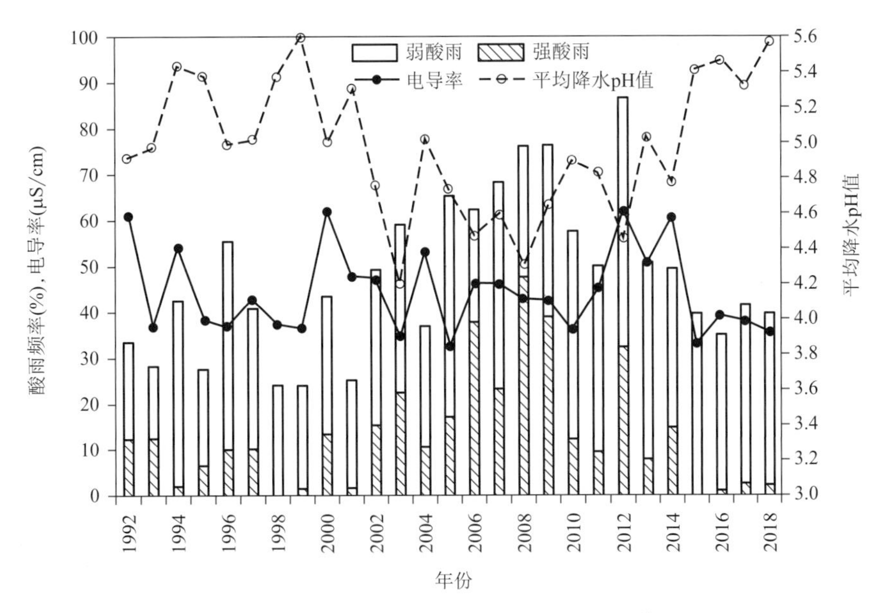

图 4.3　1992—2018 年合肥酸雨变化趋势

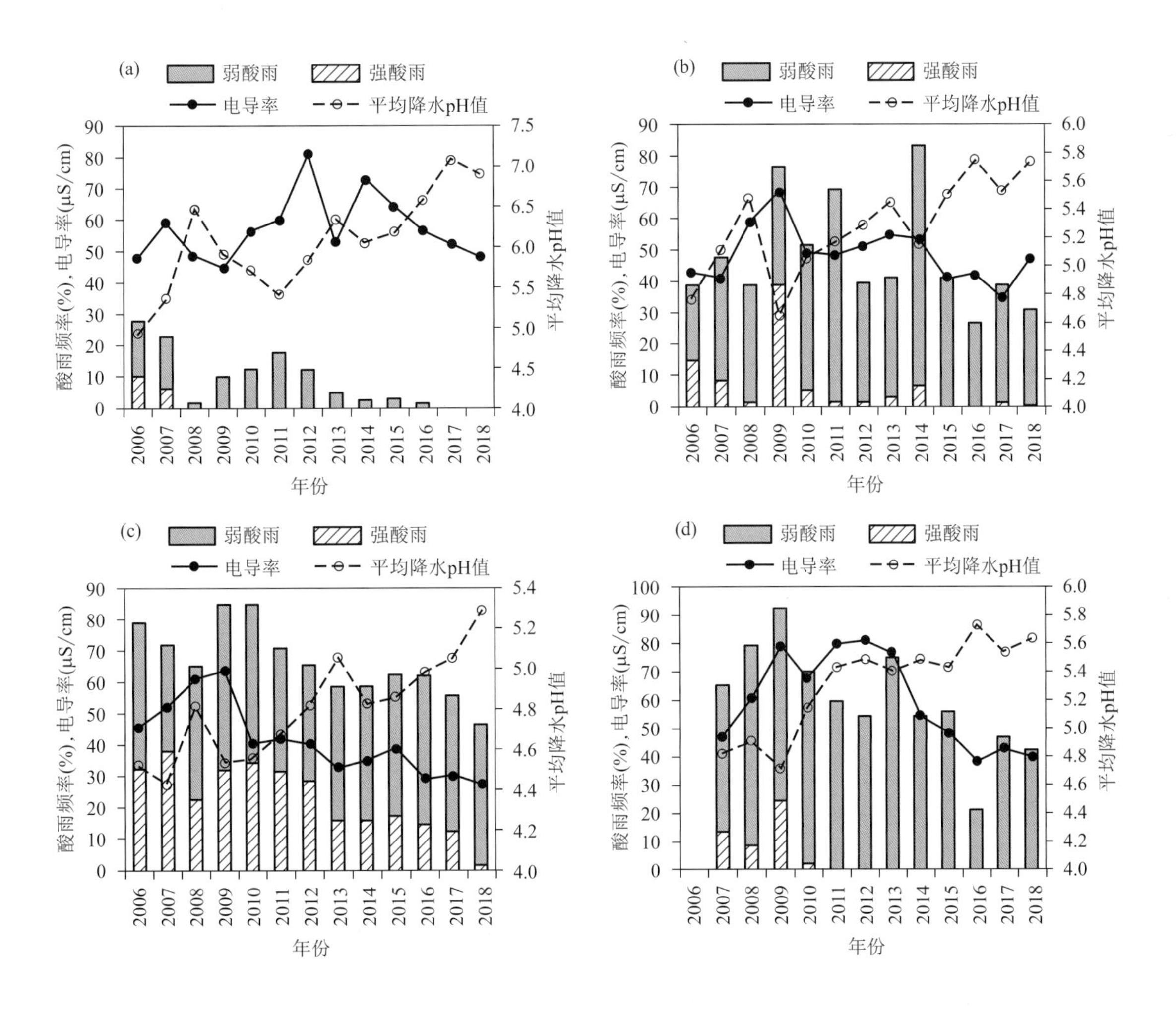

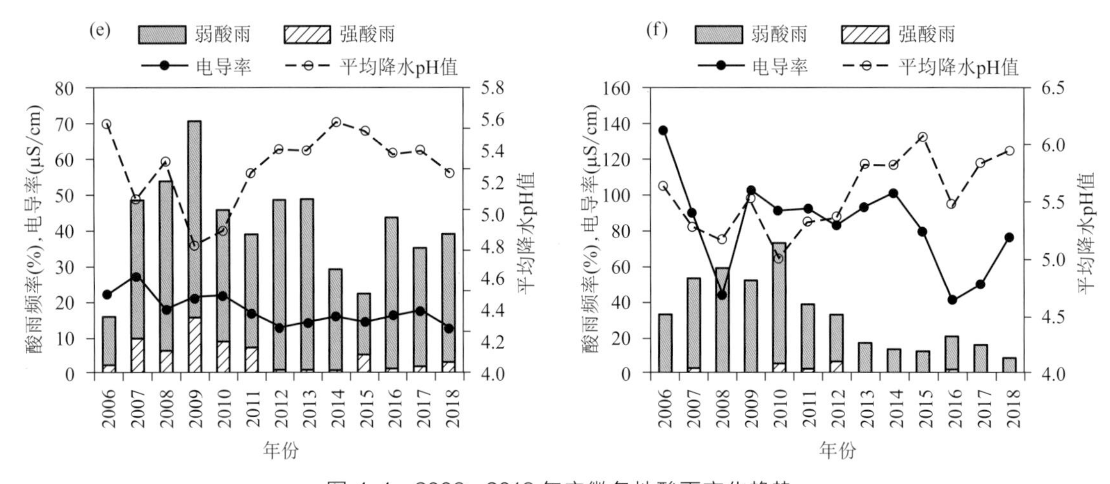

图 4.4　2006—2018 年安徽各地酸雨变化趋势

(a) 阜阳；(b) 蚌埠；(c) 安庆；(d) 马鞍山；(e) 黄山光明顶；(f) 铜陵

2006、2007 年在阜阳也观测到强酸雨。从每年的情况看，个别年份合肥、安庆平均 pH 值低于 4.5，达到强酸雨的等级，2015—2018 年，大部分观测站酸雨有减轻的趋势。

由图 4.1、4.3 和图 4.4 可见，安徽酸雨以合肥和安庆最为严重，例如，2005—2012 年，合肥的年均 pH 值一直低于 5.0，酸雨频率高于 50%，在 2012 年达到 86.7%；2006—2012 年，安庆年均降水 pH 值均低于 5.0，甚至在 2007 年低于 4.5，达到强酸雨等级，酸雨频率一直在 60%以上，除了 2008 和 2012 年，强酸雨频率都在 30%以上；阜阳酸雨最轻，在 2007 年之后就没有观测到强酸雨，除了 2006 年，其年均降水 pH 值基本上属于弱酸性或非酸性等级，2017、2018 年阜阳未观测到酸雨；从酸性程度看，铜陵的降水在 7 站中酸性程度较轻，年均 pH 值基本上都在 5.0 以上，但是铜陵降水的电导率 7 站中最高，2006—2014 年间（除 2008 年），每年年均电导率都在 80 μS/cm 以上，这说明铜陵降水受污染程度较重，这可能与该市特色工业和特殊地形有关，如铜陵是我国著名的有色金属之都，工业排放可能导致大气中金属离子含量较高，沿江及山谷地形使得这里的污染物不容易向外扩散。

4.3.2　年均降水 pH 值和电导率

由年均降水 pH 值和强酸雨频率来看，合肥以外的其他观测站酸雨也均在 2008 年前后达到最强，安庆是 2007 年，马鞍山、蚌埠和黄山光明顶是 2009 年，铜陵是 2010 年。从全省 7 站平均（图 4.5）看，2009 年酸雨最强，酸雨和强酸雨频率最高。此外，从年均降水 pH<5.0 的范围看，也是 2009 年酸性最强，这一年有 4 个观测站（合肥、安庆、马鞍山、蚌埠）年均降水 pH<5.0（图 4.4），安庆、合肥接近强酸雨等级。2009 年之后，大部分观测站酸雨在改善，即年均 pH 值上升、酸雨频率下降，这一点在图 4.5 中也很明显。

总体上降水电导率在 2014 年之前无明显变化趋势，2014 年之后呈下降趋势，这说明 2013 年之后中国政府采取的减排措施对降水的酸性程度、洁净程度都有了显著影响。

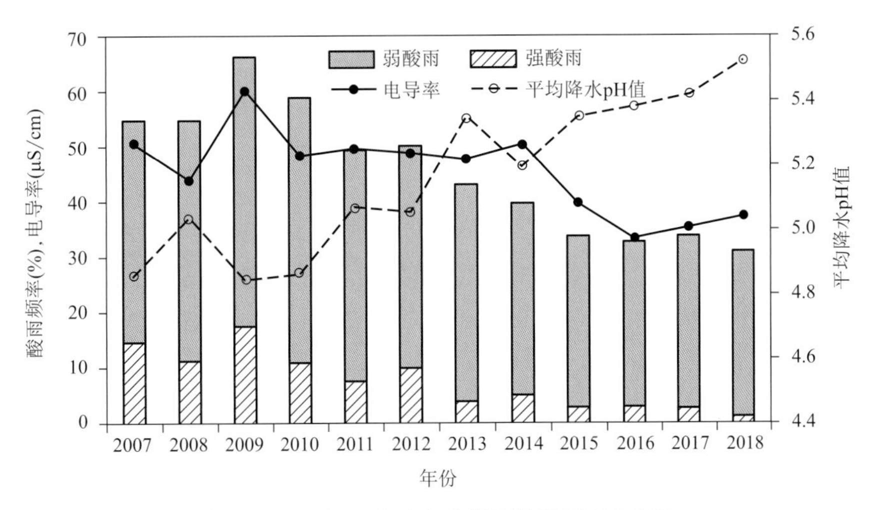

图 4.5　2007—2018 年安徽平均酸雨变化趋势

4.4 合肥市降水化学特征

2010 年 5—9 月，共采集 31 个降水样品，经过质量控制后剩 25 个有效样本（唐蓉等，2012）。利用这些资料分析了合肥市降水酸度和离子组分特征，分析中的降水量资料采用常规地面气象观测记录的数据。

4.4.1 合肥市夏季降水离子组分

经过质量控制的 25 个样本的统计结果见表 4.1，其中平均值为体积加权平均。从体积平均看，合肥市大气降水中的阳离子以 NH_4^+、Ca^{2+} 为主，两项之和占总阳离子浓度的 87%，阴离子以 SO_4^{2-} 为主，其当量浓度是 NO_3^- 的两倍以上。各离子平均浓度的顺序为 $[NH_4^+] > [SO_4^{2-}] > [Ca^{2+}] > [NO_3^-] > [Mg^{2+}] > [Na^+] > [K^+]$（没考虑 Cl^-）。主要阳离子组成与南京、上海同年代的观测结果一致，主要阴离子组分与上海的观测结果一致（张群等，2009；沙晨燕等，2007）。需要指出的是，受测量方法的影响，我们得到的 Cl^- 浓度有较大的不确定性，因此分析中没考虑 Cl^-。

表 4.1　合肥市 2010 年夏季降水主要离子浓度统计结果（单位：μeq/L）

统计项	K^+	Na^+	Ca^{2+}	Mg^{2+}	NH_4^+	SO_4^{2-}	NO_3^-
平均	2.75	5.75	44.57	6.61	58.25	55.16	22.54
中间值	3.07	5.65	42.42	8.23	59.87	57.88	27.58
最大值	9.72	31.36	319.38	38.35	258.33	277.95	95.16
最小值	1.28	2.13	11.48	1.23	7.76	17.49	4.36

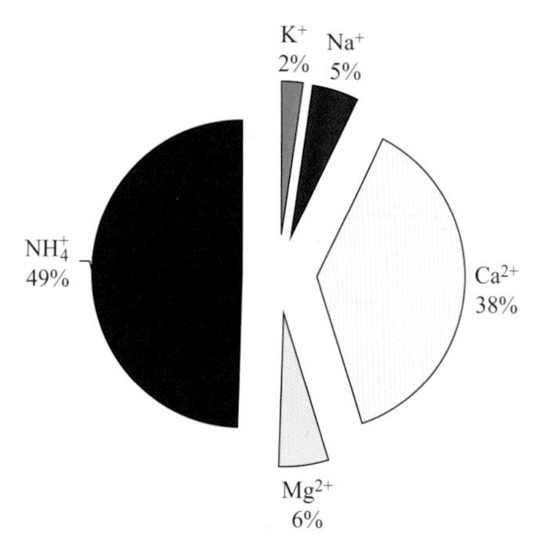

图 4.6　合肥降水阳离子百分比组成

图 4.6 为体积加权平均得到的各阳离子占总阳离子当量浓度的比例。由图可知，阳离子中 NH_4^+ 平均浓度几乎占阳离子总量的一半（49%），NH_4^+ 主要由来自农业活动以及工业排放的气态 NH_3 中和大气环境中的硫酸和硝酸形成，是降水酸性的重要缓冲物质，其次为 Ca^{2+}，主要来自土壤、道路扬尘及建筑施工等，占总阳离子的 38%。另外三种阳离子 Mg^{2+}、Na^+、K^+ 所占比例加起来为 13%。在阴离子中 SO_4^{2-} 的最高浓度和平均浓度都较高，分别达到 277.95 μeq/L 和 55.16 μeq/L，这表明 SO_4^{2-} 依然是合肥市大气降水中主导性的酸性离子，NO_3^- 的最高浓度和平均浓度都不及 SO_4^{2-} 的一半。这次观测所得的 SO_4^{2-} 和 NO_3^- 浓度都比南京、上海多年前的降水中相应离子浓度低，如 Tu 等（2005）观测表明 1992—2003 年南京市降水离子中 SO_4^{2-} 和 NO_3^- 浓度分别为 241.78 μeq/L 和 39.55 μeq/L；而 Huang 等（2008）观测得到上海地区 1990—2005 年间降水 SO_4^{2-} 和 NO_3^- 浓度分别为 199.59 μeq/L、49.80 μeq/L。

4.4.2　Ca^{2+}、NH_4^+ 和 Mg^{2+} 的中和作用

为了评价各碱性物质对合肥市大气降水酸度的中和作用，采用 Possanzini 等（1988）提出的中和因子（neutralization factor，NF）算法来定量评价各主要阳离子的中和作用：

$$NF(X)=[X]/([SO_4^{2-}]+[NO_3^-]) \tag{4.2}$$

式中，NF 代表中和因子，X 代表需要评价的阳离子，这里 X 代表 Ca^{2+}、NH_4^+ 和 Mg^{2+}。中括号表示当量浓度。

经计算得出合肥市 Ca^{2+}、NH_4^+ 和 Mg^{2+} 对酸雨的平均中和作用分别为 58.1%、74.1%、9.0%，这说明合肥市大气降水中对酸雨起主要中和作用的是与人类活动密切相关的 NH_3 和扬尘中的 Ca 化合物，扬尘中含 Mg 化合物中和作用相对较小。需要说明的是，计算中和作用的分母仅考虑了 SO_4^{2-} 和 NO_3^-，未考虑其他阴离子，如 Cl^- 和大气中经常存在的有机酸离子，因而 Ca^{2+}、NH_4^+ 和 Mg^{2+} 对酸雨的平均中和作用之和大于 100%。

4.4.3　离子来源分析

（1）离子浓度之间的相关性

计算降水离子间的相关系数是研究离子潜在来源及内在联系的简单方法。表 4.2 为各离子浓度、降水量、pH 值、电导率之间的相关系数矩阵。由相关系数矩阵可知，合肥市大气降水酸度与单一离子相关性并不明显，酸度是受多种离子综合影响。阳离子中，陆源性离子 $[Ca^{2+}]$ 和 $[Mg^{2+}]$ 显示出最好的相关关系（r=0.84），表明两者间具有相同来源。阴离子中，SO_4^{2-} 和 NO_3^- 相关最好（r=0.87），说明其前体物 SO_2 和 NO_x 在大气中有相似的来

源，并在大气中经历类似的转化过程。另外，[NH_4^+] 和 [NO_3^-]，[NH_4^+] 和 [SO_4^{2-}]，以及 [Mg^{2+}] 和 [SO_4^{2-}]，[Mg^{2+}] 和 [NO_3^-] 也体现出较强的相关性，降水中这些离子对的相关性主要是由于大气中酸性物质 H_2SO_4 和 HNO_3，与 Ca^{2+} 和 Mg^{2+} 等碱性碳酸盐之间的化学反应造成的。Ca^{2+} 和 Mg^{2+} 是典型的壳源成分，而 NH_4^+ 主要来自农业生产、生物燃烧及化工排放等人为活动。SO_4^{2-} 与 Mg^{2+} 及 NH_4^+ 的这种相关关系可归因于相互间的大气化学反应。由于 NH_3 与硫酸和硝酸间的化学反应，大气环境中的 NH_3 通常以 $(NH_4)_2SO_4$，NH_4HSO_4 和 NH_4NO_3 的气溶胶形式存在。NH_4^+ 和 SO_4^{2-}（$r=0.77$）与 NH_4^+ 和 NO_3^-（$r=0.75$）表现出相关关系差别不大，这种结果表明大气中铵类化合物以铵的硫酸盐和硝酸盐形式存在为主。

表 4.2　2010 年 5—9 月合肥市主要降水离子相关系数

	降水量	[pH]	[EC]	[K^+]	[Na^+]	[Ca^{2+}]	[Mg^{2+}]	[NH_4^+]	[SO_4^{2-}]	[NO_3^-]
降水量	1									
pH	−0.13	1								
EC	−0.59	−0.14	1							
K^+	−0.46	−0.03	0.86**	1						
Na^+	−0.24	0.14	0.59**	0.74**	1					
Ca^{2+}	−0.41	−0.04	0.65**	0.45*	0.5**	1				
Mg^{2+}	−0.52	0.06	0.82**	0.76**	0.8**	0.84**	1			
NH_4^+	−0.45	0.13	0.76**	0.75**	0.37	0.2	0.44*	1		
SO_4^{2-}	−0.54	−0.07	0.96**	0.87**	0.7**	0.63**	0.86**	0.77**	1	
NO_3^-	−0.61	−0.22	0.9**	0.78**	0.46*	0.62**	0.73**	0.75**	0.87**	1

注：* 表示通过 $\alpha=0.05$ 的显著性检验，** 表示通过 $\alpha=0.01$ 的显著性检验。

（2）富集因子（enrichment factors，EF）分析

通常认为海洋是 Na^+ 的唯一来源，Na^+ 被作为参照元素来估计降水中不同组分来自海盐部分（SSF）与非海盐部分（NSSF）的贡献。表 4.3 是合肥降水样品中 SO_4^{2-}、NO_3^-、K^+、Mg^{2+}、Ca^{2+} 相对于 Na^+ 的比例及其在降水中海盐和非海盐部分，同时也给出了这些组分在雨水中相对于 Na^+ 的富集因子（EF），富集因子的计算公式如下（Possanzini et al.，1988）：

$$EF = ([X]/[Na^+])_{雨水} / ([X]/[Na^+])_{海水} \tag{4.3}$$

式中，X 是计算富集因子的离子，$([X]/[Na^+])_{雨水}$ 和 $([X]/[Na^+])_{海水}$ 分别是雨水和海水中 X 离子与 Na^+ 的当量浓度比值。

由表 4.3 可以看出，雨水中 SO_4^{2-}、NO_3^-、K^+、Mg^{2+}、Ca^{2+} 与 Na^+ 的比值都远高于海水中的比值，说明降水中的这些组分主要为人为及地壳来源。其在雨水中的富集因子非常高，说明局地源对合肥市降水中 SO_4^{2-}、NO_3^-、K^+、Mg^{2+}、Ca^{2+} 的浓度影响较大。SO_4^{2-} 主要来自燃煤及工业排放，Mg^{2+} 和 Ca^{2+} 主要来自地壳源，包括土壤尘、道路扬尘以及建筑施工等活动，NO_3^- 主要来自汽车尾气的排放。

表 4.3 各离子当量浓度与钠离子当量浓度的比值

来源	$[SO_4^{2-}]/[Na^+]$	$[NO_3^-]/[Na^+]$	$[K^+]/[Na^+]$	$[Ca^{2+}]/[Na^+]$	$[Mg^{2+}]/[Na^+]$
海水	0.12	0.00002	0.022	0.044	0.23
雨水	14.01	6.4	0.60	11.71	1.62
EF	116.75	320000	27.27	266.14	7.04

4.4.4 $[SO_4^{2-}]$ / $[NO_3^-]$ 的值和分布

中国降水中的阴离子主要是硝酸根和硫酸根离子，通常根据两者在酸雨样品中的浓度大小界定酸雨类型。SO_2 主要是来自于矿物燃料（如煤）的燃烧，NO_x 主要是来自于汽车尾气等污染源。相关的文献（Kulshrestha et al.，1996）中，通过硫酸根和硝酸根离子的浓度比值将酸雨的类型分为三类：①硫酸型或燃煤型（$[SO_4^{2-}]$ / $[NO_3^-]$ >3）；②混合型（0.5< $[SO_4^{2-}]$ / $[NO_3^-]$ ≤3）；③硝酸型或燃油型（$[SO_4^{2-}]$ / $[NO_3^-]$ ≤0.5）。由此，可以根据一个地方的酸雨类型来初步判断酸雨的主要影响因素。当然，大多数地方的酸雨可能涵盖了这三种类型，这就需要对每个时间段的酸雨影响因素作进一步分析。

在样本中，$[SO_4^{2-}]$ / $[NO_3^-]$ 比值的范围为 1.23～6.33，$[SO_4^{2-}]$ / $[NO_3^-]$ >3 的样本 4 个，2～3 之间的 15 个，小于 2 的 6 个，大部分比值小于 3，这说明合肥的降水以硝硫混合型为主，但致酸离子还是以 SO_4^{2-} 为主，跟中国其他大部分地方一致（王文兴和许鹏举，2009）。

4.5 黄山降水化学特征

黄山位于我国南北气候过渡带的皖南山区，是我国中东部地区垂直高度相对高的高山之一，有多个山峰高度在海拔 1800 m 以上，黄山光明顶气象站（118°09′E，30°08′N，海拔高度 1840.4 m）即属于黄山的第二高峰（最高峰海拔高度 1864.7 m），比附近的庐山气象观测站高近 700 m。从大的空间尺度上看，黄山东部濒临工业发达的长江三角洲经济区，南北方向大约位于我国南北两大经济区（珠三角经济区和环渤海经济区）中间位置。从小的空间尺度看，黄山站远离城市，坐落在山顶，距离最近的城市——黄山市约 67 km，海拔高度相差约 1700 m，方圆几十千米内无大的污染源，本地污染物排放量小。因此，这里是研究区域本底降水化学特征和大气污染物输送特征的理想场所。黄山光明顶气象站建于 1956 年，1981—2010 年平均降水量为 2257 mm，最大年降水量 3227 mm，最小年降水量 1687 mm。

共采集到 220 个样本，用于实验室离子成分分析。其中 2010 年 10 月—2011 年 6 月用同样的采样桶和一次性尼龙-聚乙烯复合膜采样袋采集，离子分析结果经阴阳离子平衡、计算电导率和测量电导率平衡等方法进行质量控制后发现，使用一次性尼龙-聚乙烯复合膜采样袋采集的样品结果质量更高，为了满足分析年变化的需要，使用 2010 年 10 月—2011 年 9

月的降水离子资料，结合光明顶酸雨观测业务中常规观测的电导率和pH值资料，研究了：①2006—2011年黄山光明顶降水酸度和电导率分布特征；②黄山光明顶降水化学酸度和离子组分特征，并利用轨迹分析和聚类分析相结合的方法分析了输送条件对黄山降水离子组分的影响（Shi et al.，2014）。分析中的降水量资料采用常规地面气象观测记录的数据。

为了描述不同酸度降水的年、季变化特征，对降水酸度进行分级统计处理，具体分级标准（程新金和黄美元，1998）为：强酸性（pH＜4.5），中度酸性（4.5≤pH＜5.0），弱酸性（5.0≤pH＜5.6）。

4.5.1 黄山降水pH值和电导率频率分布特征

图4.7和图4.8是黄山2006—2011年降水pH值和电导率分布情况。图4.7中水平坐标的分辨率为0.2。发生频率最高的pH值在5.6～5.8，其次是5.8～6.0和5.4～5.6，即较高的发生频率在弱酸性到近中性，对应的降水量所占比例也比较高。从降水事件看，约有46%属于酸雨，7%属于强酸雨，酸性降水累积雨量约占总雨量的45%。

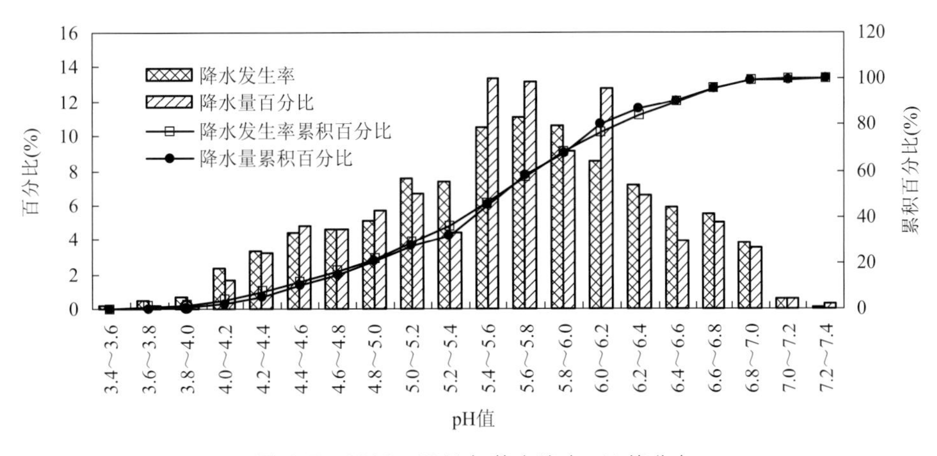

图4.7 2006—2011年黄山降水pH值分布

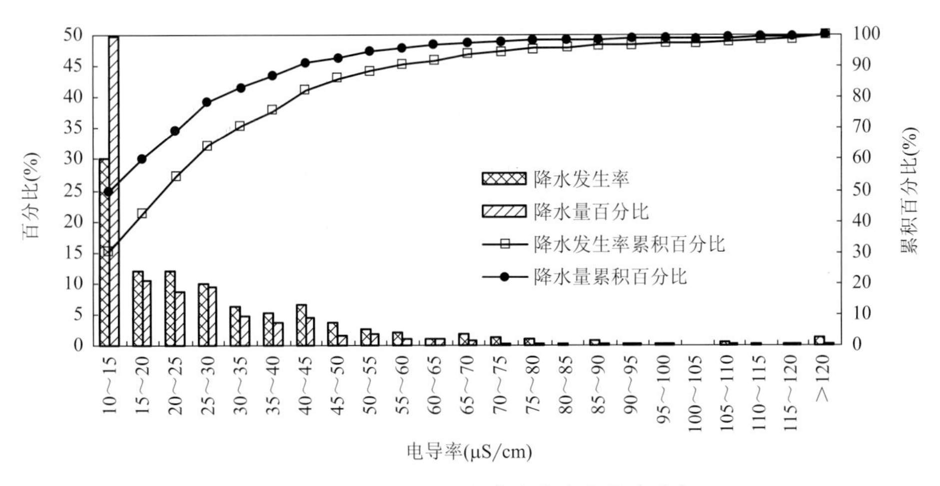

图4.8 2006—2011年黄山降水电导率分布

从降水电导率看，黄山光明顶的降水比较干净，发生率最高的电导率范围是<15 μS/cm；其次是15～20 μS/cm和20～25 μS/cm，随着电导率加大，发生率减小，约54%的降水事件电导率低于25 μS/cm，约90%的降水事件电导率低于60 μS/cm。约50%降水量的电导率低于15 μS/cm，90%降水量的电导率低于45 μS/cm。

pH值与电导率之间存在明显的负相关（$r=-0.4$）（通过置信水平99%的信度检验）（图4.9），即降水酸性越强电导率越大，降水电导率与降水酸度之间有密切联系，说明H^+对降水电导率的贡献显著，这说明黄山降水比较干净、离子污染程度较轻，因为这种关系并不是普遍存在的，安徽省气象局的其他几个酸雨观测站的观测资料均不存在这种显著的负相关关系。

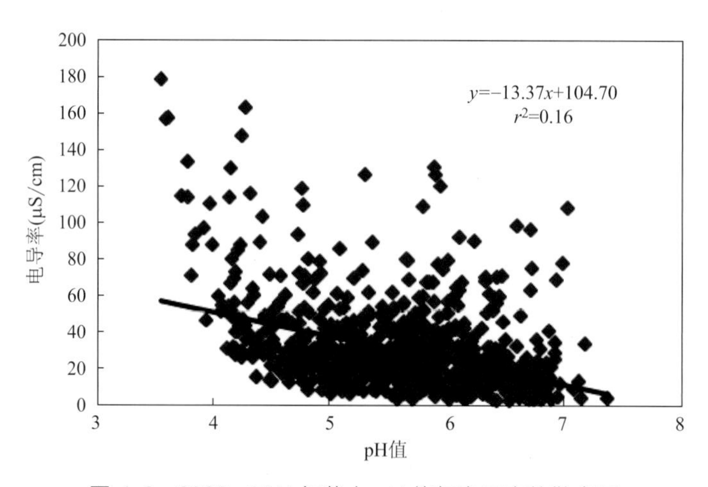

图4.9　2006—2011年黄山pH值与电导率的散点图

4.5.2　黄山降水pH值和电导率的季节变化

图4.10、图4.11是黄山降水pH值、电导率（K）、非氢电导率（K_{NHC}）和降水量的月变化。从中可见，黄山夏季6—7月降水量最高，其次是5月、8月，冬季12月—次年1月降水量最低；对应地，平均降水pH值也是夏季最高、冬季最低，中值3月最低、6月最高，pH值的变化幅度夏季小、冬季大，每个月的最大值都在7.0附近，6—9月以外的月份最低值都低于4.0。电导率和非氢电导率总体上不高，但每个月都会有个别大值出现，大部分月份的最大值超过100 μS/cm。从中值看，电导率和非氢电导率都是5—8月较低，冬半年较高。需要指出的是，pH值的低值和电导率的最大值往往对应着较低的降水量，如pH值低于4.0和电导率超过100 μS/cm对应的样本降水量基本上都在20 mm以下，大部分不足5 mm，因此这些个例对黄山降水总体酸碱度和污染程度的影响不大。

从季节变化情况（表4.4）看，四季降水量的变化顺序为夏季>春季>秋季>冬季，其中，夏季降水约占全年的一半。相应地，由于降水的稀释作用，夏季强酸雨发生频率最低，平均pH值最高，电导率最低；反之，冬季降水量最低，强酸雨发生率最高，平均pH值最低，电导率和非氢电导率都最高。春季虽然降水量居第二高，但是，从平均pH值和电导率看，其污染程度比秋季高，其中原因需要进一步研究。

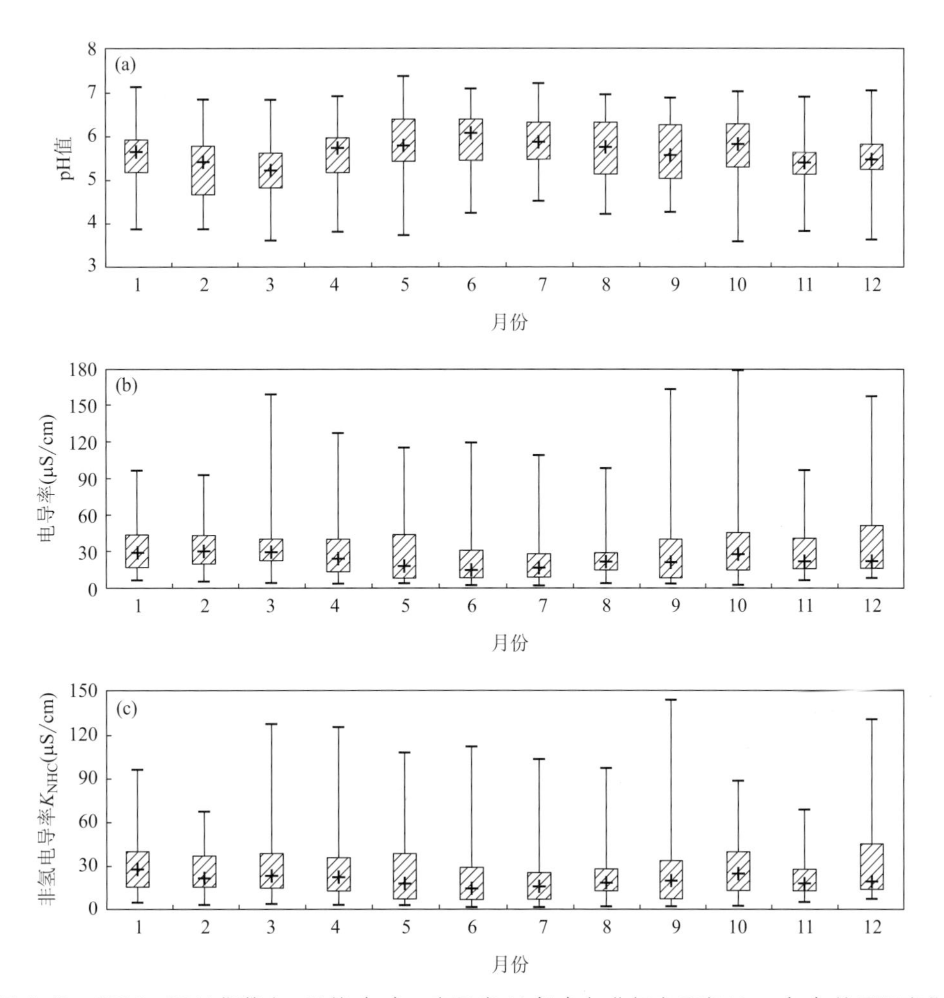

图4.10　2006—2011年黄山pH值（a）、电导率K（b）与非氢电导率K_{NHC}（c）的月际变化
（箱线图的上下两根短横线（-）分别表示最大值和最小值，加号（+）表示中值，
箱子的上下边分别表示25%与75%分位）

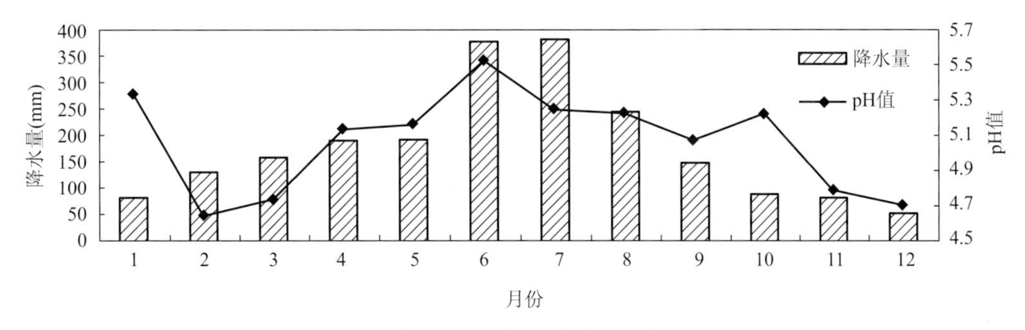

图4.11　2006—2011年黄山降水量与降水体积加权平均pH值的月际变化

表4.4　2006—2011年黄山各级酸雨出现频率（%）、平均电导率（μS/cm）和降雨量（mm）的季节变化

季节	强	中度	弱	pH值	K	K_{NHC}	降水量
春季(3—5月)	9.00	15.64	27.01	4.98	24.33	20.65	539.62
夏季(6—8月)	2.92	11.68	18.61	5.33	16.80	15.14	1003.85

续表

季节	强	中度	弱	pH 值	K	K_{NHC}	降水量
秋季(9—11 月)	11.72	14.48	24.83	5.00	21.97	18.48	320.54
冬季(12 月—次年 2 月)	12.17	11.11	28.57	4.78	30.46	24.70	265.17

4.5.3 黄山降水 pH 值和电导率与中东部地区其他高山站观测结果的比较

黄山与衡山、庐山、泰山同处我国中东部地区，海拔高度都在 1000 m 以上。2000 年之后，国内一些学者相继在这些山上开展了降水化学的观测研究（Wang et al.，2008；Sun et al.，2010；Li et al.，2012）。下面根据文献资料结果，对这 4 座高山近年来观测降水 pH 值和电导率进行简单比较。

从 21 世纪 00 年代的观测结果（表 4.5）看，庐山平均降水 pH 值最低（2007—2009 年平均为 4.25），其次是衡山，黄山最高，泰山居中；至于表征降水污染程度的电导率，黄山最低，庐山最高，衡山与泰山居中。可见，黄山降水比衡山、庐山和泰山降水酸性弱，且离子污染轻，但自身与 20 世纪 80 年代相比，pH 值下降了 1.21～1.35 个单位。

表 4.5 黄山 pH 值和电导率与其他高山站观测结果的比较

位置	海拔高度(m)	时间	pH 值	电导率(μS/cm)
泰山(Wang et al.,2008)	1530	2004—2006 年	4.70	22.60(2004 年)
庐山(Li et al.,2012)	1150	2007—2009 年	4.25	43.00
衡山(Sun et al.,2010)	1279	2009 年 3—5 月	4.35	27.29
黄山(黄美元等,1993)	1840	20 世纪 80 年代	6.33	—
黄山(本研究)	1840	2010 年 10 月—2011 年 6 月	5.12	14.82
		2010—2011 年	4.98	15.92

从多年观测的统计结果看，庐山降水 pH 值出现的峰值区间为 4.2～4.4，属于强酸雨，超过 70%的降水为酸性降水；黄山降水 pH 值出现的峰值区间为 5.6～5.8，属于中性，约 46%的降水为酸性；庐山降水电导率出现的峰值区间为 15～25 μS/cm，其次是 25～35 μS/cm，黄山降水电导率出现的峰值区间为 10～15 μS/cm。

总之，黄山降水的酸性强度和污染程度都比附近各山都要低。虽然黄山与庐山和泰山同处于东部，但由于海拔高度比庐山、泰山高，观测站处于边界层之上的自由对流层下部，受边界层内局地人为排放影响较小，且山地范围大、远离大都市，因此，自然降水受污染程度低。

4.5.4 黄山降水化学特征及其季节变化

为减少采样中操作人员的影响，又为获得完整一年的变化特征，本节选取 2010 年 7 月—2011 年 6 月的观测资料分析黄山降水化学特征，经质量控制后还剩 106 个有效样本（Shi et al.，2014），所有的离子平均当量浓度为体积加权平均（VWM）。

表4.6给出了2010年7月—2011年6月黄山降水离子组分季节变化。其中，HCO_3^-是用WMO推荐的方法基于pH值估计的（WMO GAW Precipitation Chemistry Science Advisory Group，2004）。这一年降水年均pH值为5.03，略低于酸雨定义的临界值（5.6），高于泰山（Wang et al.，2008）、庐山（Li et al.，2012），低于台湾的鹿林山（Mt. Lulin）（Wai et al.，2008）。当量浓度最高的酸、碱性离子分别是SO_4^{2-}（33.0 μeq/L）和Ca^{2+}（51.2 μeq/L），其次是NO_3^-（13.0 μeq/L）和NH_4^+（25.6 μeq/L）。碱性离子（Ca^{2+}、NH_4^+）当量浓度超过了强酸性离子（SO_4^{2-}、NO_3^-）当量浓度，说明雨水中还有其他的酸性离子，如Cl^-和有机酸。可能由于海拔较高（1840 m），其他阳离子（K^+、Na^+、Mg^{2+}）当量浓度均较低。

表4.6　黄山光明顶降水离子平均当量浓度（单位：μeq/L）

时间	样本数	pH值	K_m	H^+	K^+	Na^+	Ca^{2+}	Mg^{2+}	NH_4^+	SO_4^{2-}	NO_3^-	Cl^-	HCO_3^-
全年	106	5.03	14.4	9.3	5.5	6.0	51.2	3.1	25.6	33.0	13.0	63.0	5.6
春季	21	4.76	24.3	17.2	17.8	8.4	69.4	5.9	57.9	76.1	27.9	61.8	4.3
夏季	47	5.14	13.1	7.3	3.3	3.9	42.4	2.4	18.4	24.0	8.7	60.4	4.7
秋季	25	5.27	10	5.4	4.5	6.1	58.9	3.2	25.7	27.4	13.7	73.4	8.4
冬季	13	4.52	22.4	30.5	9.3	26.9	100.5	5.8	44.1	69.4	33.1	66.7	12.9

注：pH和K_m是基于现场观测资料的体积加权平均；H^+浓度是用现场观测的pH计算得到。

在分析降水的离子组分特征时，当量浓度比$[SO_4^{2-}]/[NO_3^-]$（缩写为R_{sn}）和$([Ca^{2+}]+[NH_4^+])/([SO_4^{2-}]+[NO_3^-])$（缩写为$R_{ca}$），$[NH_4^+]/[Ca^{2+}]$（缩写为$R_{ac}$）等比值是非常有用的指数。表4.7给出了黄山光明顶的R_{sn}、R_{ac}和R_{ca}的季节变化。所有样本体积加权计算的R_{sn}年均值是2.54，远低于20世纪80年代中期的比值（14.5），也低于庐山（海拔低于黄山）的2.77（Li et al.，2012）、泰山的4.4（Wang et al.，2008）、上海的4.0（Huang et al.，2008），但高于台湾鹿林山（海拔2862 m）的1.4（Wai et al.，2008）。进一步分析发现黄山所有降水样本的R_{sn}范围在0.88～5.6，72%在3以下，中位值为2.23。这说明黄山降水的酸性属于硝酸-硫酸混合型，但硫酸仍然占主导。这也意味着自20世纪80年代以来黄山降水受人类活动的影响增大，尤其是受NO_x排放增多的影响。

表4.7　关于黄山降水一些统计量（R_{sn}、R_{ac}、R_{ca}）的季节平均

时间	Σ^-/Σ^+	R_{sn}	R_{ac}	R_{ca}
春季	0.96	2.72	0.84	1.22
夏季	1.25	2.77	0.43	1.86
秋季	1.17	2.0	0.44	2.05
冬季	0.83	2.09	0.44	1.41
全年	1.13	2.54	0.50	1.67

注：Σ^-/Σ^+是指总阴离子与总阳离子当量浓度比值，Σ^-表示总阴离子，Σ^+表示总阳离子。

R_{ca}可用于衡量人类活动对降水化学的影响程度（Tang et al.，2005）。黄山所有样本的平均是1.67，略低于20世纪80年代中期的2.07（黄美元等，1993），说明人类活动的影响

增强，但该值仍然高于邻近的山和东部的城市，如庐山 1.25（Li et al.，2012）、上海 1.4（Huang et al.，2008）。

R_{ac} 反映 2 个主要阳离子的中和能力。所有样本的均值为 0.5。20 世纪 80 年代中期，该比值为 1.38（黄美元等，1993）。与 20 世纪 80 年代相比，[NH_4^+] 和 [Ca^{2+}] 均有上升，但 [Ca^{2+}] 增加更快。该比值在庐山为 0.63（Li et al.，2012），上海为 0.4（Huang et al.，2008），但在台湾的鹿林山为 3.5（Wai et al.，2008），比黄山高得多。一般认为 Ca^{2+} 主要来源于扬尘、土壤和沙尘，NH_4^+ 主要来源于生物质腐烂，以及氨肥的使用。该结果说明我国东部地区海拔 1800 m 以上的山顶降水也已受到沙尘的影响。

表 4.8 为黄山降水离子间相关系数矩阵。可见 SO_4^{2-} 和 NH_4^+ 间相关系数最高（r=0.95），随后依次是 NO_3^- 和 NH_4^+（r=0.89），NO_3^- 和 Mg^{2+}（r=0.89），SO_4^{2-} 和 Mg^{2+}（r=0.85），NH_4^+ 和 Mg^{2+}（r=0.85），Ca^{2+} 和 Mg^{2+}（r=0.81）。这些浓度高度相关的离子对很可能有共同的来源或输送机制（Winiwarter et al.，1998）。SO_4^{2-} 和 NO_3^- 显著相关是因为它们的前体物（SO_2 和 NO_x）有相同的输送机制。目前，中国 NO_x 高排放区与 SO_2 高排放区几乎重叠（Li et al.，2012）。Na^+、Ca^{2+} 和 Mg^{2+} 等离子相关性较好，是因为它们都来源于土壤。NH_4^+ 和 SO_4^{2-}，NH_4^+ 和 NO_3^-，Mg^{2+} 和 NO_3^-，Mg^{2+} 和 SO_4^{2-}，Ca^{2+} 和 SO_4^{2-}，Ca^{2+} 和 NO_3^- 等离子对间的高度正相关反映了这些碱性离子与主要的酸性物质（HNO_3 和 H_2SO_4）间的反应，也意味着降水中存在 $(NH_4)_2SO_4$、NH_4NO_3、$CaSO_4$ 等。

表 4.8　黄山降水离子浓度间的相关系数矩阵

	H^+	K^+	Na^+	Ca^{2+}	Mg^{2+}	NH_4^+	SO_4^{2-}	NO_3^-
H^+	1							
K^+	0.01	1						
Na^+	0.03	0.11	1					
Ca^{2+}	0.23*	0.28**	0.43**	1				
Mg^{2+}	0.33**	0.27**	0.57**	0.81**	1			
NH_4^+	0.54**	0.15	0.47**	0.63**	0.85**	1		
SO_4^{2-}	0.69**	0.13	0.47**	0.65**	0.85**	0.95**	1	
NO_3^-	0.35**	0.08	0.69**	0.67**	0.89**	0.89**	0.86**	1

注：**、* 分别表示通过 α=0.01、α=0.05 显著性检验。

NH_4^+ 与 SO_4^{2-} 和 NO_3^- 间的相关系数比 Ca^{2+} 与 SO_4^{2-} 和 NO_3^- 间的相关系数要高，这说明了降水中 $(NH_4)_2SO_4$ 和 NH_4NO_3 的主导地位。台湾鹿林山也有同样的结果（Wai et al.，2005）。阳离子 K^+ 和 NH_4^+ 间的相关系数比其他离子间的相关系数低得多（未通过显著性水平 95% 的检验），说明 K^+ 不仅仅来源于生物燃烧和肥料。

按季节和月计算的各离子成分当量浓度的体积加权平均值见表 4.6 和图 4.12。由图 4.12 可以看出，月均 pH 值与月降水量间无正相关。阴阳离子当量浓度都存在明显的月际变化，秋末到早春（11 月—次年 4 月）高、夏季低，11 月最高，其次是 4 月。离子当量浓度的季节变化可能与不同季节影响气团的来向（见 4.6.2 节轨迹分析）、降水量、黄山周边的农事活动等因素不同有关。碱性离子中 Ca^{2+} 和 NH_4^+ 浓度在冬季高、夏季低，其他碱性离子除了 1 月的 Na^+ 和 4 月的 K^+ 外，浓度都比较低。Na^+ 和 K^+ 分别在 1 月和 4 月表现突

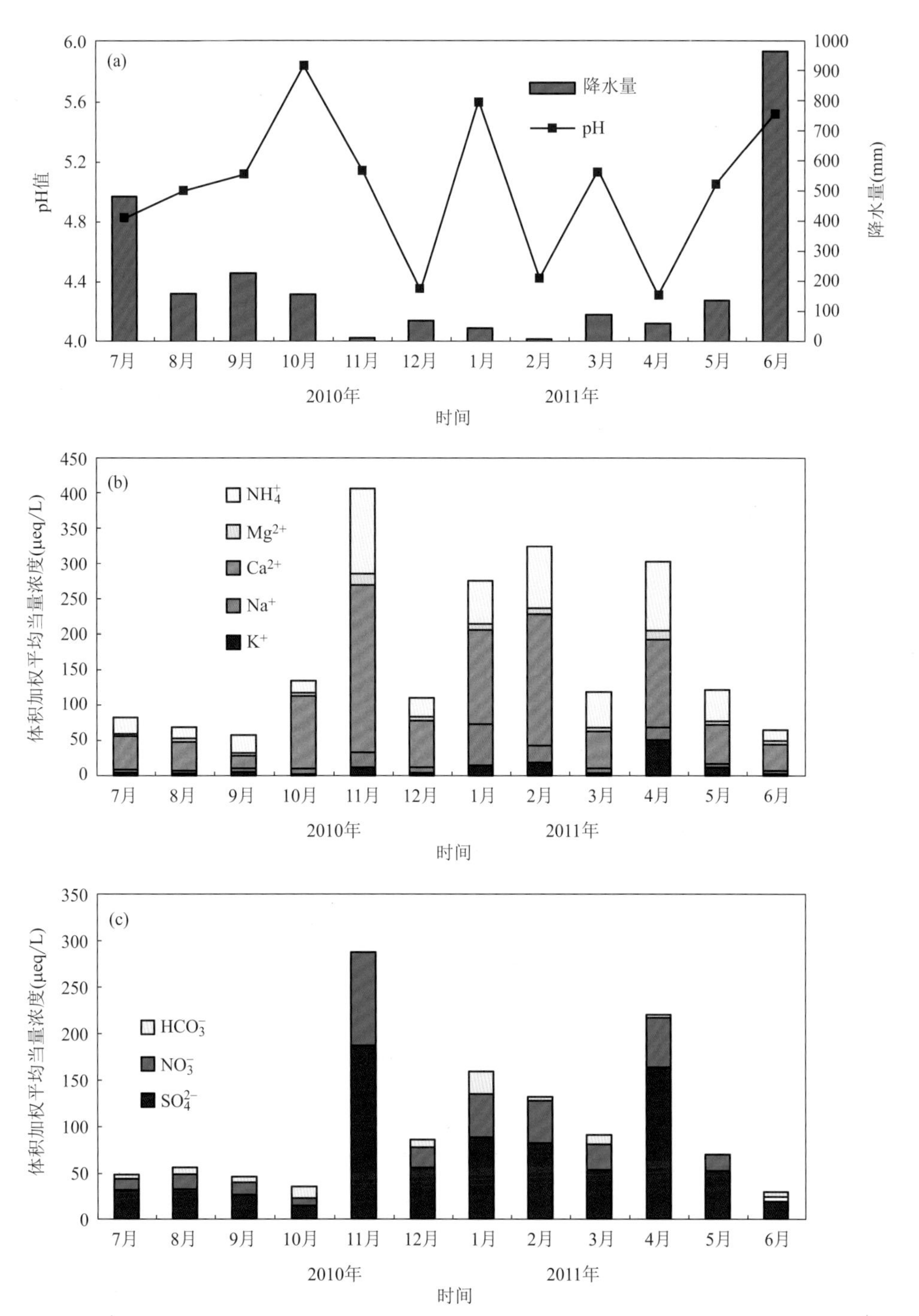

图 4.12　2010 年 7 月—2011 年 6 月黄山降水量和 pH 值（a）、阳离子（b）和阴离子（c）体积加权平均当量浓度月际变化

出，可能与输送条件及农事活动（如秸秆焚烧、施肥）有关。至于阴离子，SO_4^{2-} 和 NO_3^- 月际变化趋势一致，11 月最高，其次是 4 月，6—10 月较低。比较图 4.12b、图 4.12c 与图 4.12a，可以看出离子当量浓度与降水量显著负相关，尽管 pH 值与月降水量间并不存在显著的相关性。可以说，冬半年离子当量浓度的月际变化主要是源于降水量的月际变化。

图 4.13 给出了黄山每一个降水样本的总阳离子（TC）和总阴离子（TA）的当量浓度。可以看出，阴阳离子当量浓度都有显著的日际、月际变化，这也反映了气团来向、周边污染源分布的非均匀性和降水量的影响。季节平均的阴阳离子比值（[TA]/[TC]）冬季最低(0.83)、夏季最高（1.25)，所有样本的总平均为 1.13。总阳离子当量浓度 [TC] 在冬季和春季超过总阴离子当量浓度 [TA]，但夏秋季相反，这反映了季风气候的影响。

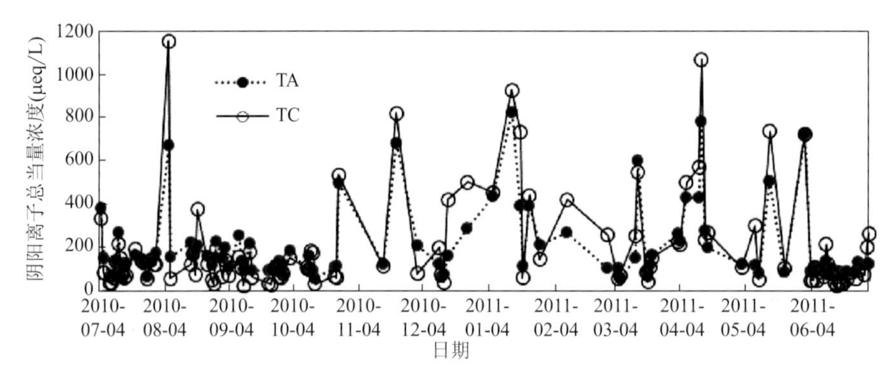

图 4.13　2010 年 7 月—2011 年 6 月黄山降水总阴、阳离子当量浓度的变化情况

从表 4.6 可以更清楚地看出离子当量浓度的季节变化。除了 H^+，几乎所有离子当量浓度都是冬春季高，夏季最低，这与庐山、台湾鹿林山不同。庐山秋季离子当量浓度第二高(Li et al.，2012)，鹿林山秋季离子当量浓度最低（Wai et al.，2008)，但是与上海(Huang et al.，2008）一致。所有离子当量浓度在夏季最低，这是因为夏季降水量最大，且夏季的影响气团主要来源于南方和东南方，相对较为干净（图 4.15，表 4.9)。根据平均当量浓度最高值出现的季节，可以把所有离子分为 3 组，第一组最高浓度出现在冬季，包括 H^+、Na^+、Ca^{2+} 和 NO_3^-；第二组最高当量浓度出现在春季，包括 K^+、NH_4^+ 和 SO_4^{2-}。第一组当量浓度在冬季最高，可能是由于冬季降水量最低，另外，冬季低温也有助于气态 HNO_3 转化为颗粒态的 NO_3^-（Baez et al.，1997)。第二组中 K^+、NH_4^+ 浓度最高值出现在春季可归因于春季的农事活动（如施肥）和晚春的秸秆焚烧。降水中 SO_4^{2-} 主要来源于气态 SO_2 经同质和非均相氧化，然后通过成核或冲刷溶解到雨滴中。尽管在城市地区，二氧化硫通常在冬季浓度最高（Huang et al.，2008)，但硫酸盐冬季浓度较少升高，因为冬季低温抑制了 SO_2 向 SO_4^{2-} 转化。此外，冬季低混合层厚度也会抑制 SO_2 从低海拔源区向高海拔地区的输送。在上海也观测到春季的 SO_4^{2-} 浓度最高（Huang et al.，2008)。第三组只有 Mg^{2+}，其当量浓度在冬季和春季非常接近。

4.6 酸雨与输送条件的关系

SO_2 以及 SO_4^{2-} 在大气中的生命史约 5 d（王明星，1999)，因此，酸雨前体物可以随着气流远距离输送，即一个地方的酸雨可以是本地污染物排放所致，也可能是外地污染物排放所致。为研究输送条件对安徽酸雨的影响，我们首先利用合肥市气象站 1992—2007 年的酸雨观测资料分析了各级酸雨出现频率与不同高度气团来向的关系，发现 1500 m 高度不同来向气团对应的酸雨发生频率差别最大（邱明燕等，2009），然后应用同样的方法研究了不同输送态势下安徽 7 个酸雨观测站 2006—2008 年降水酸度的差异（石春娥等，2010），以及黄山降水离子组分与输送条件的关系（Shi et al.，2014）。

4.6.1　不同输送态势对安徽酸雨的影响

图 4.14 为安徽气象部门 7 个酸雨观测站 2006—2008 年降水日各组后向轨迹平均水平轨迹分布，并在每组平均后向轨迹终点给出了分类序号，各类轨迹条件下酸雨观测次数（括号内左边的数字）及中度以上酸雨发生频率（括号内右边的数字）。轨迹的长短反映气团移动的速度，轨迹的方向反映气团的来向。图 4.14 表明，造成各站降水的气团主要来自西南方向、东南偏东和东北偏东，其他来向的气团不多，这与本省的季风气候是一致的；不同来向后向轨迹所对应的中度以上酸雨（pH＜5.0）的频率差别显著，如果不考虑发生次数较少（少于 5 次）的轨迹组，发生频率最高的都是经过江苏或浙江的偏东方向的轨迹；其次是移动缓慢的本地轨迹（合肥、安庆）或经过湖北或江西到湖南或浙江较短的一类（阜阳、马鞍山、铜陵、黄山）。合肥和安庆的酸雨发生频率居全省各观测站之首，且这两市本地轨迹对应的中度以上酸雨发生频率仅次于偏东轨迹，这与其他观测站不同，说明这两个城市本地排放源对酸雨的贡献较其他城市大。每一个观测站，来自西南方向的轨迹都有两组，一长一短，短轨迹对应的中度以上酸雨发生频率远高于长的轨迹组，这说明移动缓慢的气团有利于酸雨前体物的累积。中度以上酸雨发生频率的这种分布形势与下一节（4.7 节）的图 4.17 中对流层 NO_2 柱含量的分布形势一致，即经过 NO_2 柱含量高值区的气团往往对应酸度较高的降水。这也说明，外地污染物排放对安徽省酸雨的贡献较大，酸雨治理必须考虑区域大范围内的减排措施。

从图 4.14 中还可以看出，各观测站都有一组来自西北、能到达蒙古边界、发生次数不多的后向轨迹。其对应的中度以上酸雨发生频率在淮河以北的两个观测站（阜阳和蚌埠）都是 0，在合肥、安庆和马鞍山分别为 20%、50%和 14%，在黄山也达到 11%，这也反映了本省污染物排放对酸雨的贡献。

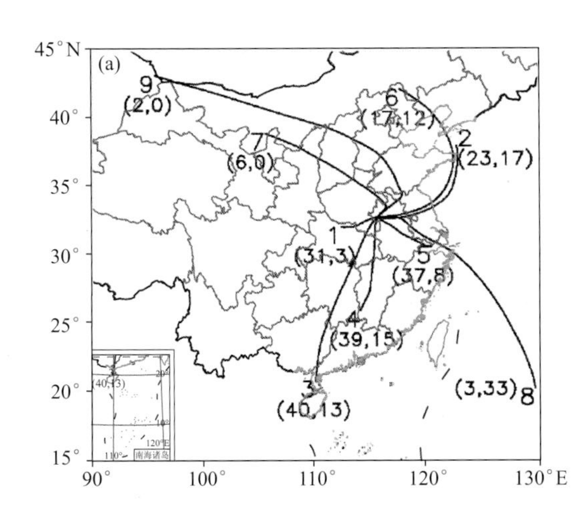

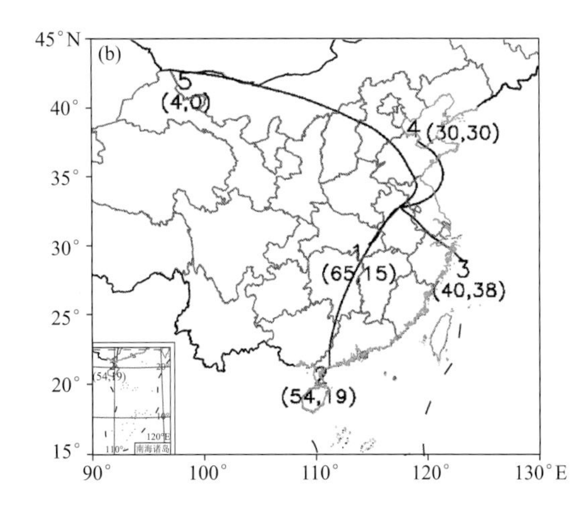

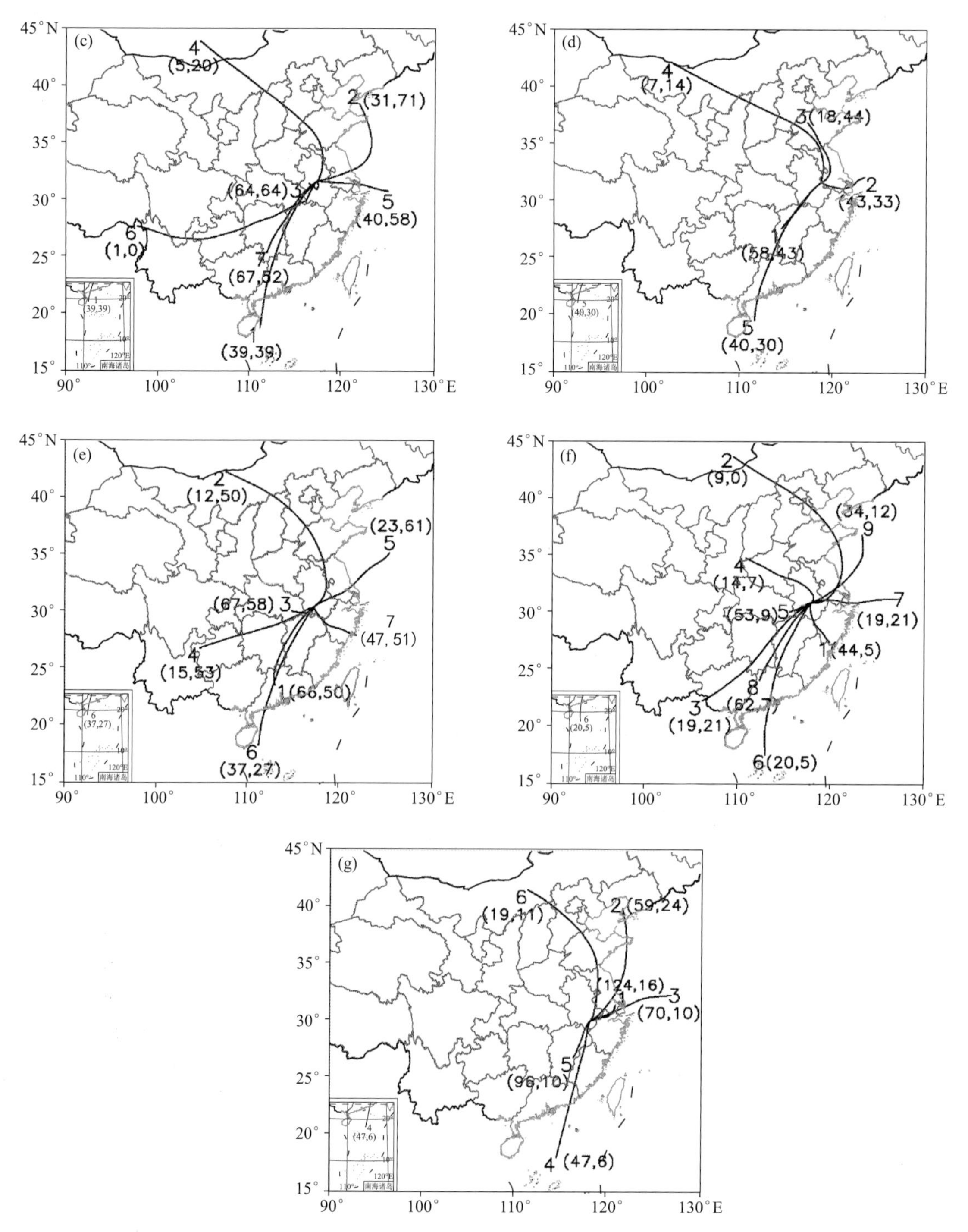

图 4.14　各酸雨观测站 2006—2008 年降水日 48 h 后向轨迹各组平均轨迹分布及各组酸雨观测次数（单位：次，括号内左边数字）和中度以上酸雨频率（%，括号内右边数字）（黄山光明顶轨迹起始点高度为 500 m，其他观测站起始点高度为 1500 m）

（a）阜阳；（b）蚌埠；（c）合肥；（d）马鞍山；（e）安庆；（f）铜陵；（g）黄山光明顶

4.6.2　不同输送态势对黄山降水离子组分的影响

高海拔地区降水的酸碱度、K 值和离子组成能反映区域尺度的背景降水酸度和大气污染程度。将这些参数与输送态势联系起来，将有助于深入了解区域尺度输送对区域酸雨形成机制的影响，并确定潜在的源区。在本节中，我们将给出在不同输送形势下黄山降水的 pH 值、K 值和离子浓度的差异，并进一步探讨不同地区污染源对黄山降水化学的贡献。

用 HYSPLIT4 模式计算了 2010 年 7 月—2011 年 6 月 106 个有效样本降水日降水中间时段的 72 h 后向轨迹，用聚类分析的方法对这些轨迹进行分类，得到 6 类轨迹（图 4.15），然后对各类轨迹对应的降水离子浓度和 pH 值、电导率等进行统计分析（Shi et al.，2014），得到各组轨迹对应的降水离子浓度的统计值。图 4.15 中，第二组轨迹的平均轨迹最短，这一组轨迹大多围绕黄山打转，可定义为“本地轨迹”。本地轨迹所对应的降水离子浓度主要反映黄山周边地区排放源的影响。表 4.9 给出了每一组轨迹对应的降水量的月分布，表 4.10 给出了每一组轨迹对应的降水离子浓度的统计结果等。

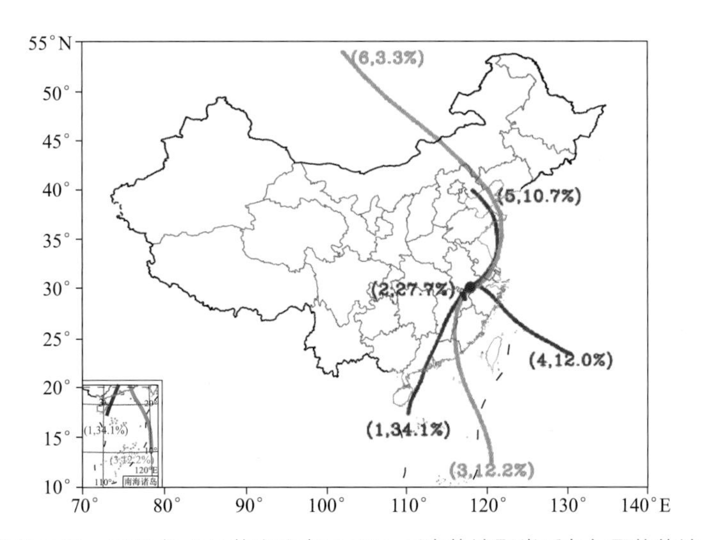

图 4.15　2010 年 7 月—2011 年 6 月黄山降水日 72 h 后向轨迹聚类后各组平均轨迹水平分量分布
（括号内左边数字为分组序号，右边数字为该组降水占总降水量的百分比）

表 4.9　2010 年 7 月—2011 年 6 月黄山降水日 6 类后向轨迹降水量月分布（单位：mm）

组号	1月	2月	3月	4月	5月	6月	7月	8月	9月	10月	11月	12月
1	0.0	0.0	10.0	0.0	9.1	470.1	277.5	15.5	12.5	0.0	0.0	27.4
2	14.9	0.0	45.2	44.5	8.0	188.0	133.3	98.3	34.8	84.7	5.3	10.5
3	0.0	0.0	0.0	0.0	59.8	190.7	16.9	0.0	25.8	0.0	0.0	0.0
4	0.0	0.0	19.8	0.0	0.0	87.0	56.9	43.5	75.4	7.9	0.0	0.0
5	28.4	9.4	14.3	4.2	59.9	33.3	0.0	1.8	40.5	61.7	0.0	5.3
6	0.0	0.0	0.0	12.5	0.0	0.0	0.0	0.0	37.0	0.0	7.1	24.3

表 4.10　2010 年 7 月—2011 年 6 月黄山 6 类轨迹对应的降水离子当量浓度统计结果

（离子当量浓度单位：μeq/L）

山名	组号	轨迹占比（%）	降水量占比（%）	组内平均降水量（mm）	pH 值	K_m（μS/cm）	[K^+]	[Na^+]	[Ca^{2+}]	[Mg^{2+}]	[NH_4^+]	[SO_4^{2-}]	[NO_3^-]	R_{sn}	R_{ac}	R_{ca}
黄山	1	21.7	34.1	35.7	5.02	14.6	4.3	4.8	60.8	2.8	20.5	25.6	9.1	2.82	0.34	2.35
	2	35.8	27.7	17.6	4.93	16.3	9.3	8.0	58.3	4.0	34.4	49.4	18.2	2.71	0.59	1.37
	3	5.7	12.2	48.9	5.69	13.0	3.1	2.1	21.2	1.4	13.2	15.4	5.3	2.90	0.62	1.67
	4	12.3	12.0	22.3	5.12	10.8	3.2	4.0	25.7	2.3	26.0	28.1	13.9	2.02	1.01	1.23
	5	17.0	10.7	14.4	5.18	12.9	4.6	9.4	59.6	4.4	27.6	34.8	15.6	2.22	0.46	1.73
	6	7.5	3.3	10.1	4.54	20.6	6.4	10.9	67.2	4.0	40.8	48.2	25.6	1.88	0.61	1.46
庐山	1(1)	23.3	32.2		4.09	37.0	9.9	6.0	118.2	4.7	45.9	67.0	21.7	3.08	0.39	1.85
	5(3)	10.8	14.9		4.31	32.4	9.9	7.6	109.0	5.5	65.2	81.0	27.2	2.98	0.60	1.61

注：庐山的组号中括号外为庐山的轨迹分组序号，括号内为黄山的轨迹分组序号。

由图 4.15、表 4.9 和表 4.10 可以看出，黄山降水日的输送形势因季风气候而存在季节性差异，如第 1、3、4 组（偏南到偏东来向）主要出现在暖季，第 5、6 组（偏北到偏东北来向）在夏季很少出现。第 1 组样本数排名第二，但贡献了最多的降水量。在该组中，降水主要发生在 6 月和 7 月，属于典型的梅雨（夏季风）季节。通常，在梅雨季节，来自海洋的大量水蒸气流入该地区，使得该组组内平均水量第二多。该组的轨迹主要起源于海南岛以南海域，到达黄山之前经过了广东、江西、湖南、湖北等省。第 2 组轨迹出现概率（百分比，也是样本数）最高，降水量第二多，组内平均降水量排名第四。该组中含有 2 月以外的所有月份的降水样本，大部分降水发生在 6—10 月。该组轨迹由围绕黄山的轨迹组成，平均轨迹最短，主要来源于江西、安徽、浙江、江苏等省。第 3 组来自中国南海，降水量占第三，但降水日最少。因此，组内平均降水量在各组中最高。该组的降水事件主要发生在 6 月，也即在梅雨季节。第 4 组来自东海，到达黄山之前经过了浙江、福建两省。降水量占总降水量的 12%，样本数占比为 12.3%，组内平均降水量在 6 组中排名第三。该组降水多发生在 6—9 月。第 5 组起源于内蒙古，到达黄山之前途经辽宁、河北、山东等省和渤海。该组水量占总降水量的 10.7%，占总样本数的 17%，组内平均降水量很低。除 7 月和 11 月外，所有月份都有发生。第 6 组起源于蒙古，由最长的轨迹组成。降水量和样本数的占比最低，每次降水的平均降水量最低。该组降水可发生在夏季以外的所有季节。

由表 4.10 可以看出，在不同的输送形势下，降水的 pH 值和 K_m 值显著不同。组内平均 pH 值从 4.54（第 6 类）到 5.69（第 3 类），最大值和最小值相差 1.15 个 pH 单位。组内平均 K_m 值从 10.8 μS/cm（第 4 类）到 20.6 μS/cm（第 6 类）不等。第 3、4、5 组的 pH 值高于其他三组，而 K_m 值较低。最低平均 pH 值和最高平均电导率出现在第 6 组，其次依次是第 2 组和第 1 组。可见，第 6 组降水污染最严重，但其对总降水量的贡献仅为 3.3%，因此其影响是有限的。第 3 组中的降水具有最高的 pH 值和最低的电导率，这组最干净，占总降水量的 12%。

就降水污染程度而言，第 6 组污染最严重，除 [K^+] 和 [SO_4^{2-}] 外，该组其他离子浓度都是 6 组中最高，R_{sn} 最低值出现在该组。这可归因于该组组内平均降水量最低，且该组影响气团（轨迹）在到达黄山之前要途经高排放区。该组轨迹起源于蒙古，主要发生在秋季和冬季，并在到达黄山之前途经二氧化硫（SO_2）和二氧化氮（NO_2）的高排放源区。第 2 组降水量占总降水量的比例在各组中第二高（27.7%），但组内平均降水量相对较低，对应的气团移动缓慢。因此，6 组中，该组降水的离子浓度相对较高，如最高的 SO_4^{2-} 和 K^+，第二高的 NH_4^+ 和 NO_3^-，表明了人为来源和生物质燃烧活动的影响。因此，黄山周边的江西、安徽、浙江、江苏等省的人为排放对黄山的降水化学成分有着重要的影响。

第 3 组轨迹主要起源于海洋，到达本地之前经过的区域主要为 NO_2 和 SO_2 低排放区。所以，第 3 组对应的所有离子浓度均最低，污染程度最轻。第 1 组贡献了最多的降水量，且组内平均降水量各组中第二高，该组 Ca^{2+} 以外的各离子浓度相对较低，R_{sn} 在各组中第二大，R_{ca} 各组中最大，R_{ac} 各组中最低。该组轨迹起源于海洋，且主要发生在夏季，到达本地之前主要经过华南一些省份，因此该组降水中高浓度 Ca^{2+} 难以解释。在庐山降水的同类输送条件下也观测到了高浓度的 Ca^{2+}，以及相对较低浓度的其他离子（Li et al.，2012）。因此，在该类轨迹的输送通道上可能存在一些高 Ca^{2+} 排放源，或在过去 72 h 之外还存在一些其他的运输机制。不管怎样，除了 Ca^{2+} 外，该组对应的降水离子浓度较低，污染程度较轻。

第 4 组在很多方面与第 3 组相似，如都主要发生在夏季、起源于海洋且过去 72 h 的大部分时段在洋面上。然而，第 4 组主要经过经济发达的长三角地区，第 3 组主要经过相对欠发达地区，这导致了人为污染物离子当量浓度的差异，以及第 4 组降水中 SO_4^{2-}、NO_3^- 和 NH_4^+ 当量浓度更高。第 5 组与第 4 组相似，因为这两组都经过了华东地区的 SO_2 和 NO_x 高排放区，并且部分在海洋上。区别在于起源区域、来向，以及发生的季节。因此，第 5 组的降水（主要发生在夏季以外的季节，影响气团起源于北方大陆，并经过山东、江苏等省）比第 4 组的降水（主要在夏季，影响气团起源于海洋，并路经浙江）具有更高的 SO_4^{2-} 和 Ca^{2+} 当量浓度，较低的 R_{ac} 和更高的 R_{ca}，而两组中 NH_4^+ 和 NO_3^- 的当量浓度非常接近。

Li 等（2012）也对庐山的降水进行了同样的后向轨迹-聚类-统计分析，并获得了 6 类轨迹。幸运的是，黄山与庐山有几类轨迹具有非常相似的起始位置和输送方向，例如，两山的第 1 组、黄山的第 3 组与庐山的第 5 组。将黄山的结果与庐山的结果（Li et al.，2012）进行比较（表 4.10），尽管两个站点对应轨迹组的降水离子浓度存在较大差异，但 R_{sn}、R_{ac} 和 R_{ca} 的对应值非常接近。这表明黄山降水离子实验室分析结果是可靠的。

综上所述，第 6 组轨迹对应的降水污染最重，其次是第 2 组，第 3 组降水污染最轻，第 1 组降水污染程度比第 5 组轻，而比第 4 组重。

4.7 安徽酸雨的变化及成因

研究表明，我国各地降水酸度和离子成分都存在地区差异和年代际变化。如中国南方多酸雨、西北地区降水碱性偏多；21 世纪初，酸雨范围向北扩展、酸度增加，SO_4^{2-} 与 NO_3^- 浓度比（$[SO_4^{2-}]/[NO_3^-]$）下降（王文兴和许鹏举，2009；侯青和赵艳霞，2009；Li et al.，2012；Shi et al.，2014）。

我们利用观测结果，结合文献资料分析了20世纪80年代—21世纪00年代安徽降水离子浓度的变化趋势，并结合多源资料分析了变化原因。

4.7.1 安徽酸雨类型的变化

酸雨中最主要的致酸物质是SO_4^{2-}和NO_3^-。20世纪90年代酸雨普查结果表明，我国降水成分中SO_4^{2-}当量浓度是NO_3^-的4～10倍，因此，我国的酸雨曾被认为是典型的“硫酸型”酸雨（王文兴和丁国安，1997）。表4.11给出了不同年代安徽部分地市降水离子成分观测结果，虽然这些观测来自不同的部门，采样时间长度不同，分析方法也可能不一样，但仍然有一定的参考价值。1992—1993年，安徽淮河以南6个观测站观测结果表明，安徽酸雨类型为煤烟型，SO_4^{2-}是主要的阴离子，NH_4^+和Ca^{2+}是主要的阳离子，6站平均的SO_4^{2-}和NO_3^-当量浓度之比为5.0；1982—1992年期间合肥和沿江的铜陵、马鞍山的观测显示SO_4^{2-}和NO_3^-当量浓度之比都大于4。20世纪80年代，黄山光明顶观测结果表明，黄山降水成分中SO_4^{2-}和NO_3^-的当量浓度之比为14.5，可见，1990年前安徽的酸雨是典型的“硫酸型”酸雨。然而，进入21世纪之后，安徽省降水中NO_3^-当量浓度呈显著增加趋势。例如，2007年夏季的皖南山区（泾县）、2007—2012年皖南郊区某地、2009年夏季的合肥和2010—2011年的黄山光明顶的降水采样分析中，发现NO_3^-成分均显著增加，降水中SO_4^{2-}和NO_3^-当量浓度的比值都低于3。以上结果说明进入21世纪后，以机动车排放为标志的NO_x增加对酸雨的贡献逐渐增大，安徽酸雨也逐渐从“硫酸型”转变为“硫酸硝酸混合型”。另外，黄山光明顶降水中NH_4^+浓度也有显著上升，与20世纪80年代中期相比，几乎翻了一番，这说明与20世纪80年代相比，我国东部地区NH_3的排放也显著增加。

表4.11 不同年代安徽部分地方降水离子组成（当量浓度单位：μeq/L）

观测站	观测年份	pH	[NO_3^-]	[SO_4^{2-}]	[NH_4^+]	[K^+]	[Na^+]	[Ca^{2+}]	[Mg^{2+}]	[SO_4^{2-}]/[NO_3^-]	文献
安徽多站平均	1992—1993	5.37	21.37	106.79	58.54	10.81	18.60	65.17	8.58	5.0	王文兴和丁国安，1997
合肥	1982—1992	—	31.8	141.9	117.3	—	—	110.3	13.7	4.46	王文兴，1994
	2009	5.03	22.54	55.16	58.25	2.75	5.75	44.57	6.61	2.45	唐蓉等，2012
马鞍山	1982—1992	—	15.1	139.2	73.7	—	—	123.0	18.8	9.26	王文兴，1994
铜陵	1982—1992	—	15.9	96.9	107.3	—	—	79.9	6.01	6.10	王文兴，1994
皖南郊区	2007年3月—2010年2月	4.49	43.92	89.92	47.99	8.10	19.57	77.88	9.91	2.05	Huang et al.，2012
泾县	2007年4—11月	4.61	32.32	39.69	38.59	7.07	17.26	68.82	7.13	1.23	唐先干等，2009
黄山光明顶	20世纪80年代	6.33	1.0	14.5	18.6	9.0	13.3	13.5	1.8	14.5	黄美元等，1993
	2010年7月—2011年6月	5.03	13.0	33.0	25.6	5.5	6.0	51.2	3.1	2.54	Shi et al.，2014

电导率可反映降水中离子浓度的高低，从而反映其受污染程度。图4.3和图4.4已给出

了各站年均电导率的变化情况。1992—2018年，合肥年均电导率虽有起伏，但无明显变化趋势，大部分年份在30.0～50.0 μS/cm之间变化，2010—2014年呈上升趋势，但2015—2018年又回到30～40 μS/cm之间；其他观测站的变化情况为：阜阳站在2009—2014年上升趋势明显，但2014年之后呈下降趋势；蚌埠变化不大；安庆2009年之后持续下降；马鞍山2006—2012年持续上升，2013年之后持续下降；铜陵除了2008、2016、2017年略低，一直较高，无明显变化趋势；黄山光明顶呈下降趋势。另外，比较电导率与pH值的变化趋势，还会发现，在2009—2018年，除了铜陵站，其余各站年均pH值的变化趋势与电导率的变化趋势几乎相反，即pH值上升、电导率下降，而在2009—2013年，这种负相关只有黄山、安庆、合肥存在（石春娥等，2015）。再进一步计算2010—2013年黄山、安庆、合肥日降水pH值与电导率的相关系数发现，三地二者的相关系数分别为−0.432、−0.214和−0.187，黄山通过99%置信度检验，安庆和合肥通过95%置信度检验，说明降水的电导率与pH值存在显著相关，而这种相关性在其他观测站不存在。降水的电导率由多种离子的浓度共同决定（汤洁等，2008），可用（4.1）式计算。根据（4.1）式，H^+的当量电导率最高，是SO_4^{2-}的4倍以上。如果电导率与pH值（也即H^+）之间存在显著的负（正）相关，说明其他离子的贡献相对较弱，H^+的贡献比较突出。根据上述相关性统计结果，可以认为2014年之前黄山光明顶、安庆、合肥的降水中非氢离子浓度相对于其他城市偏低。因此，结合这三地降水电导率在7站中偏低的事实，可以认为，光明顶的降水最为干净，其次是安庆、合肥，说明2014年之后，安徽大部分城市降水离子浓度都有下降，表明降水在往干净的方向发展。

4.7.2　酸雨形势变化的原因分析

酸雨前体物主要包括SO_2和NO_x。安徽属于内陆省份，周边省份SO_2排放量的变化必定会对安徽酸雨产生影响，图4.16给出了2003—2016年安徽及周边省份逐年SO_2排放量。由图可见，随着全国“一控双达标”和“总量控制”措施的实施，安徽及周边省份的SO_2排放量经历了先升后降的过程，2003—2005年为上升期，之后明显下降，尤其是山东、河南和江苏等排放大省的下降趋势非常明显。这是安徽酸雨污染形势逐年好转的主要原因。

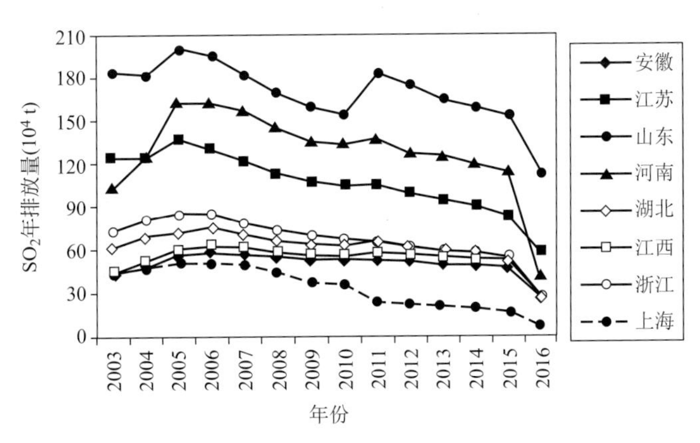

图4.16　2003—2016年安徽及周边部分省份SO_2年排放量

进入21世纪，汽车保有量快速增加导致大气中NO_x有明显的增长，据卫星监测结果，21世纪00年代我国东部地区NO_x浓度增加显著（图4.17），尤其是在华北、长三角、四川盆地、珠三角等人口密集，工农业活动水平较高的地区。图4.18给出了2003—2011年安徽及华北地区（图4.17中的矩形方框）上空对流层NO_2柱含量平均值的年际变化。2003—2011年，这两个区域上空的NO_2含量平均值都大幅度上升，尤其是华北地区，增幅达一倍以上（图4.18）。可见，NO_x对酸雨贡献有明显的增加趋势，这也部分解释了为什么2006年起各省SO_2排放量显著下降，而安徽的酸雨并没有立即减缓，尤其是21世纪00年代观测显示降水中NO_3^-浓度显著上升。

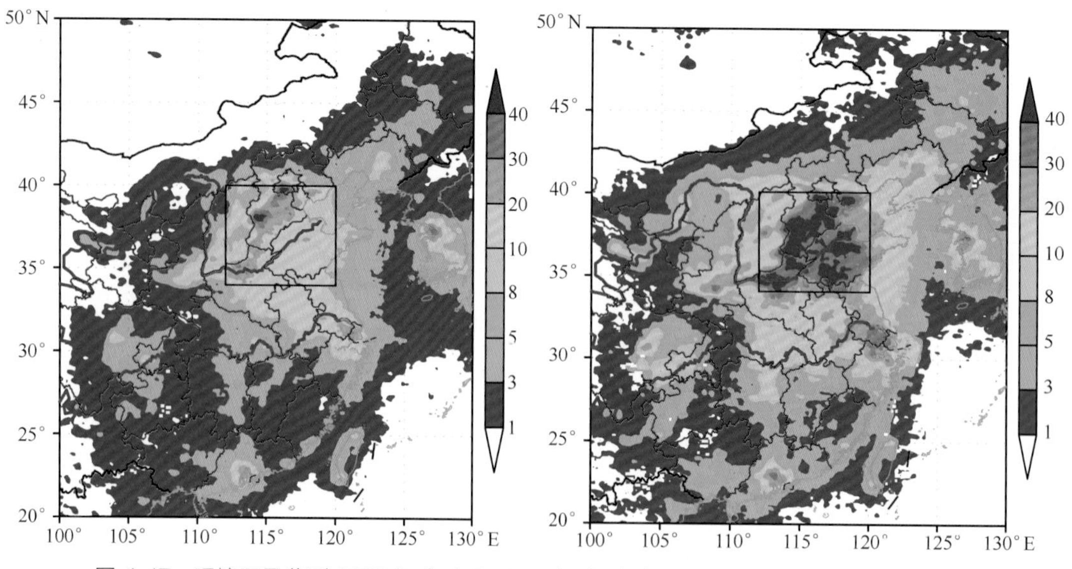

图4.17　环境卫星监测2003年（a）和2011年（b）中国东部地区对流层NO_2分子柱含量分布（单位：10^{15}分子/cm^2）

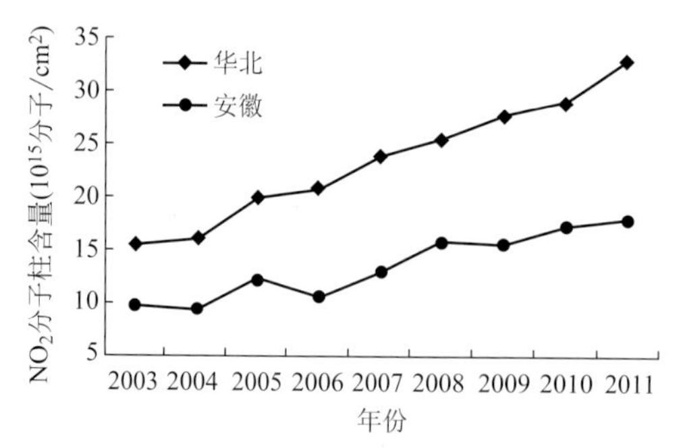

图4.18　华北地区（34°—40° N，112°—120° E）和安徽（114°—120° N，29°—35° E）NO_2柱含量平均值

根据《中国统计年鉴》，2011年之后，安徽及周边省份NO_x年排放量呈明显的下降趋势（图4.19），对应地搭载在欧洲第二代气象业务（MetOp）卫星上的GOME2仪器监测卫星（GOME2）资料也显示2013—2016年安徽上空对流层NO_2柱含量呈下降趋势（图4.20），这说明近年来酸雨减缓，是SO_2和NO_x减排的结果。

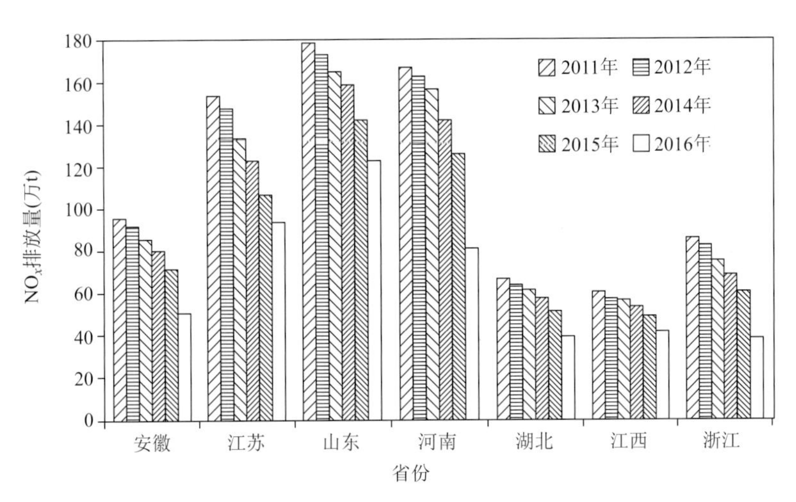

图4.19　2011—2016年安徽及周边部分省份 NO_x 排放量

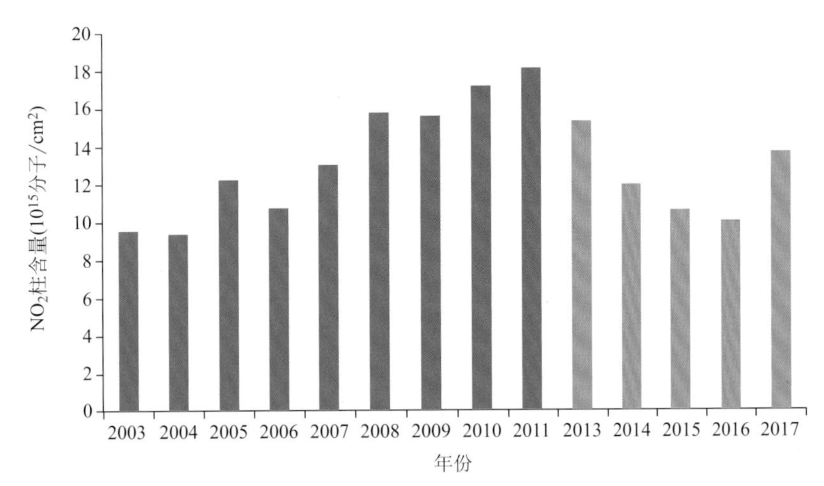

图4.20　2003—2017年安徽上空（114°—120° N，29°—35° E）NO_2 柱含量平均值
（2003—2011年为Sciamachy数据，2013—2017年为GOME2数据）
（资料来源：http://www.temis.nl/products/n02.html）

4.8 小结

（1）利用安徽省气象部门7个酸雨站近30年（1992—2018年）的观测资料，研究了酸雨发生的频率、强度以及电导率空间分布与季节变化。安徽酸雨具有明显的区域性分布特征，沿江地区（安庆）和江淮地区（合肥）强酸雨频率最高，淮河以北（阜阳）最低。2009年酸雨最为严重，之后呈减轻趋势；冬季较夏季严重。皖南山区（黄山）酸雨电导率最低，矿业城市（铜陵）最高。

（2）发现安徽酸雨类型发生转变。通过对安徽不同功能区酸雨采样与实验室分析，发现主要的致酸因子已由2000年之前的SO_4^{2-}为主转变为SO_4^{2-}、NO_3^-并重，即酸雨类型已由“硫酸型”转变为“硫酸硝酸混合型”，与20世纪80—90年代相比，降水中SO_4^{2-}和NH_4^+浓度显著上升，说明东部地区NH_3的排放显著增加。

（3）2010年夏季，合肥地区大气降水的主要阴离子为SO_4^{2-}，主要阳离子为NH_4^+和Ca^{2+}；降水酸度与单一离子相关性并不明显，酸度是受多种离子综合影响。[SO_4^{2-}]/[NO_3^-]比值的范围为1.23～6.33，大部分比值小于3，说明合肥地区的酸雨以硝酸硫酸混合型为主，SO_4^{2-}仍然是主要的致酸因子。

（4）2010—2011年，黄山光明顶降水中，主要阴离子为SO_4^{2-}，主要阳离子为Ca^{2+}，其次是NH_4^+和NO_3^-。离子浓度冬春季高，夏季最低。大部分离子浓度之间高度相关。[SO_4^{2-}]/[NO_3^-]比值平均为2.54，说明黄山酸雨以硝酸硫酸混合型为主，SO_4^{2-}仍然是主要的致酸因子。

（5）基于轨迹分析和聚类分析，发现酸雨发生频率、离子浓度与气团来向有密切关系。大部分观测站在偏东轨迹下酸雨发生率较高；黄山光明顶降水pH值、电导率及离子浓度均与输送条件密切相关，来自北方的气团所造成的降水含有较高的人为污染物；安徽及周边省份的区域输送贡献较大。

（6）根据对安徽及周边省份SO_2排放量及卫星监测对流层NO_2柱含量的分析，2006年后安徽及周边省份SO_2排放量下降，NO_2柱含量从20世纪90年代开始增加，2013年之后呈下降趋势，这可能是导致安徽省近年来酸雨缓解及酸雨类型转变的主要原因。

第5章 安徽气溶胶粒子污染特征

5.1 定义及资料、相关标准

大气气溶胶粒子是指悬浮于大气中的固态或液态颗粒状物质，也称“大气颗粒物”（particulate matter，PM）。大气中任何时刻任何地方都充满了形状各异的颗粒物；颗粒物的形状、性质与它的化学成分有重要关系；不同形状、性质的颗粒物其大小、密度都不一样。针对形状复杂、性质各异的大气颗粒物，环保和气象部门都引入了“等效直径”来度量其大小，如空气动力学直径，定义为“与所研究的粒子具有相同的降落末速率、密度为 1 g/cm^3 的球体的直径（D_p）”。目前，空气质量监测中常用的大气颗粒物的分类，PM_{10} 就是指 $D_p \leqslant 10\ \mu m$ 的微粒，$PM_{2.5}$ 是指 $D_p \leqslant 2.5\ \mu m$ 的颗粒物，大气科学中 $PM_{2.5}$ 又称为“细颗粒物”。

雾和霾的形成及演变都与大气气溶胶粒子有关。为全面了解安徽省大气气溶胶粒子污染特征，本章基于多源资料分析安徽的气溶胶粒子时空分布特征、离子组分及其与气象条件的关系。所用资料如下。

（1）大气污染物浓度数据。本书所用不同时期的城市大气污染物（$PM_{2.5}$、PM_{10}、SO_2、NO_2、CO、O_3）质量浓度数据，来自生态环境部前身“环境保护部”网站公布的监测数据（http：//datacenter. mep. gov. cn/，现为 https：//air. cnemc. cn：18007/）。随着人们对大气污染特征及危害的认识加深，以及监测技术的提高，中国大气污染指标体系经历了多个发展阶段，如 2000 年 6 月之前，中国城市空气质量监测主要监测 TSP（总悬浮颗粒物）、SO_2 和 NO_x；2000 年 6 月开始用 PM_{10} 代替了 TSP，NO_2 取代了 NO_x；2012 年，环境保护部颁布了新的空气质量标准，2013 年省会城市开始了包括 $PM_{2.5}$ 在内的 6 种大气污染物质量浓度在线监测，2015 年 1 月所有地级市都开始了 6 种大气污染物质量浓度在线监测。

2000—2009 年，合肥仅有 4 个环境监测站，分别位于长江中路（西园新村）、三里街（东市城建局）、琥珀山庄（市工商局）和董铺水库，其中董铺水库为清洁对照点。2010 年开始，环境监测站扩展为 10 个（图 5.1）。

（2）MODIS 监测气溶胶光学厚度（aerosol optical thickness，AOT）和小颗粒比例（fine mode fraction，FMF）。中等分辨率成像仪（MODIS）是搭载在 Terra 和 Aqua 卫星上新一代“图谱合一”的光学遥感仪器，为进一步研究陆地、海洋和大气特征提供了丰富的产品，如气溶胶光学厚度、小颗粒比例。气溶胶光学厚度定义为介质的消光系数在垂直方向上的积分，用来描述气溶胶对太阳光的衰减作用，是表征大气浑浊度的重要物理量，晴空条件

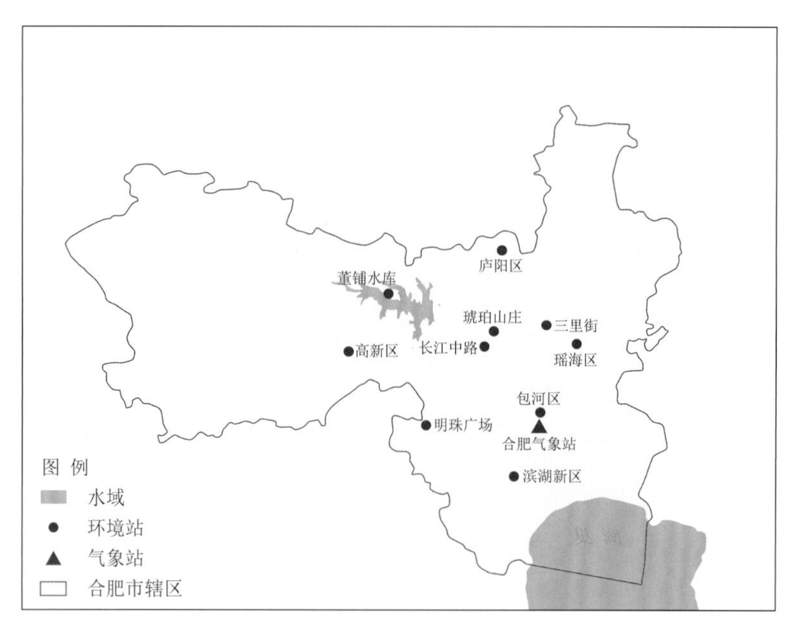

图 5.1　合肥市环境监测站和气象站站点分布

下气溶胶粒子主要集中在对流层。小颗粒比例，定义为 550 nm 处小于 1.0 μm 的细颗粒气溶胶光学厚度与总气溶胶光学厚度的比例，FMF 越大，细颗粒气溶胶的比例越大，反之，细颗粒气溶胶的比例越小。这两个量都是无量纲量，其资料已在国内外得到广泛应用。在中国大陆地区得到过广泛的验证，并具有可靠的质量（Luo et al.，2014），被广泛用于研究局地、区域和全球的气溶胶粒子分布与变化趋势（Zheng et al.，2015）。大量研究表明，MODIS-AOT 与地面颗粒物浓度之间存在良好的正相关，AOT 越大，气溶胶粒子浓度越高，空气质量越差，地面能见度越低（Liu et al.，2013），有学者认为中国地区 AOT 大于 0.5 即可认为是高值，对应着污染地区（Luo et al.，2014）。

我们使用了不同版本的 Level2 数据，包括 MODIS _ C005 的 Terra/MOD04 _ L2 和 MOD08 _ M3 气溶胶产品、MODIS _ C051 的 Terra/MOD04 _ L2 的 AOT（http：//ladsweb. nascom. nasa. gov/）。MODIS _ C005 是 NASA 对 1996 年开始使用的气溶胶反演算法（ATBD-96）进行改进后得到的气溶胶产品，其精度有所提高（周春艳等，2009）。部分产品用 AERONET（全球气溶胶自动观测网）地基数据进行了验证。

（3）基于 CALIPSO 星载激光雷达的气溶胶消光系数。美国 NASA 云-气溶胶激光雷达红外开拓者卫星（Cloud-Aerosol Lidar and Infrared Pathfinder Satellite Observation satellite，CALIPSO）的主要任务之一就是探测全球范围内气溶胶粒子的垂直分布情况（Winker et al.，2009）。CALIPSO 探测范围广，具有较高垂直分辨率和测量精度，能够连续、实时和长期地进行区域气溶胶光学属性和形态特征的垂直特性研究（Liu et al.，2004）。在研究全球气溶胶分布特征（Liu et al.，2004；高星星等，2016）、区域气溶胶成分及来源（马骁骏等，2015；杨东旭等，2012）、气溶胶垂直光学特性（赵一鸣等，2009；蔡宏珂等，2011）等方面应用广泛。

（4）2012—2013 年合肥西郊董铺水库的激光雷达（Lidar）探测数据。每 15 min 一次，空间间隔 30 m 的消光系数（Wu et al.，2011），由中国科学院安徽光学精密机械研究所大气成分与光学重点实验室提供，用来分析区域性霾天气溶胶粒子的垂直分布特征。

（5）2012—2013 年代表性月份，我们在合肥市史河路安徽省气象局的一个三层办公楼的楼顶进行了气溶胶粒子分级采样，并进行了无机离子成分分析（Deng et al.，2016；石春娥等，2016b）。

（6）地面常规气象数据，包括逐时风向、风速、相对湿度，一日 3 次（08、14、20 时，北京时，下同）的能见度、天气现象和日降水量等，均来自安徽省气象信息中心。

（7）再分析数据，GDAS（global data assimilation system，空间分辨率：水平方向 1°×1°，垂直方向从地面到 20 hPa 分为 23 层，时间分辨率：3 h 1 次）资料等。

空气质量等级采用城市日均浓度，计算方法参考《环境空气质量标准》（GB 3095—2012）和《环境空气质量指数（AQZ）技术规定（试行）》（HJ 633—2012）（环境保护部，2012a，2012b）。

5.2 基于 MODIS 资料的华东地区气溶胶粒子空间分布和季节变化

5.2.1 资料验证

首先，我们用地基遥感资料对部分 MODIS-AOT 数据进行了验证。所用资料为 2000 年 2 月—2008 年 12 月 MODIS _ C005 的 Terra/MOD04 _ L2 和 MOD08 _ M3 气溶胶产品，包括 550 nm 处气溶胶光学厚度（AOT）和小颗粒比例（FMF）。用于验证的地基数据为位于安徽、江苏和浙江的 8 个 AERONET 观测站（图 5.2）2000 年 2 月—2008 年 12 月间 Level2

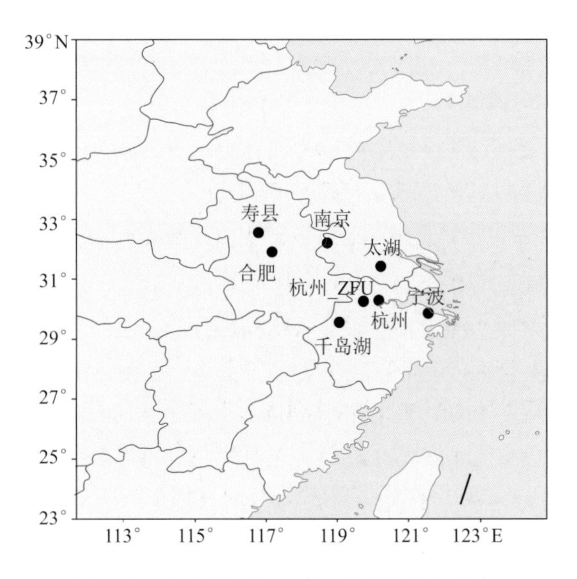

图 5.2　研究区域及 AERONET 站点分布

数据。AERONET 数据包括了 7 个波段的气溶胶光学厚度（1020 nm、870 nm、675 nm、500 nm、440 nm、380 nm、340 nm），观测时间步长为 15 min，其精度可为 0.01～0.02（Holben et al.，1998），常用来验证卫星气溶胶光学厚度遥感结果。

由于 MODIS 和 AERONET 对气溶胶观测的中心波长和时空尺度不同，为使两者具有可比性，需要对两者的 AOT 做波段匹配和时空匹配的前处理（邓学良等，2009），具体步骤为：①波段匹配。将 AERONET 的 7 个波段数据拟合得到 550 nm 处的 AOT 值；②时空匹配。在空间窗口上选择 30 km×30 km；在时间窗口上选择了 1 h。

图 5.3 是 MODIS 与 AERONET 数据经过前处理后，得到 550 nm 处 AOT 的散点图。从图中可以看出：①从相关系数看，在 8 个 AERONET 站点中，MODIS _ C005 的 AOT550 与 AERONET 的 AOT550 间的相关系数均在 0.8 以上，且斜率接近 0.9，说明在该区域 MODIS _ C005 与 AERONET 的 AOT550 有着很好的相关性且数值非常逼近；②从截距看，在 8 个站点中，除千岛湖外，其他 7 个站点的截距都是大于 0 的，说明 MODIS 数据在华东区域具有系统偏差，略高于地面观测值，与夏祥鳌（2006）研究结果一致；③NASA 对于陆地上 MODIS 气溶胶光学厚度规定的误差范围为 $\pm(0.05+0.15)\tau$，其中 τ 是指气溶胶光学厚度。验证结果中超过 65% 的点在规定误差范围内，满足 NASA 要求的 65%，说明 MODIS _ C005 的 AOT 在我国华东地区可信度高。

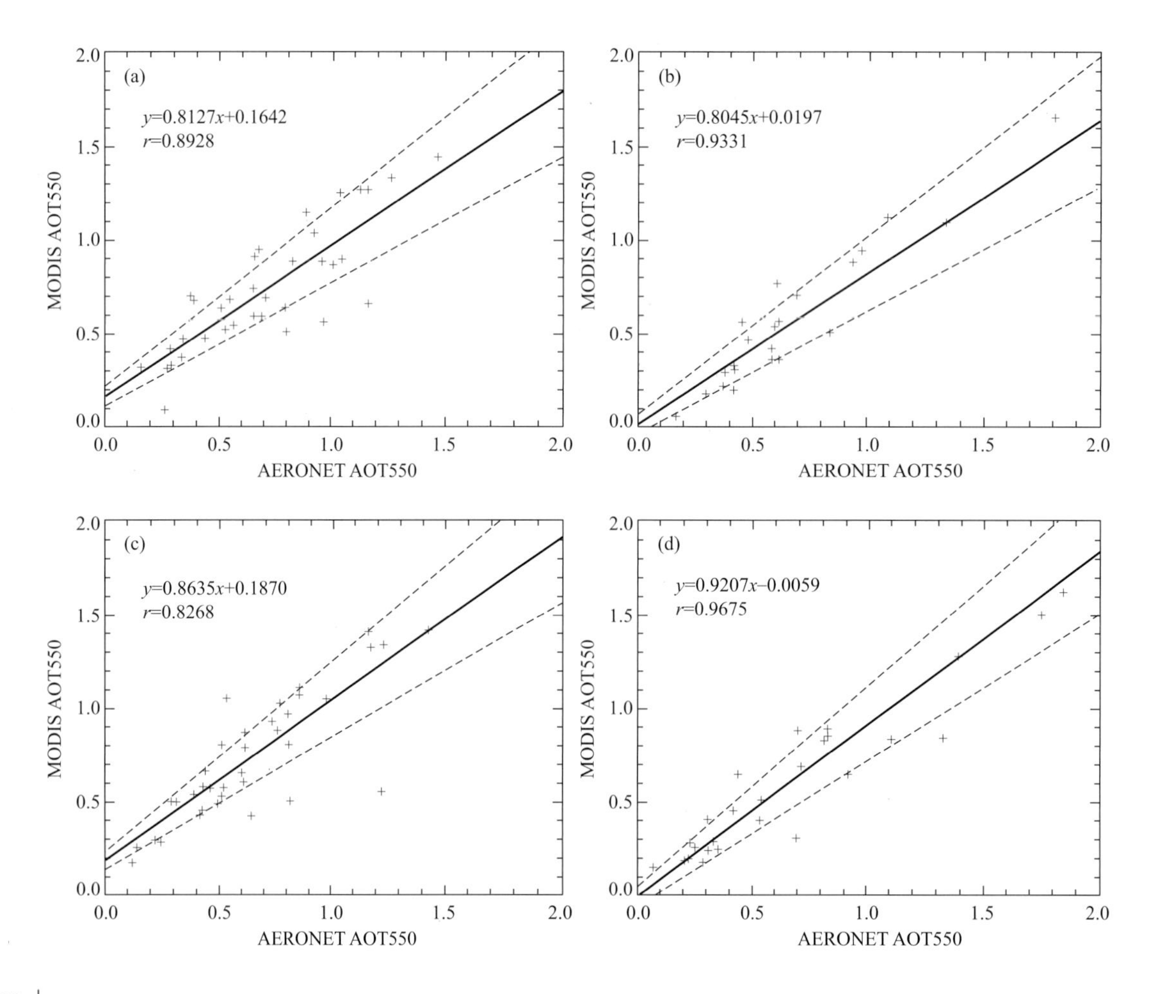

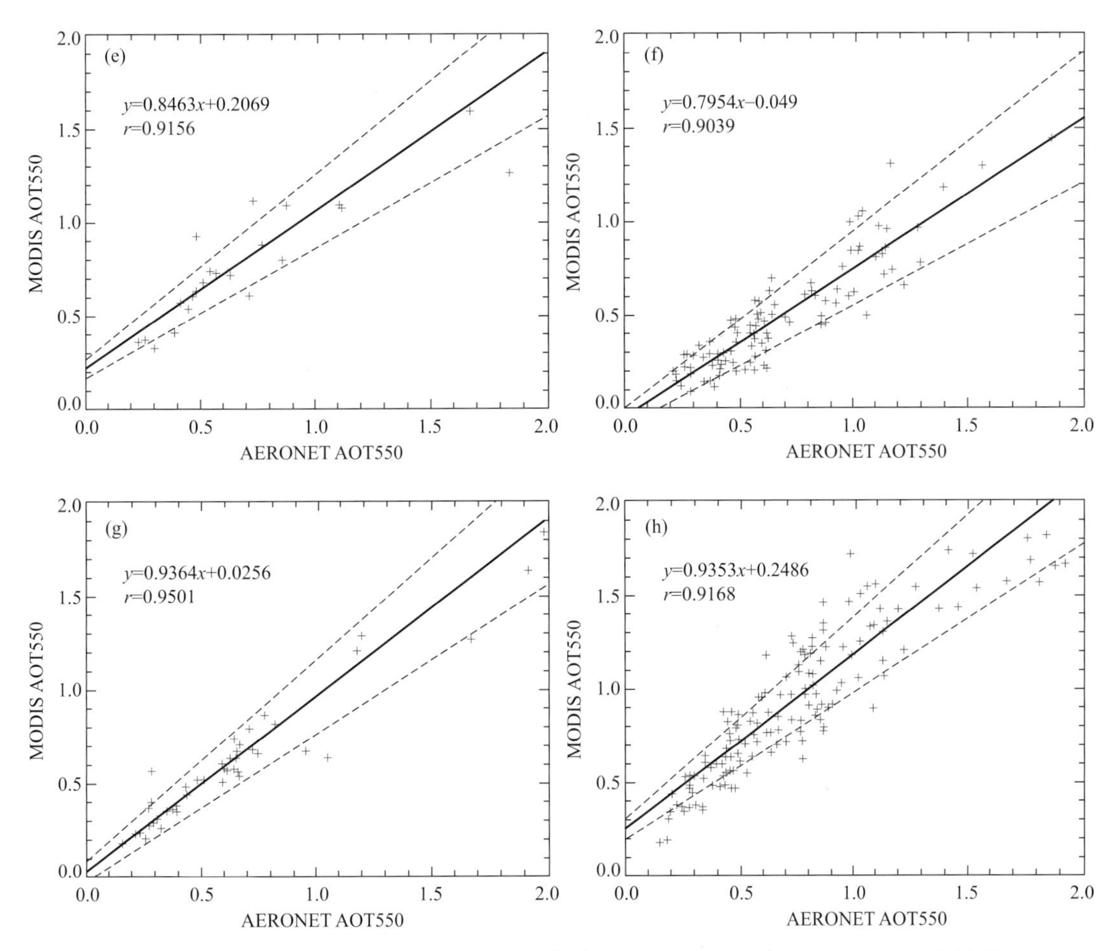

图 5.3 550 nm 处 MODIS 气溶胶光学厚度（MODIS AOT550）和 AERONET 气溶胶光学厚度（AERONET AOT550）线性拟合结果

（a—h 分别为杭州、杭州_ ZFU、合肥、宁波、南京（南京信息工程大学）、千岛湖、寿县、太湖）

5.2.2 华东地区气溶胶光学厚度分布

华东地区（23°—39°N，113°—123°E）包括 6 省 1 市。图 5.4 是华东地区 2000—2008 年平均的 550 nm AOT 的季节分布。图 5.5 是与图 5.4 范围一致的华东地区地形图。对照图 5.4 和图 5.5，可以看出 AOT 的分布与地形有非常密切的关系。AOT 大于 0.5 的高值区主要集中在海拔高度较低的平原地区，如华北平原、长江三角洲和鄱阳湖平原等。低值区大都分布在海拔高度相对较高的山区，如山东中南部山脉群、大别山区、皖南山区以及福建全省等。

从气溶胶光学厚度的总体分布来看：①华北被太行山山脉分割为西北部的 AOT 低值区和东南部的 AOT 高值区，且高值区伸向东南的平原地区；②由于受西风环流影响及泰山等山脉群阻挡作用，山东东南部的 AOT 常年为低值区；③经济发达的长江三角洲地区，大量的工业排放对大气污染产生显著的影响，造成该区域 AOT 终年很高，且影响到周边地区，形成高值区；④大别山区和皖南山区，由于地形的屏障作用且本地人为排放源强低，始终是 AOT 低值区；⑤鄱阳湖平原地势是中间低四周高，局地生成的气溶胶无法输送出去，使得

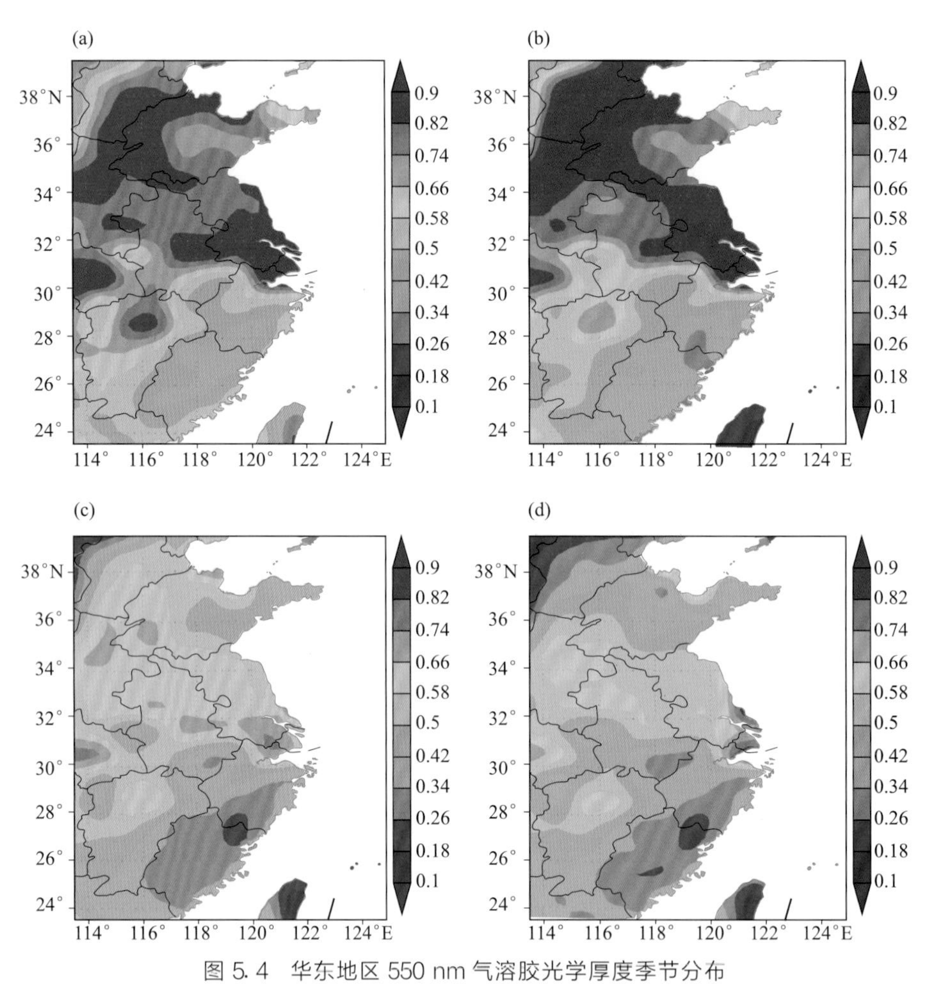

图 5.4 华东地区 550 nm 气溶胶光学厚度季节分布

（a）春季；（b）夏季；（c）秋季；（d）冬季

该区域常年为高值区；⑥与江西相邻的福建省，由于武夷山脉的抬高作用，且植被好、人为排放量低、雨水较多等因素，全省 AOT 一直都很小。从上述分析可以看出，独特的地形分布和气候条件造成了华东地区 AOT 北高南低的分布特征。

从季节变化上来看，华东地区 AOT 的四季变化非常明显。春季，由于北方沙尘的影响，华北平原大部区域 AOT 大于 0.8，在一年中仅次于夏季。人类活动造成长江三角洲的 AOT 始终大于 0.8，其中心区域大于 0.9，大值区覆盖了江苏南部、安徽北部以及上海。由于地形的作用，大别山区 AOT 都在 0.5 以下；皖南山区到福建全省连成一片，AOT 都小于 0.4；鄱阳湖平原的 AOT 中心值大于 0.8，出现一年中的最大值。夏季，相对湿度较高，与春季比较，北部 AOT 有所增加，而南部 AOT 有所减小。长江三角洲气溶胶在夏季风的输送下，通过狭长的平原通道到达华北平原，大值区范围扩大到江苏全省，使得华北平原 AOT 达到一年中的最大值，中心范围扩大。同时，山东中南部的低值区东缩，中心范围有所减小。而在南部区域，大别山区低值中心有所减小；皖南山区及福建全省地区的 AOT 低值区范围西伸，进入江西东部；鄱阳湖平原的高值中心强度也有所削弱。秋季和冬季，AOT 的分布形势和春、夏季相似，所有 AOT 中心的强度都有明显的减弱，冬季的 AOT 达到一年中的最小值。

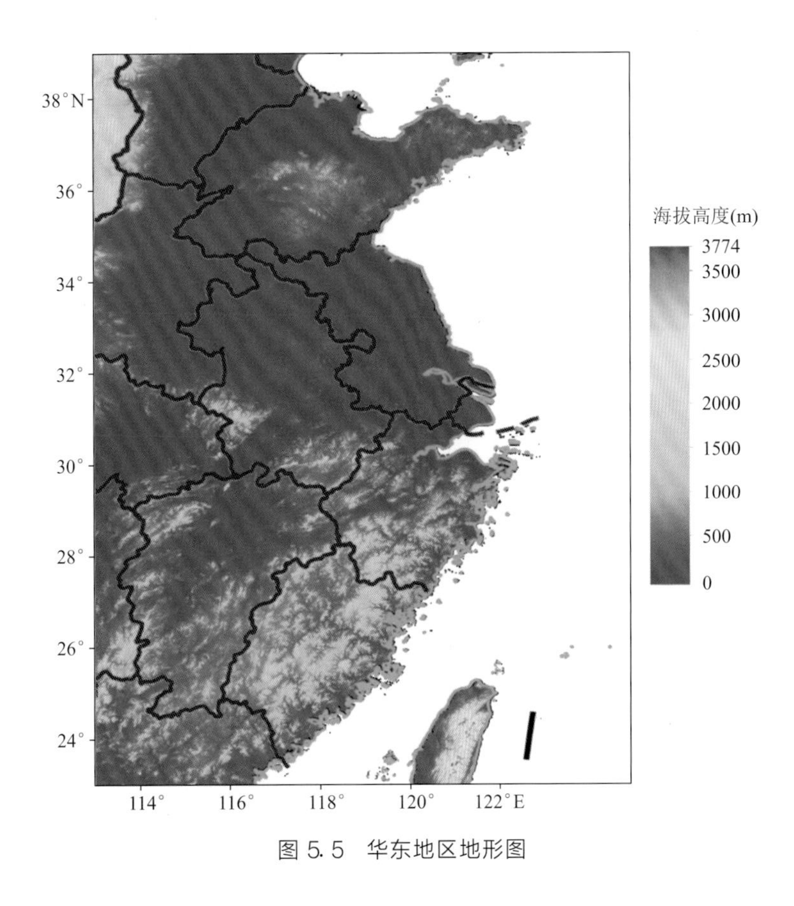

图 5.5　华东地区地形图

5.2.3　华东地区气溶胶小颗粒比例（FMF）分布

由于人为气溶胶，如硫酸盐等，主要是小颗粒气溶胶；而自然气溶胶如沙尘和海盐，主要是大颗粒气溶胶。所以 FMF 还可以用来区分人为气溶胶和自然气溶胶。图 5.6 是小颗粒比例的季节变化，可以看出：FMF 在冬、春的分布非常相似，在长江以北的广大区域，FMF 都非常小，其值大部分在 0.2 以下，这说明该区域主要受北方沙尘气溶胶的影响，北方沙尘借助西风输送到我国东部，使得这些地区的气溶胶主要以自然产生的大颗粒沙尘粒子为主。而长江以南区域 FMF 值明显高于北部区域，除了鄱阳湖平原外，FMF 都大于 0.3，明显是受到自然气溶胶和人为气溶胶的共同作用。而在夏、秋季，FMF 值在整个区域明显增加，尤其是夏季，达到一年中的最大值，FMF 值大多在 0.6 以上，说明夏季气溶胶主要以人类活动产生的小颗粒气溶胶为主，这可能与夏季降水和夏季风的共同作用有关。夏季风的盛行使得北方沙尘无法到达华东地区，同时由于夏季为一年中降水最大的季节，由于雨水的冲刷，大颗粒的自然气溶胶被清除，大气只保留了人为的小颗粒气溶胶粒子。同时还要注意，在鄱阳湖平原和长江三角洲地区常年存在 FMF 低值中心，这可能与地形以及人类活动有关，说明在东部人口稠密经济发达的地区，燃烧产生的有效半径较大的吸收性气溶胶比周边地区要高很多（李成才等，2003b）。而福建中部、浙江中部、大别山区和皖南山区常年存在 FMF 高值区，说明地形对于气溶胶的尺度分布具有一定的影响，说明在重力作用下，粗粒子主要集中在低海拔高度。

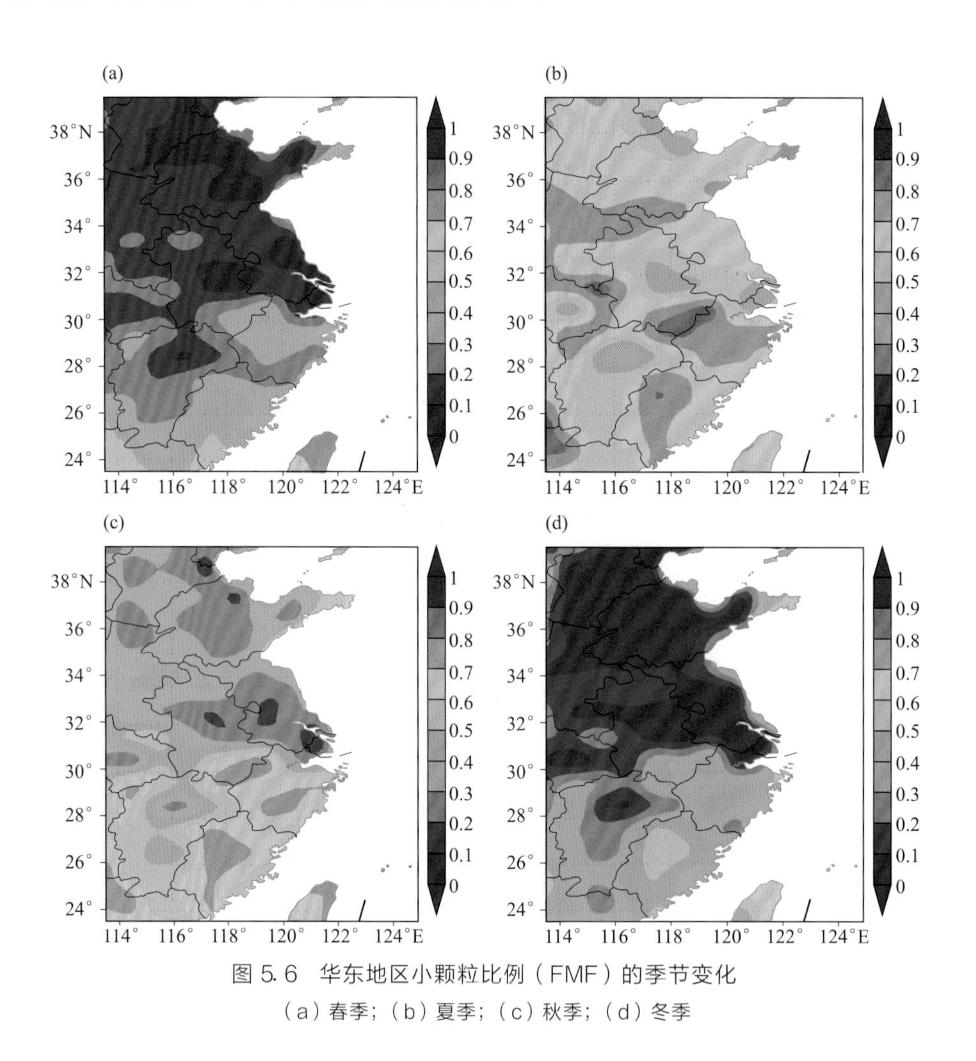

图 5.6 华东地区小颗粒比例（FMF）的季节变化

（a）春季；（b）夏季；（c）秋季；（d）冬季

5.2.4 华东地区气溶胶光学厚度和小颗粒比例时间变化特征

图 5.7、图 5.8 分别是华东地区平均的 AOT 与 FMF 时间序列。从逐月的时间序列看，AOT 与 FMF 变化均呈现出一年周期震荡，在 2 个峰值之间出现单调增或减的趋势，四季转换明显。AOT 在每年的春、夏季相对较高，其中 5、6 月可以达到最大，而在秋、冬季相对较小，最小值一般出现在 11、12 月。同时从年际变化来看，AOT 具有明显的逐年增长趋势，说明由于频繁的人类活动及工业生产，造成了气溶胶排放的不断增加。FMF 与 AOT 的月际变化趋势不同，在每年夏季的 7、8、9 月达到最大，而在冬、春季达到最小。图 5.8 为多年区域平均的 AOT 和 FMF 月际变化，其变化规律与图 5.7 相似，AOT 的季节转化非常明显，在春、夏季相对较大，尤其是在 6 月达到最大；在秋、冬季相对较小，在 12 月达到最小。FMF 的变化也是四季分明，在夏、秋季相对较大，在 8 月达到最大；在冬、春季相对较小，在 4 月达到最小。可见，AOT 与 FMF 两者变化并不一致，说明在不同季节气溶胶的组成成分是不同的。通过以上分析，可以看出华东地区气溶胶光学厚度和气溶胶尺度分布存在显著的季节变化。

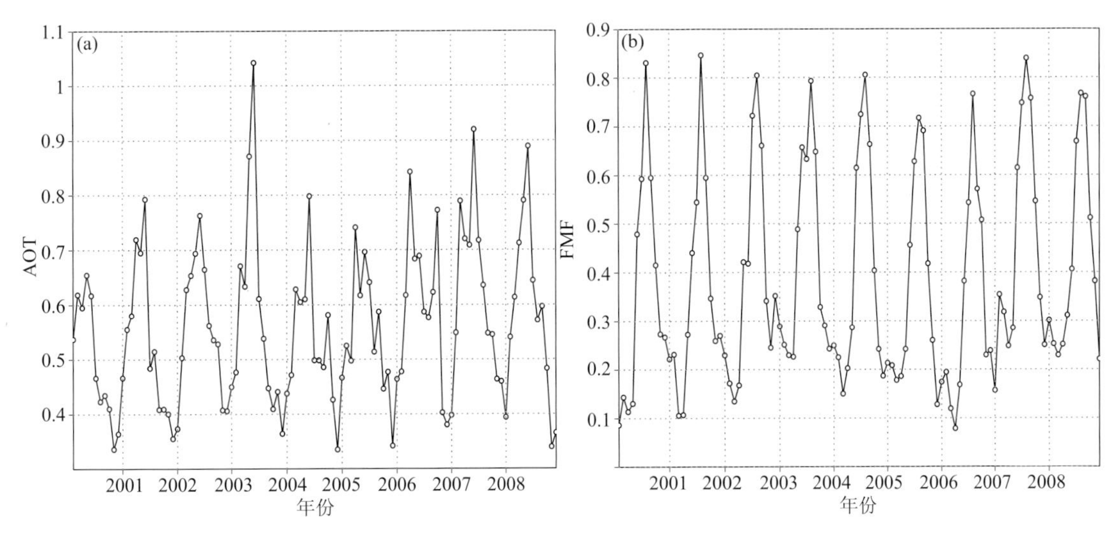

图 5.7　华东地区 550 nm 气溶胶光学厚度（AOT,（a））和小颗粒比例（FMF,（b））月际变化

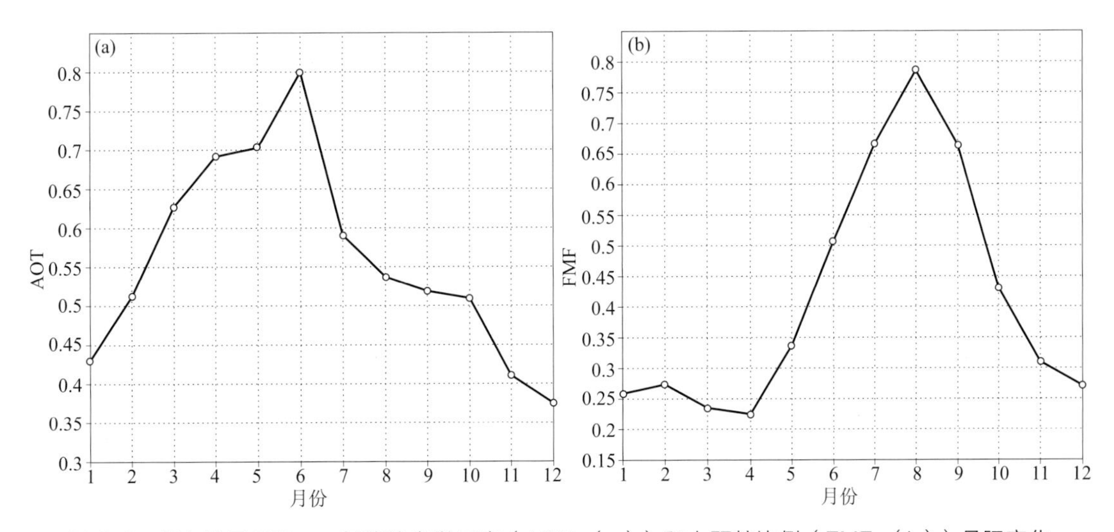

图 5.8　华东地区 550 nm 气溶胶光学厚度（AOT,（a））和小颗粒比例（FMF,（b））月际变化

5.3 安徽气溶胶粒子空间分布特征

5.3.1　安徽省 AOT 空间分布

图 5.9 给出了安徽 2011—2015 年平均 AOT 分布。对照安徽地形图，可见 AOT 分布与地形密切相关，地势越低 AOT 越大，大别山区和江南为 AOT 低值区，而沿江和大别山东侧到沿淮淮北为 AOT 高值区。具体而言，沿江江北大部分地区 AOT 在 0.6～0.7，局部大

于 0.7，大别山区和江南大部低于 0.4。

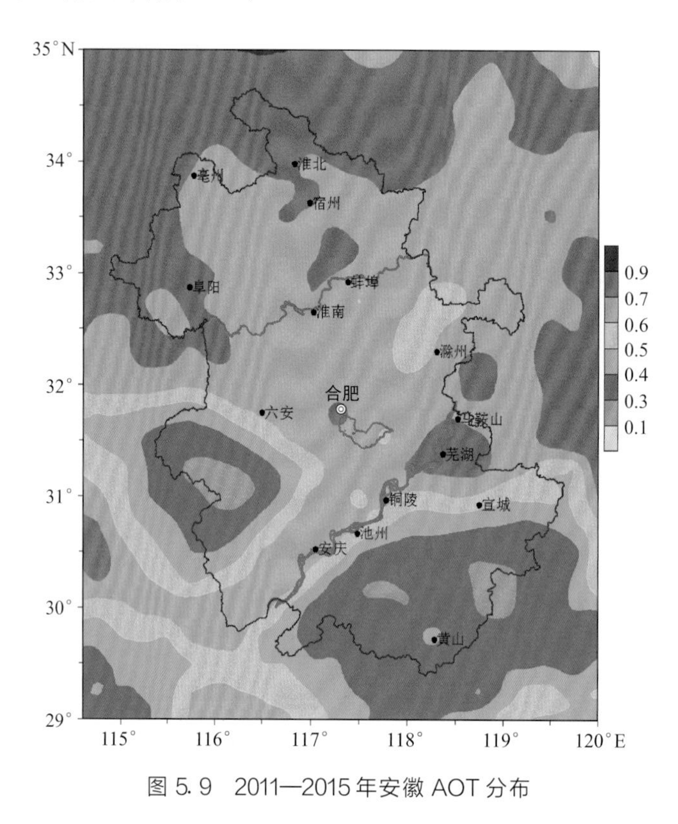

图 5.9　2011—2015 年安徽 AOT 分布

5.3.2　区域性霾天气溶胶污染水平分布特征

在讨论区域性霾的时候，我们将安徽分为沿淮淮北、江淮之间和沿江江南三个子区（图 3.9）。为便于深入了解区域性霾日的气溶胶粒子污染特征，定义了区域性晴空天（3.2.4 节）。图 5.10 给出了 3 个子区分别为霾天和晴空天的平均 AOT 分布，具体到每个子区的不同天气状况下，每一个子区霾天与晴空天 AOT 的差异都很明显，霾天 AOT 均大于 0.9，晴空天低于 0.5，可见区域性霾天属于气溶胶粒子污染比较严重的情况。沿淮淮北为霾天时，江淮之间的 AOT 值也较高，大别山以外的地区均大于 0.7；江淮之间为霾天时，沿淮淮北的 AOT 也大于 0.9，但大别山区的 AOT 均值低于 0.5，这是因为有同一天 2 个子区都属于区域性霾天的情况，即江北区域性霾天；沿江江南的霾天，从沿淮西部经江淮之间中部到沿江地区 AOT 都大于 0.9，但江南南部 AOT 在 0.4～0.6，黄山市略大于 0.6，但相比另外 2 个子区的霾天情况，江南的 AOT 均值变大。可见，当沿江江南出现区域性霾天，江淮之间也可能存在部分霾区，但江南大部分地区不一定为霾区。对任一子区的晴空天，AOT 低于 0.5，江南南部和大别山区 AOT 低于 0.3。为得到霾天与晴空天 AOT 的比值，分别取以宿州、合肥、池州和黄山市为中心 1°×1°范围，计算 5 年平均、霾天与晴空天的均值及霾天与晴空天的比值（表 5.1）。江北晴空天的 AOT 在 0.4～0.5，霾天为 0.9～1.1，沿江江南略低，但是霾天与晴空天 AOT 的比值比较接近，在 2.2～2.3。5 年平均，AOT 由北向南递减，霾天均值与年均值的比值也是由北向南递减。

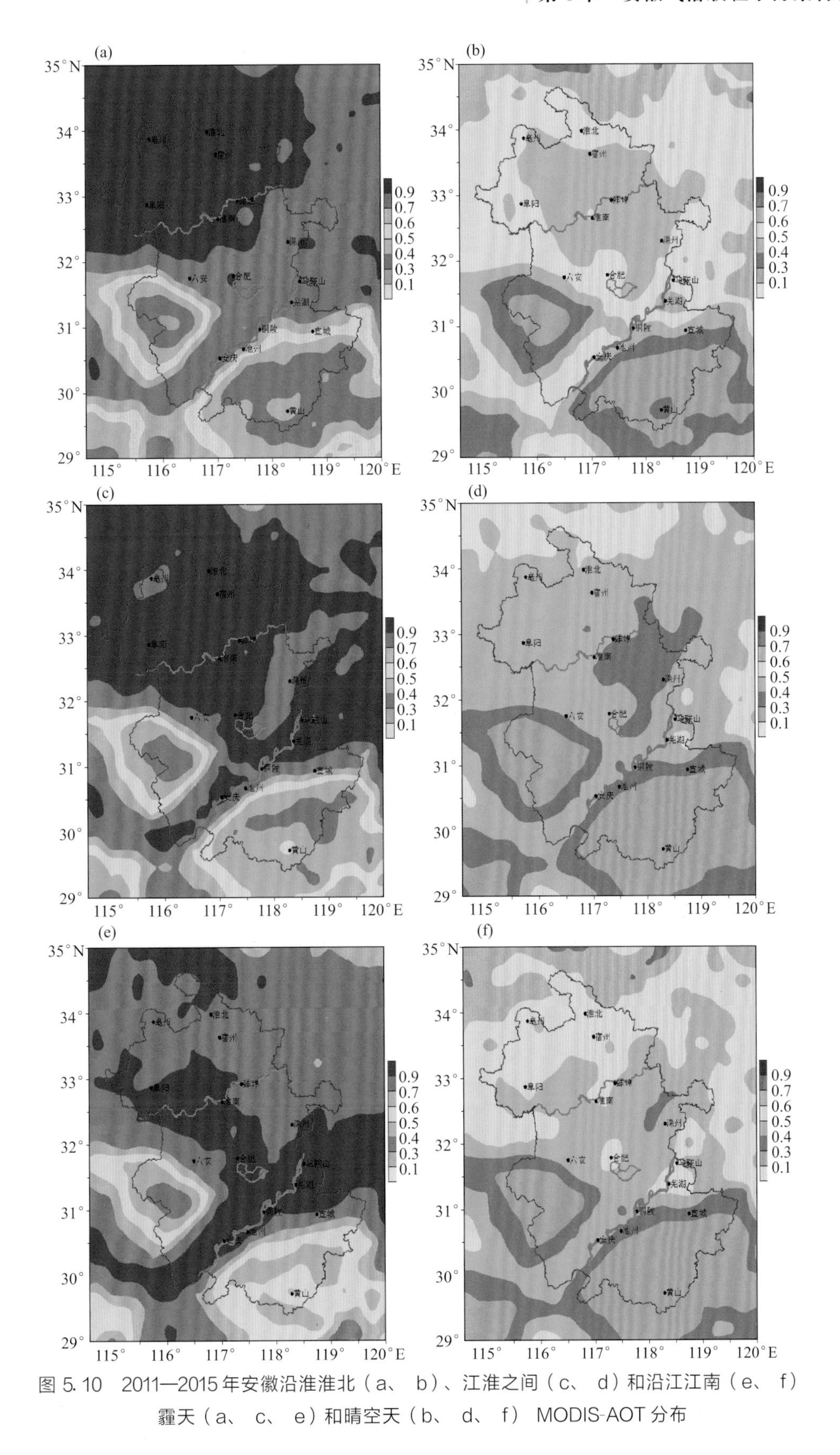

图5.10 2011—2015年安徽沿淮淮北（a、b）、江淮之间（c、d）和沿江江南（e、f）霾天（a、c、e）和晴空天（b、d、f）MODIS-AOT分布

表 5.1 不同子区区域性霾天与晴空天 AOT 典型值及其比值

子区:城市	5 年平均	晴空天 AOT	霾天 AOT	霾天/晴天	霾天/平均
沿淮淮北:宿州	0.69	0.48	1.10	2.31	1.6
江淮之间:合肥	0.66	0.42	0.96	2.23	1.4
沿江江南:池州	0.54	0.34	0.76	2.22	1.4
沿江江南:黄山	0.45	0.24	0.45	1.88	1.3

5.4 不同天气条件下大气气溶胶粒子垂直分布特征

气溶胶粒子浓度垂直分布直接影响其消光系数，气象因子对气溶胶浓度垂直分布也有很大影响（杨东贞等，2002），就是说气溶胶粒子消光系数的垂直分布能反映气溶胶粒子的垂直分布特征和气象条件，如大气层结。作为省会城市，合肥的年霾日数、重污染天数一直居全省各城市之冠（石春娥等，2016a，2017b），当江淮之间为区域性霾天，合肥基本上都是霾天，但反之不一定。因此，根据污染等级或者霾的严重程度，将合肥的有效样本进行分类，基于 2013 年董铺岛的激光雷达探测数据（Wu et al.，2011）和 CALIPSO 卫星监测数据统计分析了不同天气条件下气溶胶消光系数垂直分布特征（于彩霞等，2017；石春娥等，2018）。

5.4.1 基于 CALIPSO 探测的合肥气溶胶粒子垂直分布特征

通过对筛选出的霾日、晴日样本统计分析（于彩霞等，2017），得到合肥 0～4 km 范围内气溶胶粒子消光系数的垂直廓线（图 5.11）。霾日、晴日气溶胶消光系数均随高度减小。霾日消光系数垂直变化显著，污染物聚集于近地层，近地层最大消光系数约为 0.55。晴日消光系数的垂直变化较小，且无明显的聚集层，近地层最大消光系数约为 0.23。

2 km 以上霾日和晴日的气溶胶消光作用无明显差别。在 2 km 以下同一高度霾日的气溶胶消光系数均明显大于晴日，说明霾发生时气溶胶粒子主要分布在低层大气中（0～2 km）。在 1～2 km 范围内，霾日气溶胶消光系数在 0.12～0.34 之间，非霾日在 0.07～0.15 之间，霾日消光系数约为非霾日的 2 倍。在 0～1 km 范围内霾日和晴日差异更显著，霾日气溶胶消光系数在 0.33～0.56 之间，非霾日在 0.15～0.23 之间，同一高度霾日消光系数约为非霾日的 3 倍，说明合肥霾发生时气溶胶粒子虽然可以扩散到 2 km 高度的大气中，气溶胶粒子含量增多导致消光系数增大，但在 1 km 以下的气溶胶粒子对大气的消光作用更为显著，从而导致大气能见度明显下降。

虽然大气气溶胶粒子分布可以从地面延伸到高空，但大多聚集于近地面层 0～2 km 内。CALIPSO 在合肥过境时间分为白天和夜间，进一步对霾日、非霾日的夜间、白天 4 种情况下合肥近地层（0～2 km）的气溶胶消光系数垂直分布进行统计（图 5.12）。在夜间，低层

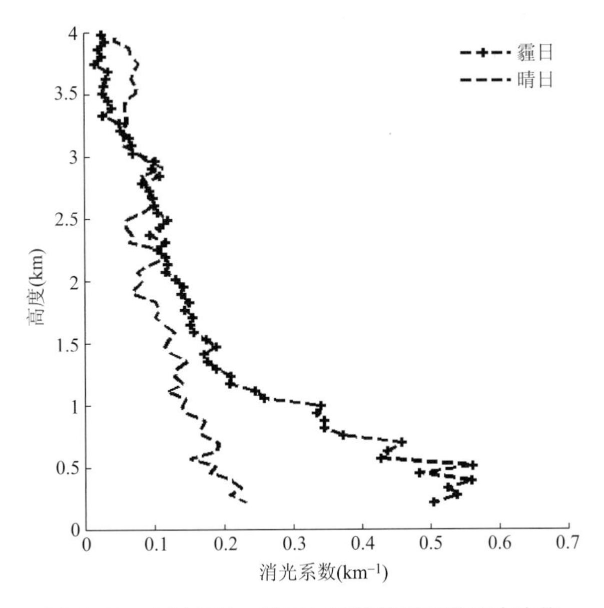

图 5.11　合肥霾日、晴日气溶胶消光系数垂直廓线

大气消光系数最大，气溶胶消光系数随高度减小，即夜间地面气溶胶浓度较高。霾日夜间最大消光系数约为 0.55，污染物聚集在 0.5 km 以下。霾日白天最大消光系数为 0.67，污染物聚集在 0.3～0.7 km，明显高于夜间。这可能是由于白天湍流运动较强，混合作用充分，污染物因此被抬升，而在夜间混合作用减弱，或是由于夜间逆温层的出现导致气溶胶粒子在低层聚集。另外，我们对霾天的定义用的是白天三个时次能见度和相对湿度，所以，有霾日夜间消光系数低于白天的情况。

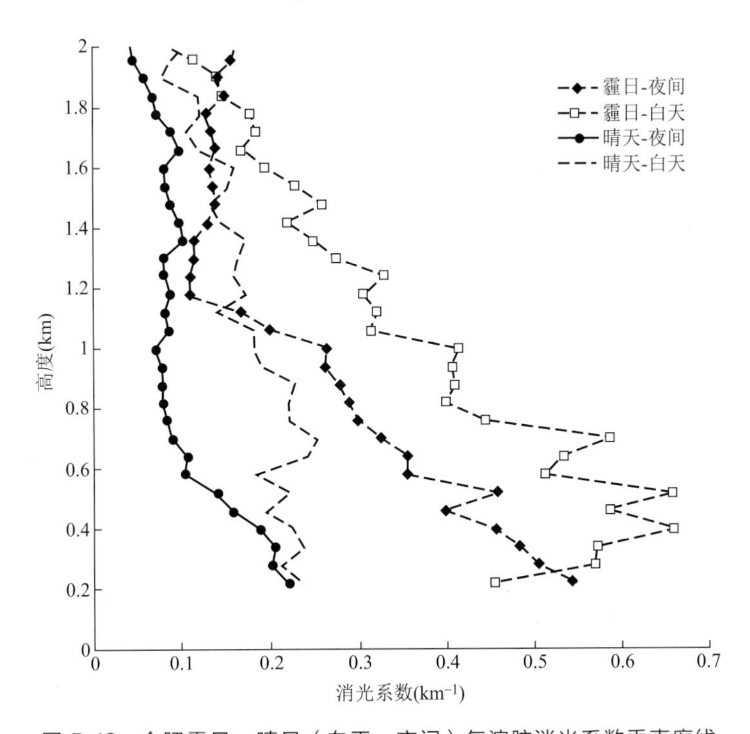

图 5.12　合肥霾日、晴日（白天、夜间）气溶胶消光系数垂直廓线

霾日与晴日气溶胶消光系数差异最为明显的是在 1 km 以下高度内。平均来说，霾日白天消光系数为非霾日白天的 3 倍，说明霾时的气溶胶粒子聚集在低层大气 0～1 km 内。

5.4.2 基于地基激光雷达的合肥气溶胶粒子垂直分布特征

根据第 3 章的定义，将 2012—2013 年合肥的有效样本分为区域性霾天（42 d）、非区域性霾天（普通霾天，153 d）和晴空天（77 d），统计发现合肥区域性霾天能见度普遍较低（均值和中位值都是 4.1 km；最大 6.67 km，仅 9 d 大于 5 km，2 d 大于 6 km），普通霾天能见度一般在 5～10 km（均值和中位值都是 7 km；最小 4 km，仅 16 d 低于 5 km）。

图 5.13 给出了 3 类天气下 14 时和 02 时消光系数的垂直廓线。由图 5.13 可见，白天，3 类天气条件下消光系数的差别主要发生在 0.8 km 以下，近地面（0.2 km 以下），3 类天气的消光系数分别为 0.2～0.3（晴空天）、0.3～0.5（普通霾天）和 1.0～1.2（区域性霾天）。0.2～0.8 km，晴空天消光系数随着高度缓慢增加，但基本上在 0.3 附近；普通霾天消光系数随高度变化不大，维持在 0.5～0.6；区域性霾天的消光系数在 0.4 km 以下随高度上升，在 0.4 km 附近达到 1.3 以上，从 0.4 km 左右到 0.8 km 高度，急剧下降，从 1.3 左右下降到 0.3 附近。晚上，3 类天气条件下消光系数的差异主要在 0.7 km 以下，近地面（0.2 km 以下），3 类天气的消光系数分别为 0.2～0.3（晴空天）、0.6～0.7（普通霾天）和 1.35～1.5（区域性霾天），从近地面到 0.7 km 左右，晴空天消光系数随高度略有上升，霾天气溶胶消光系数随高度递减，说明霾天夜间的大气层结均比较稳定，扩散条件差，污染物被限制在近地层。

各类天气近地面消光系数大小说明区域性霾天比普通霾天污染更为严重，0.2 km 以下区域性霾天的消光系数是普通霾天的 2（白天）～2.5（夜间）倍，是晴空天的 3（白天）～5（夜间）倍。普通霾天和区域性霾天的消光系数随高度分布形势有差异，反映了气象条件和气溶胶来源的差异，有待在今后的工作中进一步深入研究。

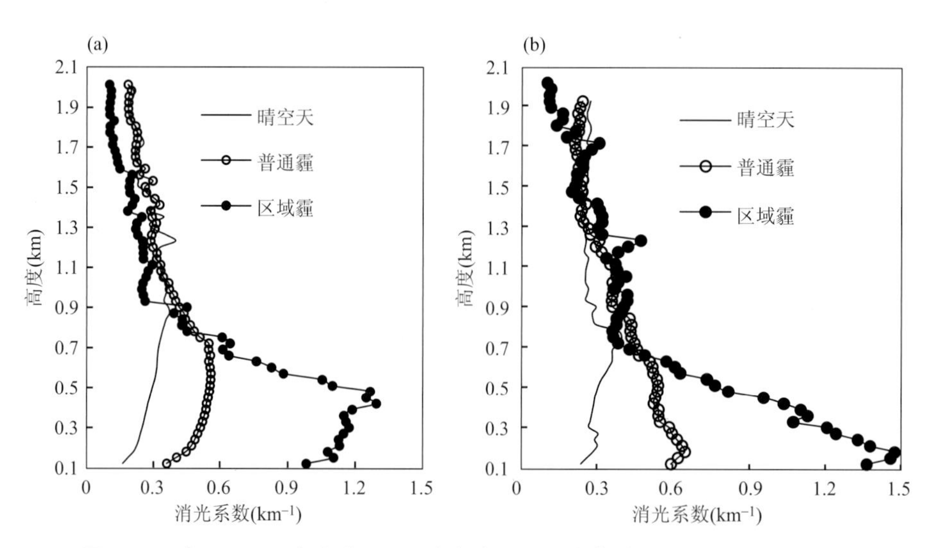

图 5.13　合肥不同天气条件下 14 时（a）和 02 时（b）的平均消光系数廓线

5.5 合肥市气溶胶污染特征

5.5.1 合肥 PM_{10} 质量浓度时空分布

2009年之前，合肥仅有4个环境监测站，3个位于城区，1个位于市郊，即作为清洁对照点的董铺水库站；2010年开始，增加到10个站点（图5.1）。为考虑连续性和可比性，我们用多种方法分析了合肥 PM_{10} 质量浓度的年际变化和月际变化。

（1）年际变化

图5.14给出了用不同站点得到的2000—2018年合肥 PM_{10} 年均质量浓度变化趋势。由图可见，2010年之后，城区3站平均与9站平均非常接近，9站平均与3站平均相比，偏差一般低于5%，9年中仅2011年略大于5%。城区和郊区 PM_{10} 年均质量浓度变化趋势一致，如城区3站平均与董铺水库站相关系数为0.73。郊区低于城区，与3站平均相比，郊区（董铺水库站）比城区低6%（2012年）～40%（2006年），但2013年之后，城郊差别在减小，基本维持在7%～12%。

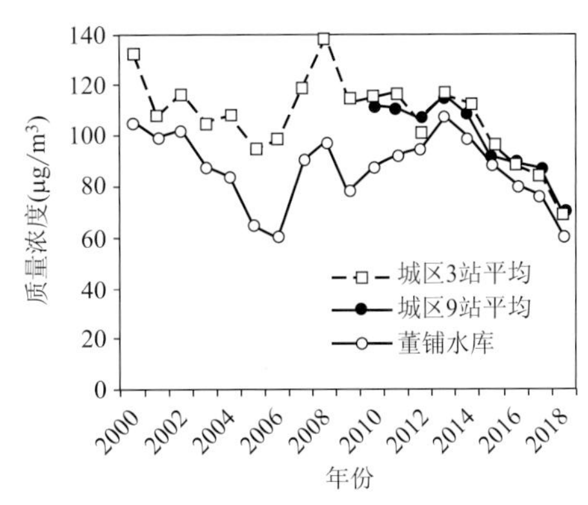

图5.14 2000—2018年合肥市 PM_{10} 年均质量浓度

从年均质量浓度变化趋势看，2000—2018年可以分为3个阶段：①2000—2006年，PM_{10} 质量浓度持续下降，城、郊差异呈增大的趋势，城区和郊区 PM_{10} 质量浓度各自下降了26%和44%；②2007—2013年，城区和郊区变化趋势略有差异，总体上呈上升趋势，中间有波动，2006—2007年 PM_{10} 质量浓度大幅度上升之后，除了2012年，城区基本上维持在115 μg/m³ 以上，郊区都在75 μg/m³ 以上，且自2009—2013年，呈稳步上升趋势；③2014—2018年，合肥市城区和郊区 PM_{10} 年均质量浓度均呈逐年下降的趋势，从2013—2018年，城区和郊区 PM_{10} 质量浓度各下降了41%和44%。

（2）月际变化

分段计算了城区和郊区 PM_{10} 月均质量浓度（图5.15）。两个年代的城区和郊区，PM_{10} 质量浓度季节变化趋势基本一致，夏季低、冬春季高，7、8月为谷底，郊区比城区低；不同之处，21世纪00年代，5月、10月比1月、12月大；21世纪10年代，1月、12月比5月、10月大，反映了秸秆禁烧的效果。21世纪00年代城、郊差大于21世纪10年代，21世纪00、10年代城区3站平均的质量浓度分别为113 μg/m³ 和100 μg/m³，而郊区这2个年代都是87 μg/m³。21世纪00、10年代城区年均值比郊区分别大26.4 μg/m³（高30.4%）和12.9 μg/m³（14.8%），这反映了城市综合治理的效果。

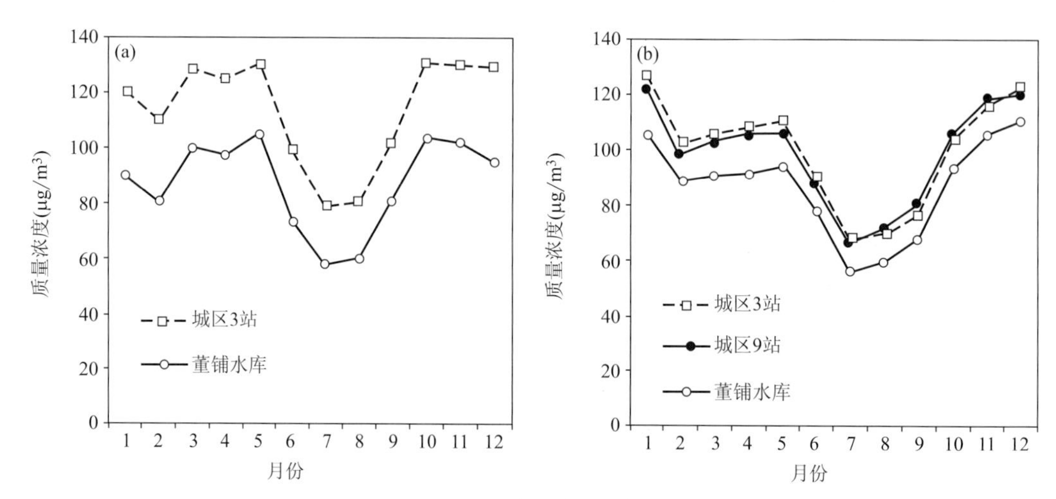

图 5.15　不同年代合肥城区和郊区 PM_{10} 月均质量浓度月际变化

（a）2000—2009 年；（b）2010—2018 年

（3）空间变化

2014—2018 年，合肥各站 PM_{10} 平均质量浓度分布见图 5.16。结合图 5.1，可见合肥 PM_{10} 质量浓度呈东北高、西南低的分布形势，如位于东北部的庐阳区、瑶海区最高，分别为 97.7 $\mu g/m^3$ 和 97.4 $\mu g/m^3$，位于合肥中部的长江中路、包河区、三里街居中，也都高于 90 $\mu g/m^3$，西南部的高新区最低，为 80.7 $\mu g/m^3$，略低于董铺水库（80.8 $\mu g/m^3$）。

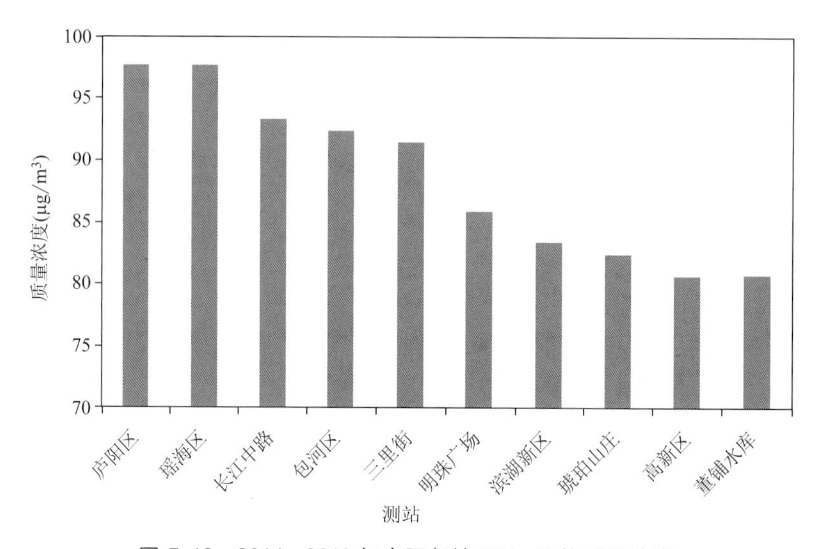

图 5.16　2014—2018 年合肥各站 PM_{10} 平均质量浓度

5.5.2　合肥 $PM_{2.5}$ 污染特征

合肥 $PM_{2.5}$ 常规监测始于 2013 年。首先给出 2013—2018 年 $PM_{2.5}$ 年均质量浓度变化趋势，然后给出基于 2013—2015 年资料分析的合肥市 $PM_{2.5}$ 的污染特征，包括年际、季节变化、空间分布、离子成分等。

5.5.2.1　$PM_{2.5}$ 质量浓度时空分布及变化规律

2013—2018 年，合肥市区 $PM_{2.5}$ 年均质量浓度呈逐年下降的趋势，2013 年最高，为 86.9 μg/m³（图 5.17），高于生态环境部给出的二级质量浓度限值（35 μg/m³）2 倍；2018 年最低，为 47.8 μg/m³，超过二级质量浓度限值约 50%。郊区比市区低，但后 4 年城郊差与前 2 年相比显著减小。

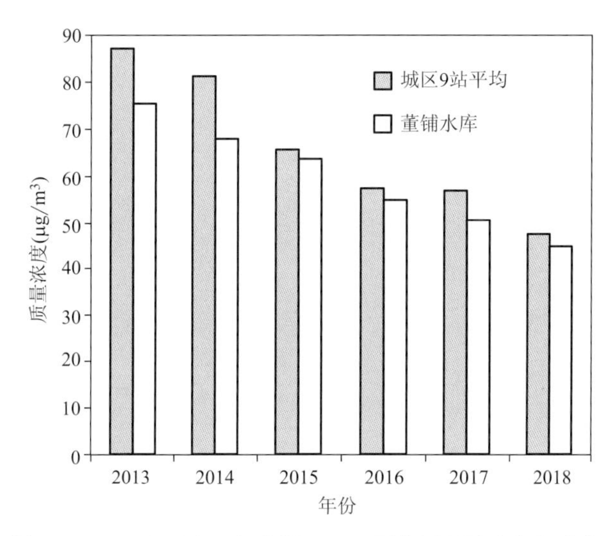

图 5.17　2013—2018 年合肥 $PM_{2.5}$ 平均质量浓度年际变化

2013—2015 年，$PM_{2.5}$ 质量浓度的季平均值夏季（6—8 月）最低，冬季（12 月—次年 2 月）最高，冬季略高于夏季的 2 倍，春季（3—5 月）、秋季（9—11 月）比较接近（图 5.18）。中位值略低于均值，与均值的季节变化趋势一致。中位值和均值几乎都位于样本数值范围的中间位置（即离上下四分位的距离接近相等）。从全年情况看，中位值为 67 μg/m³，略低于日均质量浓度分级中轻度污染的限值（75 μg/m³）。$PM_{2.5}$ 日均质量浓度最低可以到 10 μg/m³ 以下，最大值超过 350 μg/m³。

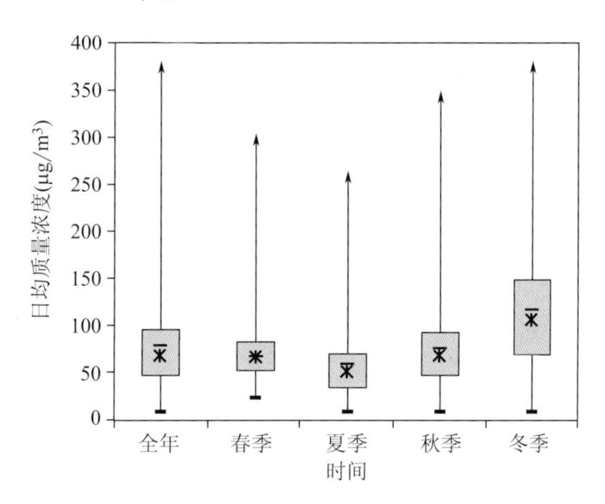

图 5.18　2013—2015 年合肥市 $PM_{2.5}$ 日均质量浓度分布的箱线图

（三角表示最大值，下面的横线表示最小值；长方形中的星号表示中值，横线表示均值；长方形的下、上边分别为第一、三四分位值）

除了一级空气质量日（优），$PM_{2.5}$ 质量浓度均存在明显的日变化，且污染等级越高，$PM_{2.5}$ 质量浓度日变化曲线越明显。在轻度以上污染日，日变化曲线呈现明显的双峰分布，两个峰值分别在 09 时前后和 21 时，谷值出现在 15—16 时。两个峰值差别不大，峰值与谷值的差值分别为 27（轻度污染日）、39（中度污染日）和 33 μg/m³（重度污染日）。峰值的出现时间恰与早晚上下班高峰时段重合，交通高峰时人为排放相对增多，这个时间近地层逆温层尚未消失或正在形成，大气混合层高度较低，不利于污染物的扩散；而谷值出现时是一天中湍流发展最为旺盛、混合层厚度发展最为成熟、扩散条件最好的时段，且交通高峰尚未开始，交通造成的污染源相对较低。

图 5.19 显示中、重度污染日 $PM_{2.5}$ 质量浓度呈明显的双峰型变化，即使在午后谷底，平均质量浓度也在 170 μg/m³ 以上，超过重污染日平均质量浓度的限值（150 μg/m³）。另外，值得注意的是，随着污染程度加重，$PM_{2.5}$ 质量浓度早上峰值出现时间略有推后，如轻度污染日峰值出现时间为 08 时，中度污染日为 09 时，重度及以上污染日为 10 时，而谷值出现时间基本一致，都是 16 时。重污染日早上峰值时间推后可能与重污染主要出现在冬季有关，另外，也说明重污染与稳定大气边界层之间存在相互反馈的作用，具体机制有待进一步研究。

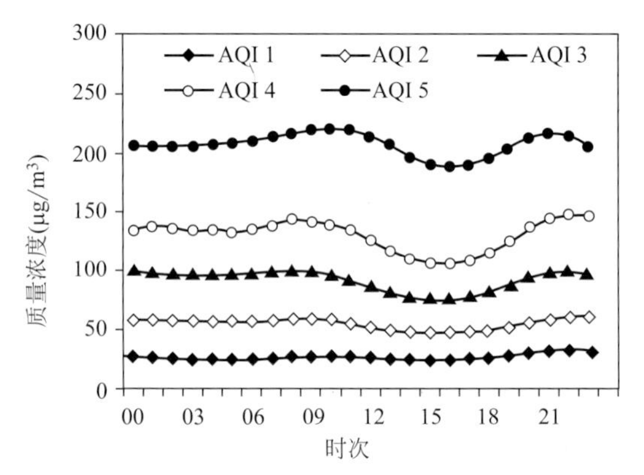

图 5.19 2013—2015 年各级空气质量日合肥市 $PM_{2.5}$ 质量浓度日变化（AQI 1—AQI 5 对应 $PM_{2.5}$ 分指数从优到重度污染）

2013—2015 年，合肥 $PM_{2.5}$ 日均质量浓度日际变化的范围较大，在合适的气象条件下，日增幅和日降幅均可超过 150 μg/m³，也就是说，空气质量等级的日际变化可以跨级，一天就可以从优良跨到重污染，也可以直接从重度污染变化到优良等级。图 5.20 给出了 $PM_{2.5}$ 日均质量浓度日际变化量的频率分布。由图可见，$PM_{2.5}$ 日均质量浓度日际变化量接近正态分布，峰值在 −10～10 μg/m³，占比 33%，变化幅度在 −30～30 μg/m³ 的天数达到 72%。3 年中，日增（减）量在 50 μg/m³ 以上的天数分别为 56 d（5.4%）和 68 d（6.5%）。对照气象资料，可以发现 $PM_{2.5}$ 质量浓度的陡升往往对应着能见度下降，平均风速在 1.0～2.0 m/s，且主导风向为偏南风以外的风向，或者平均风速低于 1.0 m/s 且无明显主导风向，这跟合肥霾天的情况相似（石春娥等，2014）；$PM_{2.5}$ 质量浓度的陡降往往对应着降水、大风，或者出现了偏南风，结合安徽及周边省份的污染源分布（Zhang et al.，2009；曹国良等，2011），这是可以理解的，说明合肥的 $PM_{2.5}$ 污染与来自西北、偏北和偏东北方向的输送有关。这些结论对开展空气质量预报有很好的指导意义。

合肥 10 个站 $PM_{2.5}$ 年均质量浓度见图 5.21。2013—2015 年，各站 $PM_{2.5}$ 年均质量浓度均呈下降趋势。这一方面说明污染控制措施有效，如根据《中国统计年鉴》，2014 年安徽及周边省份的 SO_2 排放量均低于 2013 年（http：//www.stats.gov.cn/tjsj/ndsj/），另外，2014 年开始安徽省实施了更加严格的秸秆禁烧的政策；另一方面，气象条件也有利于污染物的清除，2014、2015 年合肥的年降水量呈增长趋势。对照图 5.1 与图 5.21 发现，合肥 $PM_{2.5}$ 质量浓度存在明显的空间差异，东北高、西南低，清洁对照站点（董铺水库）最低。

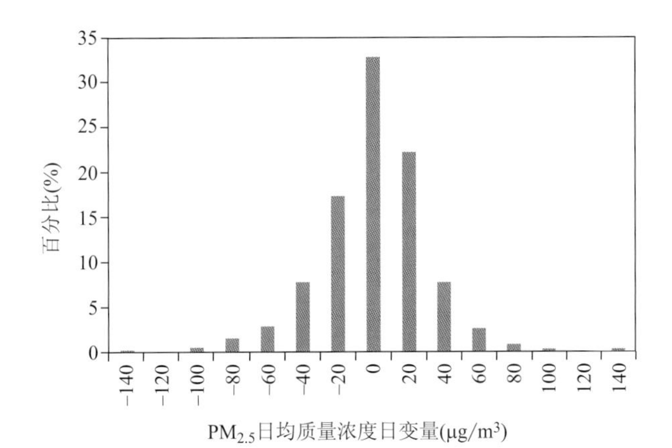

图 5.20　合肥 $PM_{2.5}$ 质量浓度日均值变化（后一天日均值减去前一天日均值）幅度频率分布（间隔 20 μg/m³，所有有效天数）

2013 年清洁对照站与市区站 $PM_{2.5}$ 平均质量浓度的差异最大，如瑶海区 $PM_{2.5}$ 平均质量浓度 94.8 μg/m³，董铺水库 $PM_{2.5}$ 平均质量浓度 76.3 μg/m³。与 2013 年相比，2015 年清洁对照站与市区站间的差异显著缩小，仅庐阳区和瑶海区 $PM_{2.5}$ 平均质量浓度略高于 70 μg/m³，其他市区站 $PM_{2.5}$ 平均质量浓度均低于 70 μg/m³，董铺水库 $PM_{2.5}$ 平均质量浓度 64.0 μg/m³。2015 年，位于市中心的长江中路站排名上升。

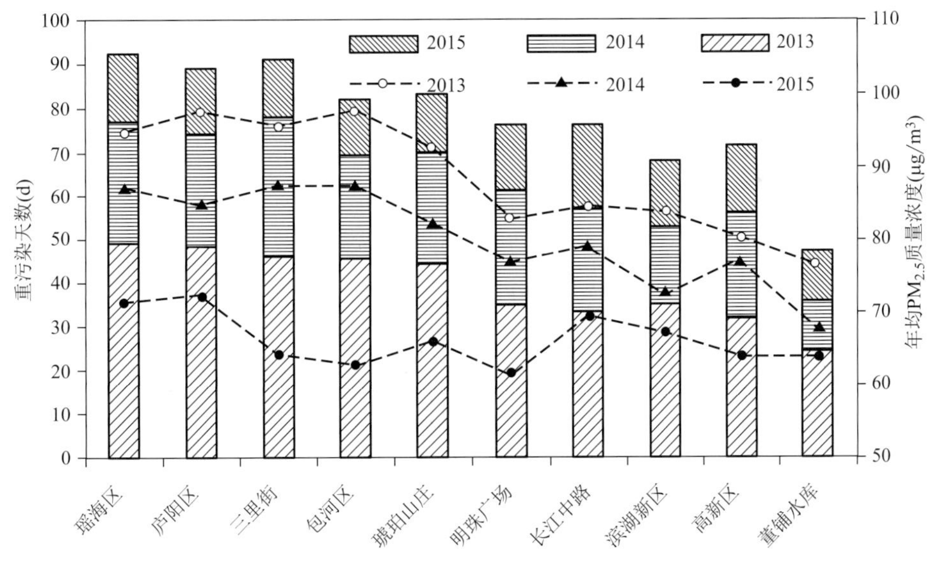

图 5.21　2013—2015 年合肥各站年均 $PM_{2.5}$ 质量浓度和 $PM_{2.5}$ 重污染天数（柱状为天数，折线为 $PM_{2.5}$ 质量浓度）

5.5.2.2　合肥市 $PM_{2.5}$ 质量浓度与其他污染物浓度的关系

大气中颗粒物种类繁多，来源复杂。既有自然源产生的沙尘颗粒、海盐、花粉粒子和人类活动直接排放的颗粒物（汽车尾气、秸秆焚烧、工厂燃煤）等一次颗粒物，又有气粒转换生成的硫酸盐、硝酸盐等二次颗粒物（吴兑，2013）。也就是说，$PM_{2.5}$ 与 CO、NO_2、SO_2、PM_{10} 等可以有共同的来源，NO_2、SO_2 又是 $PM_{2.5}$ 的前体物，$PM_{2.5}$ 本身又是 PM_{10} 的主要组成部分，在 $PM_{2.5}$ 污染严重时 PM_{10} 中 $PM_{2.5}$ 的占比更高（石春娥等，2017b）。因此，一般情况下，$PM_{2.5}$ 质量浓度与上述污染物浓度之间存在显著的正相关，但与 O_3 相关不明显（表 5.2）。从相关系数的季节变化看，$PM_{2.5}$ 质量浓度与 NO_2、SO_2 和 PM_{10} 质量浓度的相关均在春季最弱，秋季最强，这与处在季风转换期（春秋两季）主导合肥的气团来向变化密切相关。合肥春季以西北、偏北风为主，春季又是西北地区沙尘暴高发季节，影响范围广的强沙尘暴 82.5%发生在春季（周自江和章国材，2002），所以，春季是西北沙尘输送影响最强的季节（石春娥等，2008b）；秋季，合肥地区低空主要受移动缓慢的局地气团和来向为偏东北方向的气团影响，远程输送的影响较小（石春娥等，2008b）。因此，春、秋季影响合肥的气团不同，污染物来源也有不同，导致 $PM_{2.5}$ 质量浓度与 NO_2、SO_2 和 PM_{10} 浓度的相关存在明显的季节变化。

表 5.2　$PM_{2.5}$ 日均质量浓度与其他 5 种污染物的相关系数

时间	CO	O_3	NO_2	SO_2	PM_{10}
全年	0.71**	−0.21*	0.57**	0.60**	0.83**
春季	0.52**	0.13	0.35**	0.22*	0.64**
夏季	0.48**	0.12	0.34**	0.54**	0.83**
秋季	0.52**	−0.12	0.59**	0.56**	0.86**
冬季	0.79**	−0.07	0.49**	0.48**	0.90**

注：**、*分别表示通过 $\alpha=0.01$、$\alpha=0.05$ 显著性检验。

5.5.2.3　合肥市 $PM_{2.5}$ 重污染时空分布及离子组分

2013—2018 年，合肥 $PM_{2.5}$ 重度以上污染呈逐年减少的趋势。2013—2015 年，合肥共计出现 $PM_{2.5}$ 重度以上污染日 84 d，主要出现在秋、冬季节（10 月—次年 2 月），2013 年最多，2015 年最少，月际变化趋势各站基本一致，1 月和 12 月最多，5、6 月也偶尔有出现（图 5.22）。由图 5.22b 可以看出，各站点 $PM_{2.5}$ 重污染主要发生在秋、冬季，6 月都会有 2～5 d，除高新区以外的站点 5 月都有 $PM_{2.5}$ 重污染记录。从站点间差异情况看，1、11 和 12 月各站间差异较大，其他月份，尤其是 6 月，差异较小。5 月底—6 月初的夏收季节，秸秆焚烧活动对安徽江淮地区能见度、霾日数都有显著影响，因此，6 月是一年中秋、冬季以外另一个霾的高发月份（张浩等，2010；杨元建等，2013）。从本研究的统计结果也可以看出，受秸秆焚烧活动的影响，合肥可以在 5、6 月出现 $PM_{2.5}$ 重污染天气，而产生这种重污染天气的主因并不是城区污染物的排放、累积，常常是大范围的、区域性的，因此，$PM_{2.5}$ 质量浓度城郊差异小。值得注意的是，2015 年之后 5、6 月都没有出现 $PM_{2.5}$ 重污染，重污染主要出现在秋冬季节，这说明 2015 年开始的秸秆禁烧效果显著。1 月，作为清洁对照站的董铺水库站，重污染日数显著低于其他站点，说明本地污染物累积对 1 月重污染影响显著。

从年际变化情况（图 5.21）看，各站都是 2013 年重污染天数最多，2015 年最少，2015—2018 年，重污染天数呈减少趋势，与年均浓度的变化趋势一致。

如果仍然以日均浓度的限值标准来定义小时空气质量等级，即以小时浓度超过 150 $\mu g/m^3$ 作为重污染判断标准，可以发现重污染的出现频次亦存在显著的日变化，傍晚到早晨高、午后低（图 5.23）。考虑到有资料缺测的情况，图 5.23 同时还给出了重度污染出现的百分比（频率的时间变化），由图可见，重度污染出现频率跟出现次数的日变化一致，相对而言，午后重污染的出现频率较低，低至 6%左右，早晚可超过 10%。

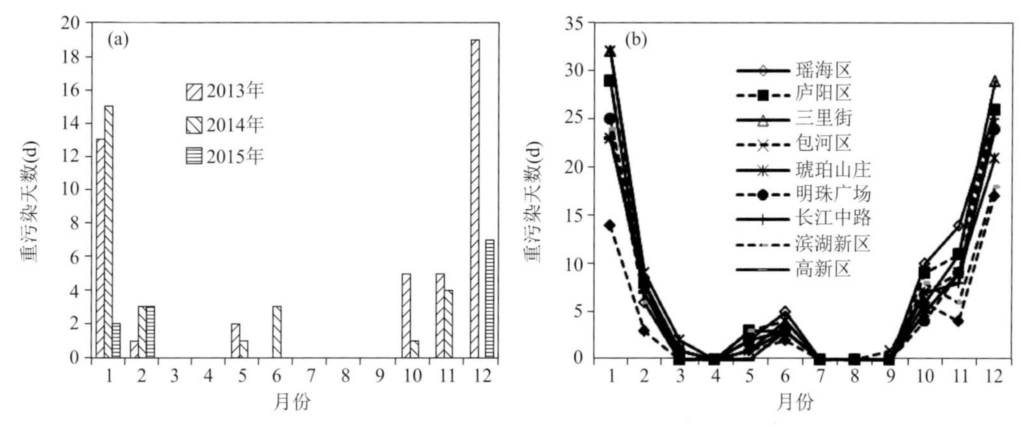

图 5.22　2013—2015 年合肥各月份 $PM_{2.5}$ 重污染天数分布

（a）市内平均；（b）各站点

合肥市 $PM_{2.5}$ 重污染存在空间差异。由图 5.21 可见，10 个站 $PM_{2.5}$ 重污染出现天数的空间分布与 $PM_{2.5}$ 年均质量浓度分布趋势一致。根据 3 年中各站出现重污染天数，10 个站可以分为 4 个等次：位于合肥东北部的瑶海区、三里街、庐阳区出现重污染天数最多，在 90 d 左右，分别为 92、91 和 89 d；合肥市中心城区的包河区、长江中路、琥珀山庄和明珠广场第二多，为 80 d 左右，分别为 82、76、83 和 76 d；位于合肥市西南外围的新城区（滨湖新区和高新区）排第三，在 70 d 左右，分别为 68 d 和 71 d；位于合肥西北的清洁对照站（董铺水库）最低（47 d），约为瑶海区的一半。

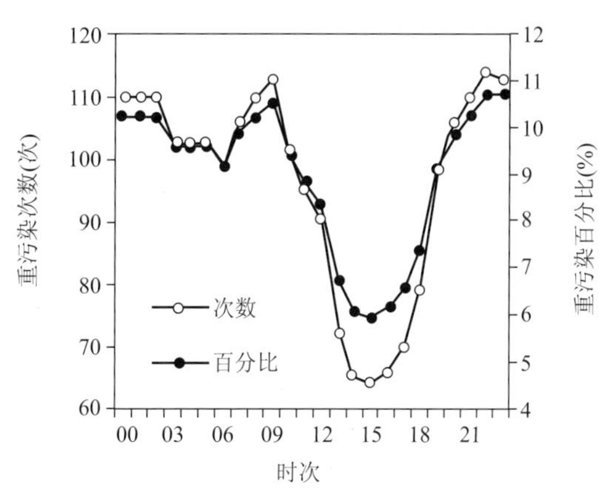

图 5.23　合肥 $PM_{2.5}$ 小时质量浓度 ≥150 μg/m³ 次数日变化

每年重污染日数站点间排序略有变化：2013 年，重污染天数居前三位的是瑶海区、庐阳区和三里街，最低的三个站点是董铺水库、高新区和长江中路；2014 年，居前两位的是三里街、瑶海区，另外三站并列第三，最低的两位是董铺水库和滨湖新区，长江中路和高新区并列第二少；2015 年，董铺水库仍为最少（11 d），长江中路由前两年的较少变为最多（19 d），且显著超过市区其他站点（与排第二的站点相比，超出 26%），如上文所述，2015 年长江中路站 $PM_{2.5}$ 平均浓度的排名也有上升，这可能与修建地铁等基建活动有关。2013 年董铺水库站与市区站重污染日数差异最大，如瑶海区重污染天数为 49 d，董铺水库站重污染天数才 24 d。与 2013 年相比，2015 年董铺水库站与市区站间的差异显著缩小，除长江中路外，其他市区站点重污染天数最多的为 15 d，董铺水库重污染天数 11 d。

合肥市 $PM_{2.5}$ 重污染日 $PM_{2.5}$ 无机组分中硝酸盐的比例显著上升。在公益性行业（气象）专项（GYHY201206011）的支持下，在合肥市进行大气气溶胶分级采样和水溶性离子成分分析，共获得 26 个有效样本（石春娥等，2016b；Deng et al.，2016）。根据 $PM_{2.5}$ 浓度对样本进行分类（受仪器切割头影响，分级采样只能得到 $PM_{2.1}$，为了统一，用 $PM_{2.5}$ 表示），然后统计各级浓度等级日 $PM_{2.5}$ 水溶性无机离子浓度的均值，计算了一些比值（表 5.3）。图 5.24 为各水溶性无机离子占 $PM_{2.5}$ 质量浓度的百分比。由于中度污染等级（115 μg/m³＜$PM_{2.5}$≤150 μg/m³）仅 1 个样本，因此，把中度污染等级与重度污染等级合并计算。由图 5.24 可见，在“优”等级日（优），水溶性无机离子中占比最高的是 Ca^{2+}（12.4%），其次是 SO_4^{2-}（11.8%），NO_3^- 的占比为 8.2%。随着 $PM_{2.5}$ 质量浓度等级增加，Ca^{2+} 的比例持续下降，在中、重度污染时占比仅 3%；从“优”到“良”，SO_4^{2-} 的占比增幅最大，成为最高（18.9%），NO_3^- 的占比增加不多，为 9.8%；然而从“良”到“轻度污染”“中、重度污染”，占比增幅最大的都是 NO_3^-，在“中、重度污染日”，其比例高达 29.7%，成为占比最高的离子，超过 SO_4^{2-}（24.5%）。由表 5.3 可见，随着 $PM_{2.5}$ 质量浓度等级上升，（[SO_4^{2-}]＋[NO_3^-]）占 $PM_{2.5}$ 的比值上升，在“优”等级日，仅占 20%，到中、重度污染日，其占比超过 50%。而在这两种离子中，NO_3^- 的比例上升更快，表现为[NO_3^-]与[SO_4^{2-}]之比上升，在中、重度污染时，[NO_3^-]与[SO_4^{2-}]之比为 1.35，而在优良等级时，该比值低于 0.7。可见，$PM_{2.5}$ 重污染的形成与硝酸盐离子的增多密切相关。另外，随着 $PM_{2.5}$ 质量浓度等级的增加，占比稳定且显著增加的离子还有 NH_4^+，在中、重度污染等级其占比达 13.4%。统计表明，$PM_{2.5}$ 重污染日白天相对湿度明显偏高（石春娥等，2017b），说明高湿有利于 SO_4^{2-}、NO_3^- 和 NH_4^+ 三种无机离子的形成（Pan et al.，2016），是否如 Wang 等（2016）提出的硫酸盐气溶胶生成机理“在高湿、有高浓度 NH_3 存在的条件下，NO_2 可以促进 SO_2 向硫酸盐的转化”导致上述结果，还需要进一步深入分析。$PM_{2.5}$ 质量浓度升高时，水溶性离子浓度比例更大，这与北京（Cheng et al.，2015）、长三角（Fu et al.，2008）、珠三角（Tan et al.，2009）的情形一致，同时也与表 5.2 中冬季 $PM_{2.5}$ 浓度与 NO_2 相关性最强一致。

表 5.3　不同等级污染日气溶胶离子组分统计参数

等级	样本数	([NO_3^-]+[SO_4^{2-}])/$PM_{2.5}$	[NO_3^-]/[SO_4^{2-}]
一级(优)	3	0.20	0.69
二级(良)	11	0.29	0.55
三级(轻度污染)	8	0.37	0.96
四、五级(中、重度污染)	4	0.54	1.35

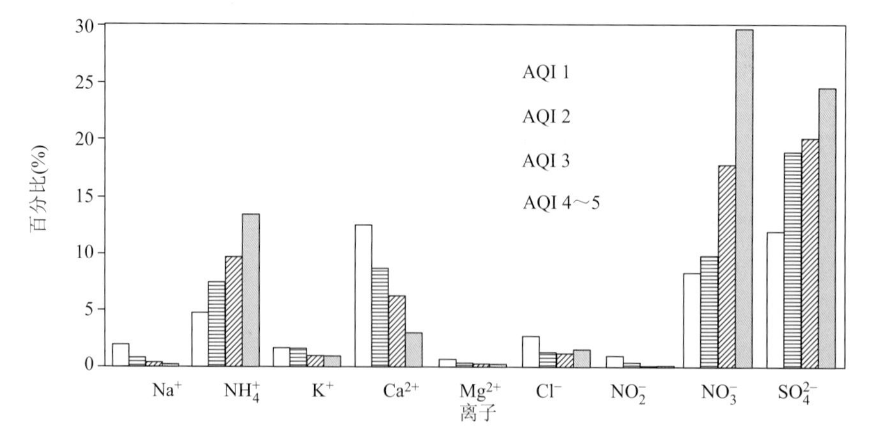

图 5.24　不同等级污染日 $PM_{2.5}$ 中水溶性无机离子组分占 $PM_{2.5}$ 质量浓度百分比变化
（AQI 1～AQI 5 对应 $PM_{2.5}$ 分指数从优到重度污染，AQI 4～5 指 AQI 4 和 AQI 5）

5.5.3 合肥市气溶胶粒子中水溶性离子总体特征

为了弄清安徽省气溶胶粒子成分，在公益性行业专项“长江三角洲区域霾天气成因和预报技术研究”的资助下，我们用安德森（Anderson）分级采样器在合肥市市区进行大气气溶胶采样，并进行了水溶性离子成分分析。采样仪器安装在安徽省气象局云水楼顶（31.87°N，117.23°E，海拔高度 82 m）（图 5.25），距地面高度约为 15 m。该站点位于合肥西侧，距市中心 10 km，周边多为生活小区。

图 5.25 合肥气溶胶采样点

（a）气溶胶采样的办公楼；（b）气溶胶采样的楼顶及采样棚

安德森气溶胶分级采样器总共有 9 级，相应级的粒径范围分别是：≥9.0、9.0～5.8、5.8～4.7、4.7～3.3、3.3～2.1、2.1～1.1、1.1～0.65、0.65～0.43、≤0.43 μm。流量控制在 28.3 L/min，采样期间会定时查看采样泵。采样一般持续 24 h，从当天的 08 时到第二日的 08 时。采样使用的是特氟隆滤膜，在采样前后都要经过干燥和称重，每张滤膜在采样前和采样后分别称重三次，取平均值，两者的质量差就认为是气溶胶的实际质量。共分析 10 种水溶性离子成分，包括：5 种阴离子（NO_3^-、NO_2^-、SO_4^{2-}、F^-、Cl^-）和 5 种阳离子（NH_4^+、Na^+、K^+、Mg^{2+}、Ca^{2+}）（Deng et al.，2016）。

观测时间是 2012 年 9 月—2013 年 8 月，每个季节选取一周时间进行采样，总共采样 38 次。在初步的质控之后，保留了 26 个有效样本（表 5.4）。

表 5.4 采样的基本情况

样本序号	起始时间	能见度均值(km)	相对湿度均值(%)	平均风速(m/s)	天气现象	膜采样TSP	膜采样$PM_{2.1}$
1	2012-09-27	10.50	56.0	3.7	晴空天	153.42	63.23
2	2012-10-10	8.50	49.3	1.8	霾天	215.52	88.59
3	2012-10-18	8.00	56.5	2.0	霾天	207.94	104.45
4	2012-10-19	7.50	66.8	1.6	霾天	173.12	74.69
5	2013-01-14	1.30	97.3	1.5	雾天	255.57	166.98
6	2013-01-15	3.38	80.3	1.1	霾天	271.99	161.14

续表

样本序号	起始时间	能见度均值(km)	相对湿度均值(%)	平均风速(m/s)	天气现象	膜采样TSP	膜采样$PM_{2.1}$
7	2013-01-16	2.75	76.0	2.2	霾天	254.15	159.01
8	2013-01-17	5.75	79.3	1.3	霾天	207.59	113.22
9	2013-01-18	8.50	71.5	1.7	霾天	146.91	77.08
10	2013-01-19	5.75	56.8	2.3	霾天	187.13	84.46
11	2013-01-20	2.25	92.0	3.0	轻雾天	214.86	136.46
12	2013-04-09	11.00	38.5	2.9	晴空天	215.47	102.94
13	2013-04-10	12.80	39.3	3.3	晴空天	144.58	43.38
14	2013-04-11	12.00	50.3	2.2	晴空天	149.64	47.26
15	2013-04-12	11.80	51.5	1.8	晴空天	135.77	53.32
16	2013-04-14	10.50	60.0	2.5	晴空天	174.45	81.46
17	2013-04-16	10.80	69.3	3.0	晴空天	154.59	80.61
18	2013-06-15	6.75	82.5	2.1	霾天	143.89	80.59
19	2013-06-16	10.50	76.3	2.3	晴空天	96.53	53.13
20	2013-07-09	14.30	76.5	3.1	晴空天	99.77	50.94
21	2013-07-10	15.30	73.3	2.5	晴空天	100.29	50.40
22	2013-07-11	12.50	75.0	2.0	晴空天	93.79	62.97
23	2013-07-12	11.30	71.8	2.2	晴空天	114.28	71.01
24	2013-08-05	13.50	71.5	2.6	晴空天	71.51	34.89
25	2013-08-06	14.00	61.5	3.6	晴空天	64.81	26.82
26	2013-08-07	13.80	67.5	2.6	晴空天	77.96	38.97

注：

样本1——起始时间为17时，持续采样47 h；

样本2——起始时间为17时，持续时间23 h；

样本6——缺3.3～2.1 μm档（4级）离子浓度和≤0.43 μm档（8级）的全部要素；

样本7～10——缺≤0.43 μm档（8级）的全部要素；

样本11——缺≥9.0 μm（0级）离子浓度和≤0.43 μm档（8级）的全部要素，当天有0.3 mm的微量降水；

样本12——缺≤0.43 μm档（8级）总质量；

样本23——缺≤0.43 μm档（8级）阳离子质量。

样本6和样本11缺得较多，本节分析中剔除了这2个样本数据。

5.5.3.1 TSP中水溶性离子特征

所有9档粒子质量浓度的求和即为TSP。表5.5为合肥市TSP中水溶性离子浓度的季节变化。观测期间的TSP的年均质量浓度为169.09 μg/m^3，其中，冬季最高（234.73 μg/m^3），夏季最低（91.71 μg/m^3）。水溶性离子质量占TSP的45.41%，是气溶胶粒子的重要组成成分。对于不同季节而言，这个比例分别为59.49%（冬）、32.90%（春）、48.62%（夏）和37.08%（秋）。与国内外其他城市比较，这个比例分别为37.85%（珠三角）（Lai et al.，2007）、30%（日本横滨）（Takeuchi et al.，2004）和16.03%（兰州）（Fan et al.，2014）。很明显，合肥水溶性离子占TSP的比例明显要高于上述城市。

TSP中各水溶性离子质量浓度从大到小的顺序为：NO_3^-＞SO_4^{2-}＞Ca^{2+}＞NH_4^+＞F^-＞Cl^-＞K^+＞Na^+＞Mg^{2+}＞NO_2^-。其中，NO_3^-、SO_4^{2-}、Ca^{2+}和NH_4^+四种离子的质量浓度分别为22.94、20.77、13.67和9.74 μg/m³，这四种水溶性离子之和占全部水溶性离子质量的87.40%。

水溶性离子中NO_3^-含量最高，其季节分布为冬季最大，春、秋季次之，夏季最小，这可能与冬季的低温、高湿有利于氮氧化物转化为硝酸根离子有关。水溶性离子质量浓度居第二的为SO_4^{2-}，它同样也是在冬季高，夏季低。城市中，大部分硫酸根都是来源于SO_2的转化。NH_4^+也是冬季大，夏季小。这主要是因为夏季的高温不利于NH_3向NH_4^+的转化。Ca^{2+}的季节变化不明显，冬季只是略微高于其他季节，同时Ca^{2+}一般是在粗模态，Ca^{2+}浓度高可能与采样期间合肥的城市基础建设活动有关。

表5.5　合肥TSP中水溶性离子的质量浓度季节变化（单位：μg/m³）

时间	Na^+	NH_4^+	K^+	Ca^{2+}	Mg^{2+}	F^-	Cl^-	NO_2^-	NO_3^-	SO_4^{2-}	TSP
冬季	1.17	21.35	1.92	15.79	1.00	3.56	3.62	0.55	50.58	40.10	234.73
春季	1.29	5.13	1.16	13.96	0.82	3.58	1.77	0.43	11.51	13.78	162.42
夏季	1.09	4.36	0.77	11.31	0.56	3.60	1.54	0.62	8.09	12.65	91.71
秋季	1.34	8.12	1.73	13.62	0.78	3.34	1.95	0.52	21.59	16.54	187.50
年平均	1.22	9.74	1.40	13.67	0.79	3.52	2.22	0.53	22.94	20.77	169.09

5.5.3.2　$PM_{2.5}$中水溶性离子特征

$PM_{2.5}$中水溶性离子质量浓度季节分布见表5.6。因为采样器没有2.5 μm这一档，所以我们使用2.1 μm来代替。由表可见，$PM_{2.5}$占TSP的比重为51.03%，这说明气溶胶细颗粒是其主要组成部分。在$PM_{2.5}$中，水溶性离子的含量依次为：SO_4^{2-}＞NO_3^-＞NH_4^+＞Ca^{2+}＞F^-＞Cl^-＞K^+＞Na^+＞Mg^{2+}＞NO_2^-。前四种离子依然为SO_4^{2-}、NO_3^-、NH_4^+和Ca^{2+}。由于钙离子主要集中在粗模态，所以其质量浓度排序由TSP中第三降至第四。$PM_{2.5}$中的大部分离子质量浓度都是在冬季最大、夏季最小。如SO_4^{2-}、NO_3^-、NH_4^+、Ca^{2+}、Cl^-、K^+和Mg^{2+}的峰值都出现在冬季，SO_4^{2-}、NO_3^-、NH_4^+、Cl^-和K^+的最小值出现在夏季。

表5.6　合肥市$PM_{2.5}$中水溶性离子的质量浓度季节变化（单位：μg/m³）

时间	Na^+	NH_4^+	K^+	Ca^{2+}	Mg^{2+}	F^-	Cl^-	NO_2^-	NO_3^-	SO_4^{2-}	$PM_{2.5}$	$PM_{2.5}$/TSP
冬季	0.49	17.71	1.42	6.39	0.43	1.58	2.42	0.16	39.33	30.75	145.05	61.79%
春季	0.48	4.25	0.69	4.28	0.23	1.60	0.83	0.17	5.64	9.85	68.16	41.97%
夏季	0.51	3.38	0.47	5.37	0.29	1.60	0.72	0.31	4.19	9.42	49.22	53.67%
秋季	0.45	5.95	1.23	4.93	0.25	1.45	0.86	0.24	11.41	12.22	82.74	44.13%
年平均	0.48	7.82	0.96	5.24	0.30	1.56	1.21	0.22	15.14	15.56	86.29	51.03%

5.5.3.3　水溶性离子的尺度分布

由于采样器的粒径分布是不均匀的，所以为了客观地分析气溶胶的粒径尺度分布，我们引入了粒径分布函数：

$$q = \frac{\mathrm{d}C}{\mathrm{dlg}D_p} \tag{5.1}$$

式中，dC 为每层的质量浓度，而 $\mathrm{dlg}D_p$ 是每层粒径尺度差的对数。

图 5.26 为合肥市水溶性离子的尺度分布图。大部分离子都表现出双峰结构。其中 NH_4^+、NO_3^- 和 SO_4^{2-} 具有类似的尺度分布结构。在春季、夏季和秋季为双峰或多峰分布，其主峰在细粒径范围，即位于 0.43～0.65 μm，次峰在 2.1～5.8 μm，这与临安的观测结果一致（徐宏辉等，2012）。而在冬季，则是一个单峰结构，峰值位于 1.1～2.1 μm。总体上，NH_4^+、NO_3^- 和 SO_4^{2-} 三种离子主要还是集中在细粒径范围，且各个粒径范围都是冬季高，夏季低。钙离子的峰值出现在 4.7～5.8 μm，且其质量主要集中在粗模态，这与其来源有密切关系。

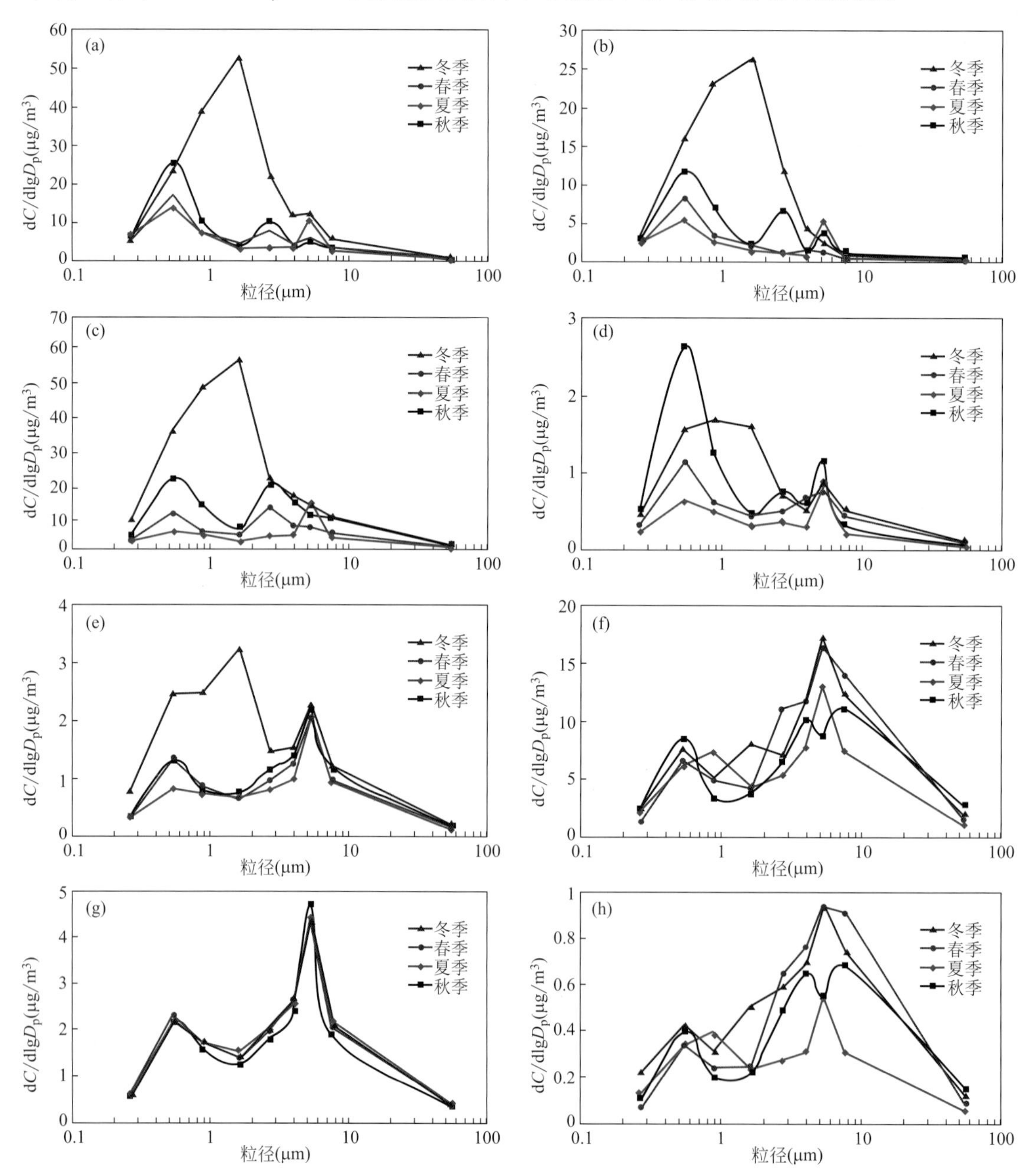

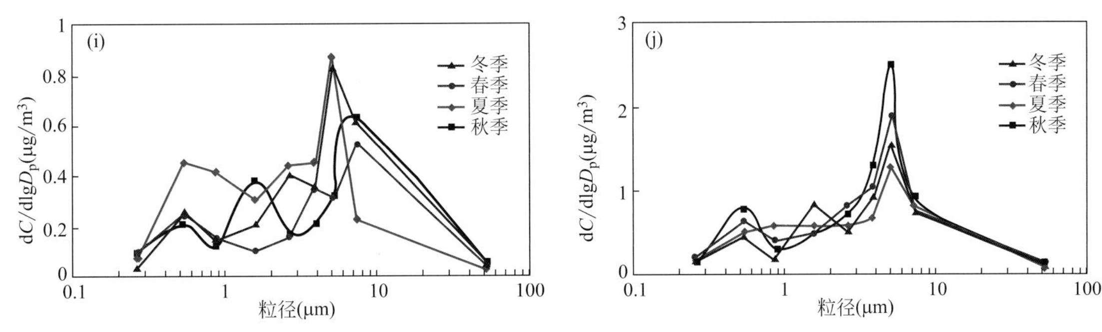

图 5.26 合肥气溶胶粒子中水溶性离子的粒径分布

（a）SO_4^{2-}；（b）NH_4^+；（c）NO_3^-；（d）K^+；（e）Cl^-；（f）Ca^{2+}；

（g）F^-；（h）Mg^{2+}；（i）NO_2^-；（j）Na^+

5.5.3.4 阴阳离子平衡

阴阳离子平衡的计算公式如下：

$$\sum \text{Cation} = \frac{Na^+}{23} + \frac{NH_4^+}{18} + \frac{K^+}{39} + \frac{Mg^{2+}}{12} + \frac{Ca^{2+}}{20} \tag{5.2}$$

$$\sum \text{Anion} = \frac{F^-}{19} + \frac{Cl^-}{35.5} + \frac{NO_2^-}{46} + \frac{NO_3^-}{62} + \frac{SO_4^{2-}}{48} \tag{5.3}$$

式中，$\sum$Cation 为阳离子总当量浓度，$\sum$Anion 为阴离子总当量浓度。

图 5.27 为阴阳离子当量浓度的散点图，可以看出，二者高度相关，相关系数达到 0.95。两者的比例对气溶胶酸碱性具有很好的指示意义。在合肥总阳离子与总阴离子的比值为 1.4，说明气溶胶粒子总体呈碱性，与北京地区（蔡阳阳等，2011）一致。

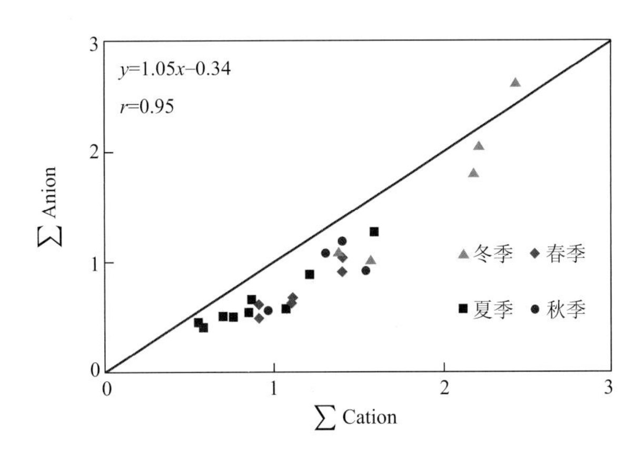

图 5.27 合肥市气溶胶粒子阴阳离子平衡情况（单位：μeq/m³）

5.5.3.5 [NO_3^-] / [SO_4^{2-}]

[NO_3^-] 的前体物 NO_x，主要来自汽车等移动源，SO_4^{2-} 则代表固定源，所以，[NO_3^-] / [SO_4^{2-}] 可以反映出移动源和固定源的相对贡献。如果比值高，说明移动污染源的贡献更大。本次观测期间，合肥的比值为 1.10，说明在合肥以移动源排放为主，高于天津（0.86）（赵普生等，2010），石家庄（0.80）（赵普生等，2010）和南京（0.80）（许明君

等，2012），但低于北京的 1.13（赵普生等，2010）。合肥的观测站点旁就为一个次干道，可能对于 [NO_3^-] / [SO_4^{2-}] 有所影响。

5.5.3.6 离子间的相关系数

离子间的相关系数可以反映出离子可能的来源（表 5.7）。其中存在显著相关的离子对有：NH_4^+ 和 SO_4^{2-}（0.95），NH_4^+ 和 NO_3^-（0.95），SO_4^{2-} 和 NO_3^-（0.86），Mg^{2+} 和 Ca^{2+}（0.91）。根据唐蓉等（2012）研究，同样的相关关系也出现在合肥市的降水离子组分中，降水中离子间相关系数分别为 0.77（NH_4^+ 和 SO_4^{2-}）、0.75（NH_4^+ 和 NO_3^-）、0.87（SO_4^{2-} 和 NO_3^-）和 0.84（Mg^{2+} 和 Ca^{2+}）。

表 5.7 合肥气溶胶中水溶性离子当量浓度相关系数

	Na^+	NH_4^+	K^+	Ca^{2+}	Mg^{2+}	F^-	Cl^-	NO_2^-	NO_3^-	SO_4^{2-}
Na^+	1.00									
NH_4^+	−0.01	1.00								
K^+	0.35	0.61**	1.00							
Ca^{2+}	0.08	0.32	0.34	1.00						
Mg^{2+}	0.15	0.47*	0.54**	0.91**	1.00					
F^-	0.29	−0.10	0.14	0.01	0.01	1.00				
Cl^-	0.18	0.69**	0.62**	0.53*	0.63**	0.20	1.00			
NO_2^-	0.03	0.18	0.09	−0.35	−0.31	0.32	−0.01	1.00		
NO_3^-	0.03	0.95**	0.65**	0.47*	0.56**	−0.08	0.79**	0.06	1.00	
SO_4^{2-}	0.06	0.95**	0.53*	0.31	0.44*	−0.15	0.52*	0.17	0.86**	1.00

注：**、*分别表示通过 $\alpha=0.01$、$\alpha=0.05$ 显著性检验。

合肥大气气溶胶中 SO_4^{2-} 与 NH_4^+ 间相关性非常高，相关系数达到 0.95，说明两者可能以 $(NH_4)_2SO_4$ 或 NH_4HSO_4 的形式存在。而两者的拟合关系为 $[SO_4^{2-}]=0.75[NH_4^+]+0.05$。拟合斜率为 0.75，小于 1，说明 SO_4^{2-} 没有完全被 NH_4^+ 中和，所以 NH_4HSO_4 可能是主要的存在形式。同样，NH_4^+ 和 NO_3^- 相关系数也很高，其可能的存在形式为 NH_4NO_3。

Mg^{2+} 和 Ca^{2+} 的相关性较高，相关系数达到 0.91，说明其可能来自同一个源，且主要集中在粗模态范围。粗模态离子的主要来源为土壤，此外还有海盐。一般而言，海盐中 [Mg^{2+}] / [Na^+] 的比值为 0.12，而合肥地区这一比值为 0.64，因此，土壤对于 Ca^{2+} 和 Mg^{2+} 的贡献应该更大。Ca^{2+} 的主要来源为沙尘，在沙尘中 [Mg^{2+}] / [Ca^{2+}] 为 0.17，而合肥这一比值为 0.06，说明合肥气溶胶中的 Ca^{2+} 主要来源于本地土壤。

5.5.4 不同天气条件下合肥市气溶胶粒子理化特征

基于表 5.4 的样本资料，分析了合肥雾、霾、晴空条件下大气气溶胶粒子的物理化学特征的差异，为找出造成霾天气的大气细粒子的组成和来源提供科学依据。表 5.4 中共有 1 个雾天、1 个轻雾天、9 个霾天和 15 个晴空天。由于仪器分档没有 2.5 μm，使用 2.1 μm 以下各档求和得到细粒子中水溶性离子的特征。

5.5.4.1 4种天气气溶胶质量浓度水平及其尺度分布

表5.8给出了4种天气条件下$PM_{2.1}$和TSP中水溶性离子浓度与总质量浓度的统计结果。四种天气下$PM_{2.1}$和TSP的总质量浓度的排序是晴空＜霾＜轻雾＜雾。根据总质量浓度，晴空天的$PM_{2.1}$总质量浓度均值为52.29 μg/m³，最大可达81.47 μg/m³，超过了$PM_{2.5}$轻度污染的标准（75 μg/m³）。霾天$PM_{2.1}$总质量浓度均值为104.8 μg/m³，是晴空天的2倍，接近$PM_{2.5}$中度污染的标准（115 μg/m³），最大值161.14 μg/m³，超过了$PM_{2.5}$重度污染的标准（150 μg/m³），最小为74.69 μg/m³，考虑到$PM_{2.1}$与$PM_{2.5}$的差别，可以说合肥霾天100%达到$PM_{2.5}$轻度污染的标准。从唯一一个雾天和一个轻雾天的分析结果看，雾天$PM_{2.1}$超过了$PM_{2.5}$重度污染的标准（150 μg/m³），超过晴空天的3倍；轻雾天$PM_{2.1}$浓度略低于雾天，超过了$PM_{2.5}$中度污染的标准。雾、霾天TSP的总质量浓度都超过200 μg/m³。晴空天TSP变化范围较大，最大值接近最小值的3倍，平均为120.88 μg/m³。霾天TSP浓度最大为271.99 μg/m³，最小为143.89 μg/m³，平均为200.92 μg/m³。从$PM_{2.1}$占TSP的比例看，只有晴空天低于50%（43%），霾天为52%，雾天和轻雾天比较接近，超过60%。这说明在雾、霾天细粒子是TSP的主要组成部分，晴空天的TSP中粗粒子比例较高。

表5.8 4种天气下$PM_{2.1}$、TSP质量浓度和离子质量浓度对比

		$PM_{2.1}$				TSP			
		晴空	霾	雾	轻雾	晴空	霾	雾	轻雾
总离子质量浓度(μg/m³)	最大	39.92	130.82			74.51	179.49		
	最小	12.31	31.28			25.68	72.14		
	均值	25.67	71.42	103.15	109.70	46.40	107.49	133.62	136.49
	方差	7.60	33.29			13.65	39.10	—	
总质量浓度(μg/m³)	最大	81.47	161.14			174.44	271.99		
	最小	25.94	74.69			64.81	143.89		
	均值	52.29	104.80	166.98	136.46	120.88	200.92	255.57	214.86
	方差	16.68	31.84			32.87	41.26		
总离子质量/总质量		0.49	0.68	0.62	0.80	0.38	0.53	0.52	0.64
$PM_{2.1}$/TSP总质量浓度		0.43	0.52	0.65	0.64				

图5.28给出了4种天气下不同粒径范围内气溶胶粒子质量浓度。晴空天气下，各档质量浓度差别不大，质量浓度最大的是＜0.43 μm，其次是5.8～9.0 μm和＞9.0 μm，最小的是0.65～1.1 μm。从晴空到污染性天气（霾、雾、轻雾），在细粒子范围内（＜2.1 μm）各档质量浓度上升显著，尤其是0.65～1.1 μm和1.1～2.1 μm两档。在这两档中，霾天气的质量浓度分别是晴空天对应值的3～4倍，雾天这两档的气溶胶粒子质量浓度更高，都是晴空天的4～5倍；轻雾天在1.1～2.1 μm档的粒子质量浓度最高，是晴空天的5倍以上。在0.43～0.65 μm档，是雾天的粒子质量浓度最高。在2.1 μm以上的各档，污染性天气的气溶胶粒子浓度与晴空天的质量浓度差别都不超过1倍。甚至在最粗的那档，轻雾日的浓度

低于晴空天的。另外，也注意到，在 2.1 μm 以下的各档，都是雾日和轻雾日的质量浓度高于霾日的质量浓度，但在 2.1 μm 以上的大部分粒径范围都是霾日的质量浓度值高于雾日和轻雾日的对应值，这可能与浓雾中大部分气溶胶粒子凝结成雾滴、雾水沉降或毛毛雨对粗粒子的清除作用有关。本结果与尚倩等（2011）在南京用宽范围气溶胶粒谱仪测量结果一致。

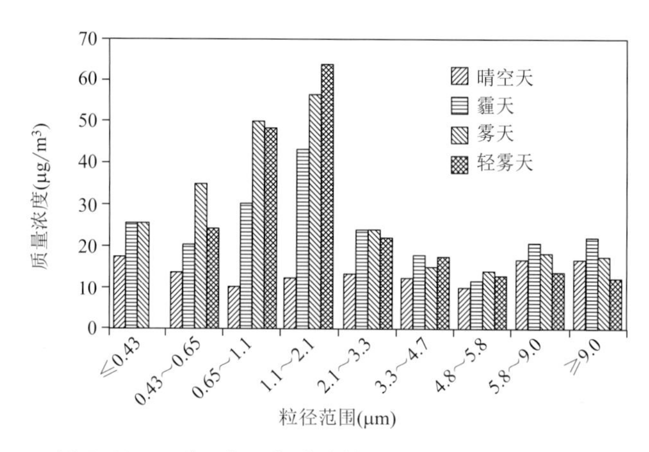

图 5.28　四种天气下气溶胶粒子质量浓度随粒径分布

总之，从晴空日到雾、霾日，气溶胶粒子质量浓度的改变主要发生在细粒子，也可以说雾、霾天气的气溶胶污染主要源于大气中细粒子的增多。

5.5.4.2　四种天气气溶胶粒子中水溶性离子浓度水平及其尺度分布

由表 5.8 和图 5.28 都可以看出雾、霾天细粒子是 TSP 的主要组成部分，所占比例分别为 52%（霾）、65%（雾）和 64%（轻雾）。4 种天气下 $PM_{2.1}$ 和 TSP 中水溶性离子质量浓度均值的排序均为：晴空天＜霾天＜雾天＜轻雾天。晴空天和霾天 $PM_{2.1}$ 中的水溶性离子质量浓度跨度都比较大，霾天更大（方差 33 μg/m³）。从平均情况看，霾天 $PM_{2.1}$ 中水溶性离子浓度是晴空天对应值的 2.8 倍，雾和轻雾天比较接近，是晴空天的 4 倍多。从 $PM_{2.1}$ 中水溶性离子所占比例看，晴空天最低，但也接近 50%（49%）；轻雾天最高，达 80%；雾天和霾天的这个比值也都大于 60%，说明水溶性离子是大气细粒子的重要组成部分。$PM_{2.1}$ 中水溶性无机离子比例，雾天低于霾天，这与法国巴黎的观测结果（Haeffelin et al.，2010）一致。TSP 中水溶性离子含量比 $PM_{2.1}$ 中低 10%～16%，也是晴空天最低、轻雾天最高，除了晴空天，这个比值都超过 50%。

图 5.29 给出了 4 种天气下，$PM_{2.1}$ 和 $PM_{>2.1}$ 中的各离子浓度。由图 5.29a 可见，在污染性天气（雾、轻雾和霾）条件下，$PM_{2.1}$ 中的二次无机气溶胶粒子（NO_3^-、SO_4^{2-} 和 NH_4^+）浓度显著高于其他离子浓度，这 3 种离子浓度之和占总离子浓度的比例分别为 85.0%（霾天）、86.7%（雾天）和 89.0%（轻雾天），占 $PM_{2.1}$ 浓度的比例分别为 56.1%（霾天）、53.6%（雾天）和 71.5%（轻雾天）；而在晴空天气，上述两种比例分别为 66.9% 和 32.4%。晴空、霾、雾天二次无机气溶胶粒子占 $PM_{2.1}$ 质量浓度的比例与 Roeland 等（2014）用在线仪器在杭州测得的比值接近，且变化顺序一致。但是，Roeland 等没有区分雾与轻雾。Ca^{2+} 浓度在污染性天气下居第 4 位，而在晴空天仅低于 SO_4^{2-}。如果上述 3 个离子加上 Ca^{2+}，在晴空、霾、雾、轻雾天气下占总离子浓度的比例则分别为 84.5%、93.4%、93.2%、92.5%。比较 4 种天气下的各离子浓度，NH_4^+ 和 NO_3^- 都是按晴空、霾、雾、轻

雾的顺序增长，SO_4^{2-} 浓度在霾、雾、轻雾三种情况差别不大，雾天比霾天和轻雾天略低。比较图 5.29a、b 可知，4 种天气下 TSP 离子质量浓度分布与 $PM_{2.1}$ 类似，主要差别在于 Ca^{2+} 浓度显著增大，约是 $PM_{2.1}$ 中对应浓度的 2～3 倍，NO_3^- 浓度也有相应的增大，但 SO_4^{2-} 和 NH_4^+ 浓度增大不多。说明 Ca^{2+} 主要分布在粗粒子中，NH_4^+ 和 SO_4^{2-} 主要分布在细颗粒中。

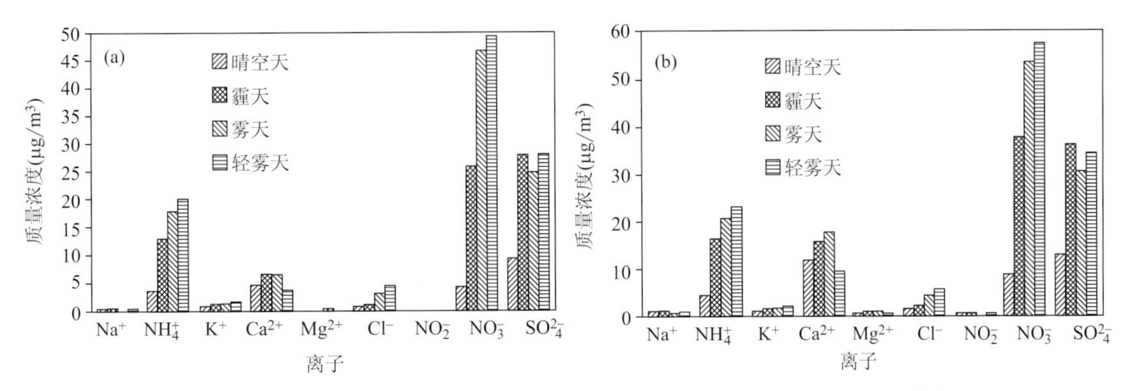

图 5.29 4种天气 $PM_{2.1}$（a）和 TSP（b）中主要水溶性无机离子质量浓度

为便于比较 4 种天气下各离子质量浓度的变化幅度，表 5.9 给出了霾、雾、轻雾天 $PM_{2.1}$、TSP 中各离子质量浓度与晴空天对应离子质量浓度的比值。与晴空天相比，霾天质量浓度增长倍数最多的离子是 NO_3^-（霾天约是晴空天的 6 倍，下同），其次是 NH_4^+（3.6 倍）、SO_4^{2-}（3 倍）。其他离子质量浓度增幅都没达到 2 倍。雾天和轻雾天，各离子质量浓度与晴空日相比，大部分离子质量浓度增长倍数与霾天对应值接近，但 NH_4^+、NO_3^- 和 Cl^- 差别比较大，雾（轻雾）增长更多。比较突出的是，雾和轻雾时，NO_3^- 质量浓度约是晴空时的 10 倍以上，Cl^- 也增长到晴空时的 4 倍以上。NO_3^- 离子浓度的剧增，可能与雾时低温、高湿有助于 HNO_3 气体向颗粒态硝酸盐转化有关（Baez et al.，1997），也可能与当时的输送条件有关，轨迹分析显示（石春娥等，2016b），雾、霾天影响本地的气团在到达本地之前，均路经江苏、浙江和山东等高 NO_x 排放地区且移动缓慢，有助于污染物的累积。另外，在雾和轻雾时，Cl^- 浓度大增，这可能与污染物输送有关，由于采样时没有区分干、湿气溶胶，所采样品不仅含有干气溶胶粒子，也含有雾滴，而雾日的轨迹来向为偏东方向，起源于海洋，穿过江苏，霾日的轨迹来向是偏东北方向。已有的研究表明，受海洋影响，中国沿海城市或岛屿雾水中 Cl^- 浓度都很高，甚至是主要的阴离子（李子华，2001）。

表 5.9 霾、雾、轻雾天气与晴空天气 $PM_{2.1}$、TSP 中水溶性离子质量浓度比值

	天气	Na^+	NH_4^+	K^+	Ca^{2+}	Mg^{2+}	F^-	Cl^-	NO_2^-	NO_3^-	SO_4^{2-}
$PM_{2.1}$	霾	1.06	3.58	1.70	1.43	1.41	1.05	1.63	0.98	6.07	2.95
	雾	0.56	4.89	1.76	1.48	1.63	1.03	4.21	1.09	10.99	2.64
	轻雾	1.02	5.50	2.23	0.85	1.17	0.77	5.90	0.75	11.61	3.00
TSP	霾	1.07	3.58	1.60	1.31	1.41	1.05	1.47	1.11	4.26	2.81
	雾	0.75	4.50	1.50	1.47	1.57	1.03	2.66	0.93	6.05	2.38
	轻雾	0.84	5.08	1.81	0.78	0.93	0.82	3.49	1.10	6.51	2.68

与 $PM_{2.1}$ 相比，TSP 的水溶性离子中 Ca^{2+} 所占比例上升，SO_4^{2-}、NO_3^- 和 NH_4^+ 所占比例下降，这 3 种离子加上 Ca^{2+} 质量浓度之和占总离子质量浓度的比例在晴空、霾、雾和轻雾天分别为 81.6%、90.8%、91.1%和 90.8%。比较表 5.9 中 $PM_{2.1}$ 与 TSP，可以发现，3 种污染性天气 TSP 中离子质量浓度与晴空天对应离子质量浓度变化的幅度不及 $PM_{2.1}$ 中离子质量浓度大，而且轻雾天气下的 Ca^{2+}、Mg^{2+} 质量浓度甚至比晴空天低，这说明当天毛毛雨对主要处于粗粒子中的地壳元素的清洗作用。

5.5.4.3 4 种天气气溶胶粒子中主要离子的尺度谱

根据上述分析，水溶性离子是大气气溶胶粒子的主要组成部分，Ca^{2+}、NH_4^+、SO_4^{2-}、NO_3^- 又占水溶性离子的 80%以上，在雾和轻雾天，Cl^- 质量浓度也会显著升高，图 5.30 给出了这 5 种离子在 4 种天气下的质量浓度谱分布。

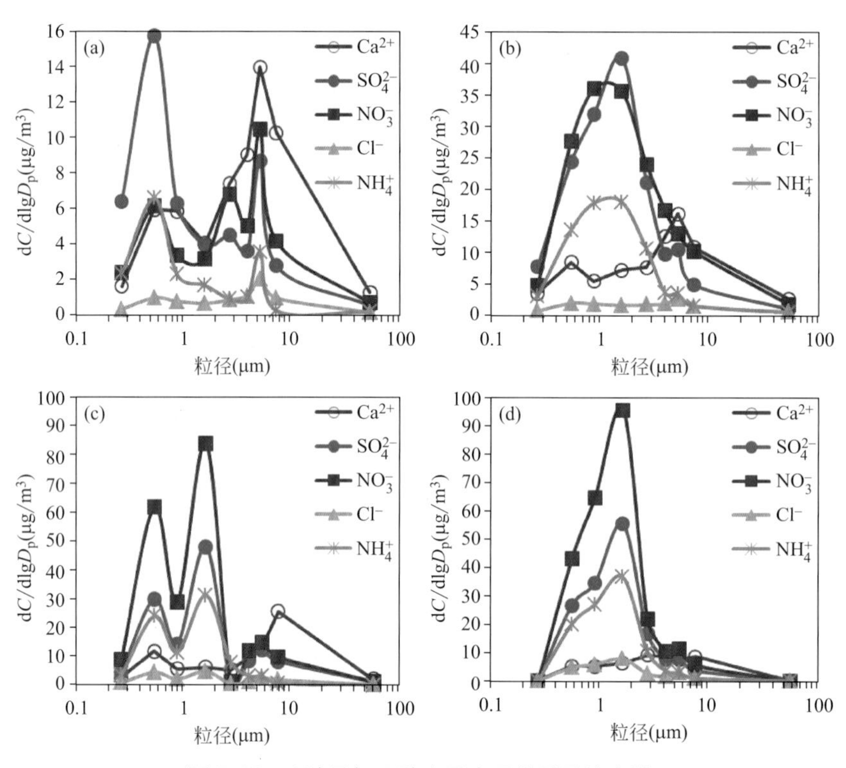

图 5.30 4 种天气 5 种主要离子的质量浓度谱
（a）晴空；（b）霾；（c）雾；（d）轻雾

晴空天，这几种离子粒径分布基本上都呈双峰型，一个主峰比较高，一个次峰稍低。根据主峰和次峰的位置可以分为两类：第 1 类是主峰在 0.65～0.43 μm，次峰在 5.8～4.7 μm 的细模态粒子，这一类有 SO_4^{2-} 和 NH_4^+；第 2 类是主峰在 5.8～4.7 μm，次峰在 0.65～0.43 μm 的粗模态离子，包括 Ca^{2+}、NO_3^- 和 Cl^-。这个分布与图 5.26 及其他地区夏季观测结果类似，如临安（徐宏辉等，2012）。这是可以理解的，因为晴空天主要出现在春、夏季，但仍有区别，合肥晴空天的 SO_4^{2-} 和 NO_3^- 在两个大的峰值之间还有一个低峰值，可能与我们对天气进行了详细分类有关。

霾天，Cl^- 和 Ca^{2+} 的两个峰值位置跟晴空天一致；其他离子的尺度分布更接近单峰型，峰值都在0.65～2.1 μm，NO_3^- 和 SO_4^{2-} 的峰值比较接近，NH_4^+ 离子的峰值约是 NO_3^- 峰值的一半。

雾天，NO_3^-、SO_4^{2-} 离子尺度分布像三峰型，第一个峰值都在2.1～1.1 μm，次峰在0.65～0.43 μm，还有一个比较低的峰值在5.8～4.7 μm。NH_4^+ 和 Cl^- 为双峰型，但峰值位置与晴空天不同，都在2.1 μm以下；Ca^{2+} 仍然是双峰型，但主峰的位置向大的方向移了一档。注意到在1.1～0.65 μm几种离子都出现一个谷值，这与气溶胶粒子核化有关，在克拉曲线上有个俗称“驼峰”的位置，谷值对应的粒径范围略高于克拉曲线上“驼峰”对应的直径，这说明当粒子大小跨过这个大小就增长到上一个粒径范围了。目前，没有找到同类研究。本研究中样本太少，有待以后的更多观测和进一步分析研究。

轻雾天，各离子尺度谱都接近单峰型，除了 Ca^{2+}，峰值位置都在2.1～1.1 μm。Ca^{2+} 的峰值在3.3～2.1 μm。比较轻雾天与雾天的谱分布，差别较大，可能与雾天存在雾滴沉降的湿清除作用有关，但由于样本太少，难以得出有说服力的结论。希望在以后的研究中继续关注，深入研究。

综上，除了 Ca^{2+}，其他几个大气气溶胶中的主要离子在不同天气状况下的尺度谱分布显著不同。这可能与湿度不同有关，如表5.4所示，雾天的平均相对湿度为97%，轻雾天的平均相对湿度为92%，而晴空天和霾天的相对湿度比雾天低得多。晴空天相对湿度范围为38.5%～76.5%，其中6 d低于60%，9 d高于60%，平均为62.5%。霾天相对湿度的范围为49.3%～82.5%，平均为68.8%。高湿条件一方面使气溶胶粒子吸湿增大，如硝酸盐大部分为强吸湿性气溶胶，潮解点较低，实验室测量结果表明，25 ℃时，硝酸钠的潮解点在70%左右，硝酸铵的潮解点更低，约为60%，硫酸铵的潮解点在80%左右（Martin，2000），硝酸盐气溶胶吸湿长大前后粒径增长明显（王轩，2010）；另一方面可促进 NO_x、SO_2 等气态污染物向硝酸盐、硫酸盐颗粒转化。我们的观测中，雾、轻雾、霾都发生在冬季，对应着低温、高湿的气象条件，有利于 NO_x 向硝酸盐颗粒转化；而晴空天主要在春、夏季，对应着高温和相对较低的相对湿度，不利于 NO_x 向硝酸盐颗粒转化，也不利于硝酸盐颗粒的吸湿增长；因此，晴空天的 NO_3^- 离子质量浓度比雾、霾天低很多。

5.5.4.4 4种天气气溶胶粒子中水溶性阴阳离子平衡

气溶胶粒子中阴阳离子当量浓度的比值可反映气溶胶粒子的酸碱度。我们分析了合肥大气气溶胶粒子中大部分的无机离子，但没有测量气溶胶粒子中的碳酸和有机酸，是气溶胶中酸碱不平衡的原因之一。图5.31为不同粒径范围气溶胶阳阴离子之间的相关系数及平均比值，可见，在细粒子（$PM_{2.1}$）范围内，阴阳离子相关系数接近于1（大于0.97），在2.1～3.3 μm档，相关系数为0.94，随着粒径增大，相关系数下降，当粒径大于9 μm时，相关系数最低，仅为0.49。这说明细粒子成分相对简单，粗粒子的成分比较复杂，漏测的离子较多。另外，从阳、阴离子的比值看，在细粒子范围，这个比值比较接近，在1.5附近，在粒径1.1～2.1 μm档，这个比值最低，为1.27，随着粒子增大，比值增大，在5.8～9.0 μm这个比值大于3.0。这个比值比北京春夏季低（Yao et al.，2003），比临安高（徐宏辉等，2012）。这可能与粗粒子主要来源于土壤风沙尘和建筑扬尘，Ca^{2+}、Mg^{2+} 等金属离子主要分布在粗粒子中。阳、阴离子当量浓度比值（C/A）在所有粒径范围内都大于1，说明合肥的气溶胶粒子可能偏碱性，对降水酸化有中和作用。这解释了我们在酸雨监测业务中发现连续降水的后期，降水反而比前期酸性强的事实。

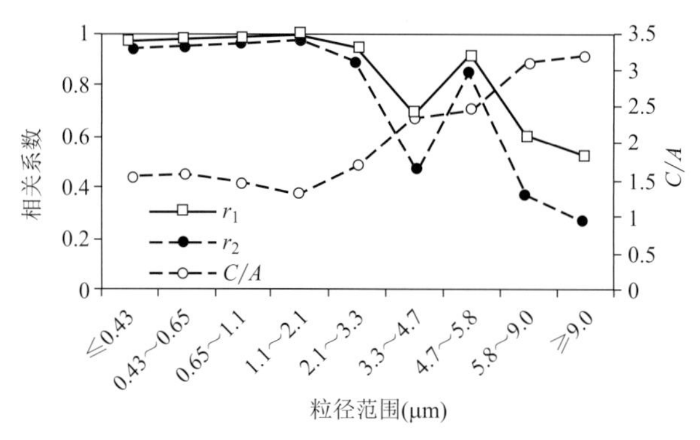

图 5.31　气溶胶中阳离子（C 表示）与阴离子（A 表示）当量浓度的比值、阴阳离子当量浓度之间的相关系数（r_1）、铵根离子与硫酸根和硝酸根离子当量浓度之和的相关系数（r_2）随粒径的变化

图 5.31 中还给出了 NH_4^+ 与 SO_4^{2-} 和 NO_3^- 之和的相关系数。可见，细粒子范围，相关系数接近于 1，但随着粒径增大，相关系数变小，尤其是当粒径大于 5.8 μm 时。图 5.32 给出了粗、细粒子两个范围内 NH_4^+ 与 SO_4^{2-} 和 NO_3^- 之和的散点图。细粒子的线性拟合公式的斜率接近于 1，且所有点都在最佳拟合线附近。可见，细粒子中 SO_4^{2-} 和 NO_3^- 几乎都被 NH_4^+ 中和。而在粗粒子中，拟合公式的斜率为 0.85，且很多点明显偏离最佳拟合线。

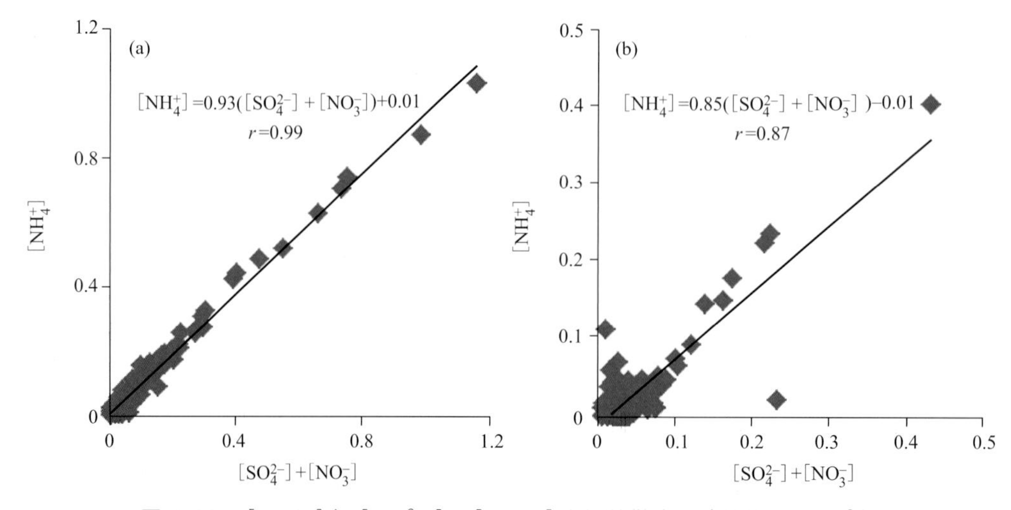

图 5.32　$[NH_4^+]$ 与 $[SO_4^{2-}]+[NO_3^-]$ 之间的散点图（单位：$\mu eq/m^3$）
（a）$PM_{2.1}$；（b）TSP

从 4 种天气下 TSP 中阴阳离子当量浓度的散点图（图 5.33）可以看出，4 种天气下阴阳离子的相关都很强，晴空天略差（$r=0.85$），可能与晴空天气下粗粒子的比例较高有关。如图 5.31 所示，粒子尺度越大，阴阳离子之间的相关系数越小，这是因为大气粗粒子主要来源于沙尘、建筑扬尘等，其成分中以土壤成分较多，而大气细粒子更多地来源于化学反应生成的二次气溶胶。

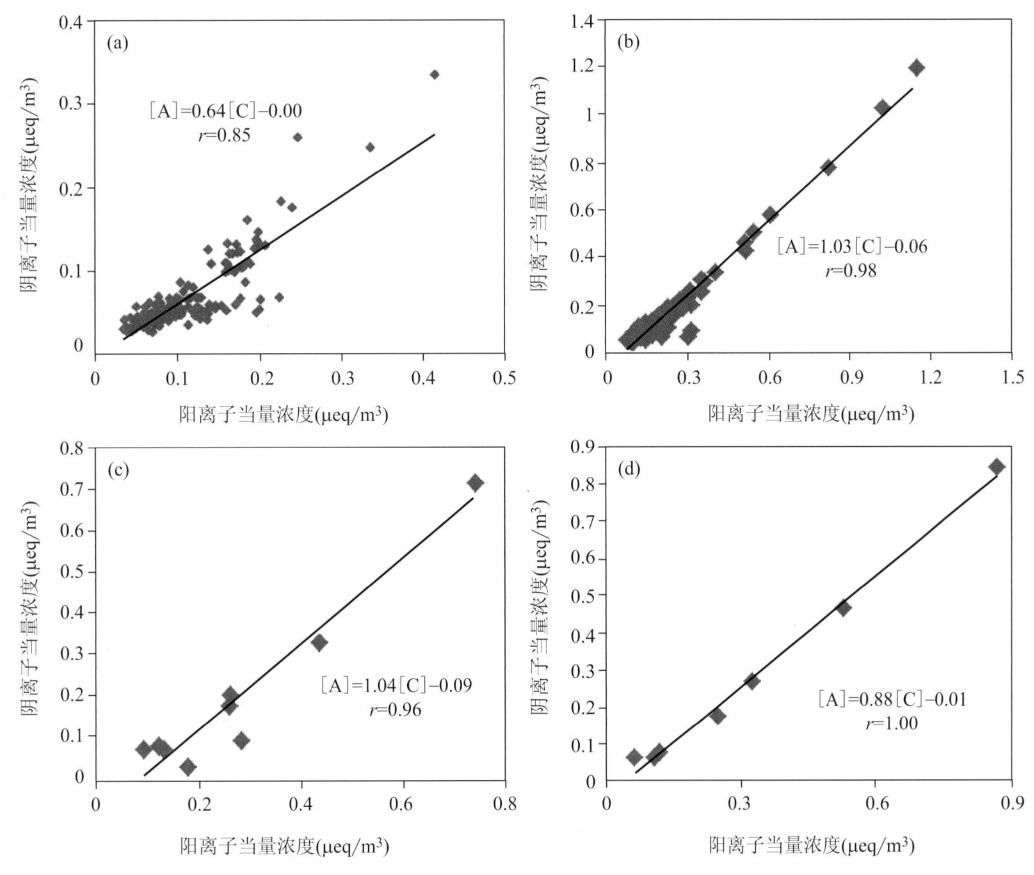

图 5.33　4种天气 TSP 中阴离子（A）与阳离子（C）当量浓度散点图
（a）晴空；（b）霾；（c）雾；（d）轻雾

5.6 合肥市大气能见度与 $PM_{2.5}$、相对湿度的关系

影响能见度的因子很多，既有环境因子，也有气象因子。Koschmieder（1924）指出能见度主要取决于水平方向的大气消光系数，而研究表明大气消光主要由大气颗粒物和气体分子引起，其中颗粒物的消光是能见度下降的主要贡献者（谷金霞等，2009；王英等，2015；宋宇等，2003），其对能见度的影响主要是散射和吸收作用。本节利用2013—2015年合肥市气象观测资料和同期空气质量监测数据，分析了能见度与 $PM_{2.5}$ 质量浓度和相对湿度的定量关系，以及不同等级能见度下相对湿度和 $PM_{2.5}$ 浓度的统计特征。

5.6.1 $PM_{2.5}$ 质量浓度与能见度的关系

不同相对湿度下，颗粒物的组成成分不同，其形成的气溶胶粒子吸湿增长因子也不同

(Schlenker et al., 2004; 王启元等, 2010)。因此，为得到能见度、$PM_{2.5}$ 浓度与相对湿度的关系，将逐时相对湿度（RH）分成 RH<40%、40%≤RH<60%、60%≤RH<80%、80%≤RH<90%、RH≥90%五个区段，得到不同 RH 区间 $PM_{2.5}$ 质量浓度与能见度的散点图，并用非线性函数对其进行拟合（图 5.34，表 5.10）。

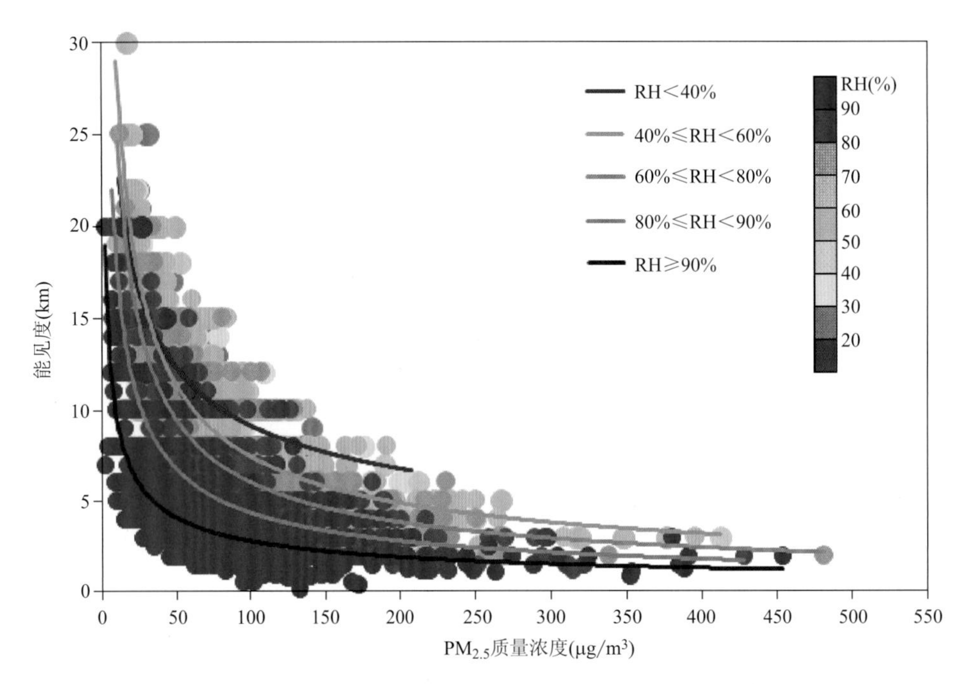

图 5.34 不同相对湿度下能见度与 $PM_{2.5}$ 质量浓度的关系

表 5.10 不同相对湿度下能见度（y）与 $PM_{2.5}$ 质量浓度（x）的定量关系及其对能见度影响敏感阈值

相对湿度	拟合方程	相关系数	$PM_{2.5}$ 质量浓度阈值（μg/m³）
RH<40%	$y=66.281x^{-0.431}$	−0.772	81
40%≤RH<60%	$y=122.08x^{-0.608}$	−0.840	61
60%≤RH<80%	$y=118.16x^{-0.647}$	−0.775	46
80%≤RH<90%	$y=78.648x^{-0.629}$	−0.757	27
RH≥90%	$y=33.724x^{-0.540}$	−0.679	10

由图 5.34 可以看出，总体上随着 $PM_{2.5}$ 质量浓度增加，能见度呈下降趋势，但不同相对湿度下，$PM_{2.5}$ 质量浓度对能见度的影响程度不同，根据拟合曲线，$PM_{2.5}$ 质量浓度同为 75 μg/m³（轻度污染），当 RH<40%时，能见度超过 10 km，而当 RH≥90%时，能见度不足 5 km。另外，当 $PM_{2.5}$ 质量浓度大于 150 μg/m³（重度污染），能见度都在 10 km 以下。不同相对湿度区段的拟合结果表明，$PM_{2.5}$ 质量浓度与大气能见度具有良好的非线性关系（幂函数），相关系数分别在−0.68～−0.84（表 5.10），均通过 $\alpha=0.001$ 的显著性检验；但不同相对湿度区段，$PM_{2.5}$ 质量浓度与能见度的相关性有所不同，当 40%≤RH<60%，二者相关性最好，随着相对湿度增加，二者相关性逐渐减弱，RH≥90%时拟合相关系数为−0.68。以往研究发现，北京（陈义珍等，2010）、南京（于兴娜等，2015）、武汉（白永清

等，2016）、广州地区（陈义珍等，2010）等地 $PM_{2.5}$ 质量浓度与能见度相关系数分别在 −0.78～−0.90、−0.39～−0.77、−0.73～−0.84、−0.61～−0.71，可见，合肥市 $PM_{2.5}$ 质量浓度与能见度的相关程度与武汉市相当，略小于北京，但大于南京和广州。此外，北京和广州 70%≤RH<80%时，能见度与 $PM_{2.5}$ 质量浓度相关性最好；南京 40%≤RH<70%时，能见度与 $PM_{2.5}$ 质量浓度相关性最好；武汉 80%≤RH<90%时，能见度与 $PM_{2.5}$ 质量浓度相关性最好，表现出地域性差异，说明不同地区由于颗粒物组成成分和相对湿度存在差异，其对能见度的影响作用不同。

由图 5.34、表 5.10 可以看出，$PM_{2.5}$ 质量浓度与能见度呈幂函数关系，一定湿度条件下，当颗粒物质量浓度低于某浓度阈值时，能见度随颗粒物质量浓度降低而迅速升高，而当颗粒物质量浓度高于某浓度阈值时，能见度随颗粒物质量浓度变化不明显。我们以能见度 10 km 来确定颗粒物质量浓度的阈值，因为能见度 10 km 是区分霾天与非霾天的阈值，由此来确定颗粒物浓度阈值，这对颗粒污染物防治，提高城市大气能见度具有重要的指示意义（白永清等，2016）。以 RH＜40% 为例，能见度与 $PM_{2.5}$ 浓度的幂函数关系为 $y=66.281x^{-0.431}$，将能见度 10 km 代入拟合方程，计算得到 $PM_{2.5}$ 质量浓度为 81 $\mu g/m^3$，按照同样的方法，可得到其他相对湿度区段下的 $PM_{2.5}$ 质量浓度阈值（表 5.10）。可见随着相对湿度增加，$PM_{2.5}$ 质量浓度对能见度的影响敏感阈值逐渐减小。潮湿空气中，相对较低的细颗粒物质量浓度同样可以使能见度下降至 10 km 以下。对合肥市来说（有超过 70%的时段，RH≥60%），当 $PM_{2.5}$ 浓度高于 46 $\mu g/m^3$ 时，降低 $PM_{2.5}$ 质量浓度对能见度的改善效果并不明显，而当 $PM_{2.5}$ 质量浓度低于此阈值时，降低 $PM_{2.5}$ 质量浓度能显著提高大气能见度，这对改善能见度具有重要的指导意义。

5.6.2　相对湿度与能见度的关系

能见度除受颗粒物和气体分子影响外，大气中的水汽含量也是影响能见度的一个重要因素。一方面水汽本身具有较强的消光作用，直接影响能见度；另一方面，大气中的硫酸盐、硝酸盐等颗粒物通过吸收水汽使其粒径尺度增大，从而导致消光性能增大，间接影响能见度。为更好地分析相对湿度对能见度的影响，以逐时 RH 1%为间隔，得到各区间相对湿度与平均能见度、平均 $PM_{2.5}$ 质量浓度的散点分布（图 5.35）。

由图 5.35 可以看出，随着相对湿度增加，平均能见度呈逐渐下降的趋势。RH<40%时，平均能见度大于 10 km，随着相对湿度增加，能见度下降较快，对应 $PM_{2.5}$ 质量浓度也呈上升趋势；当 RH≥40%，$PM_{2.5}$ 质量浓度无明显变化趋势。40%≤RH<60%时，平均能见度基本维持在 10 km 左右；而当 RH≥60%，能见度迅速下降，这主要是由于随相对湿度升高，大气细粒子吸湿增长，其散射效率增加，特别是当 RH>90%时，气溶胶消光系数非线性增大，消光效应更为显著（Malm 和 Day，2001；曹军骥，2014）。进一步分析表明，当 RH≥60%，相对湿度每增加 1%，平均能见度降低 0.172 km，特别是当 RH≥90%时，平均能见度基本在 5 km 以下。

相对湿度通过气溶胶粒子的吸湿增长影响消光系数，进而影响能见度，其作用受到气溶胶浓度的制约，因此分析了不同 $PM_{2.5}$ 污染程度下相对湿度与能见度的关系（图 5.36），可以看出不同污染程度下，能见度随着相对湿度增加均呈明显下降趋势（相关系数在−0.6～

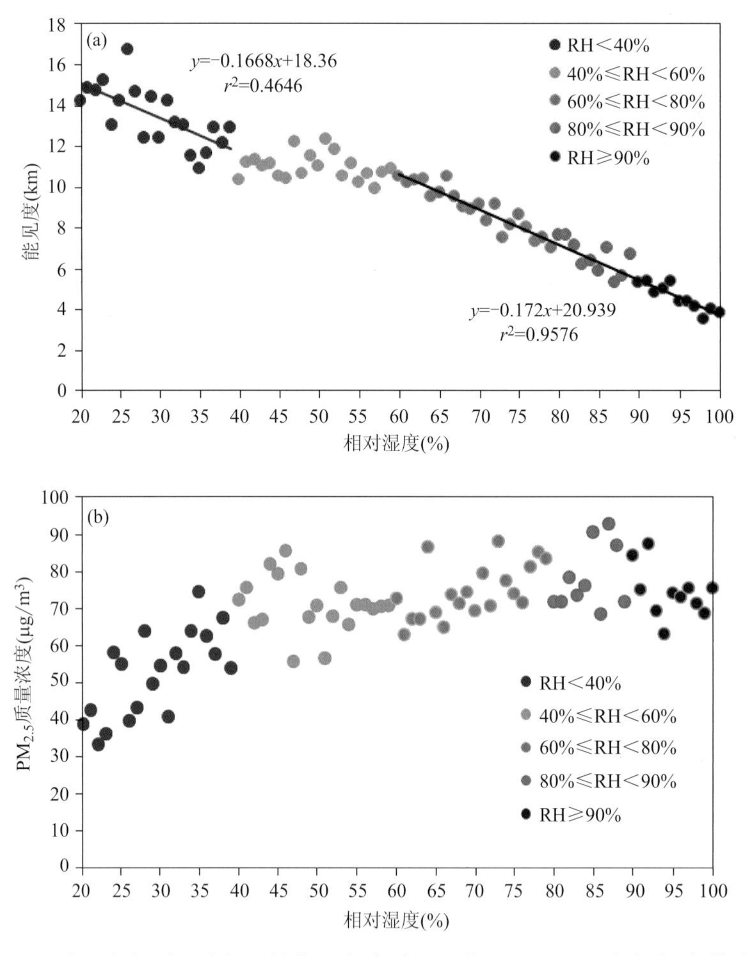

图 5.35　各区间相对湿度与平均能见度（a）、平均 $PM_{2.5}$ 质量浓度（b）散点图

−0.7 之间，均通过 α＝0.001 的显著性检验）。从相对湿度与能见度线性回归直线的斜率看，污染程度从优、良、轻度、中度、重度到严重污染，斜率分别为：−0.143、−0.137、−0.107、−0.078、−0.053、−0.041，随着污染程度加重，拟合直线斜率的绝对值逐渐减小，即污染越重，因相对湿度导致的能见度变化量越小。这表明不同污染程度下，相对湿度对能见度的作用强弱不同，污染程度较轻时，相对湿度通过气溶胶吸湿增长对能见度的作用更强。

为了更加直观地反映颗粒物质量浓度、相对湿度对能见度的共同影响，将 RH 以 5%为间隔、$PM_{2.5}$ 质量浓度以 25 μg/m³ 为间隔，给出区间能见度均值与 RH 和 $PM_{2.5}$ 质量浓度的分布（图 5.37）。可见，低能见度分布在高湿、高 $PM_{2.5}$ 质量浓度区域，较高能见度分布在低湿、低浓度区域。当 $PM_{2.5}$ 质量浓度大于 100 μg/m³ 或相对湿度大于 90%时，平均能见度基本都低于 10 km。同时沿相对湿度和颗粒物质量浓度的正方向，能见度逐渐下降，且等值线斜率逐渐增加。等值线斜率越大（小），表明能见度受 RH 影响越大（小），而受 $PM_{2.5}$ 质量浓度影响越小（大）。当能见度大于 10 km，相对湿度基本在 90%以下，等值线斜率较小，能见度相对于 $PM_{2.5}$ 质量浓度的梯度变化大于随相对湿度的梯度变化，即 $PM_{2.5}$ 质量浓度对能见度的影响大于相对湿度的影响，能见度主要随 $PM_{2.5}$ 质量浓度升高而降低；

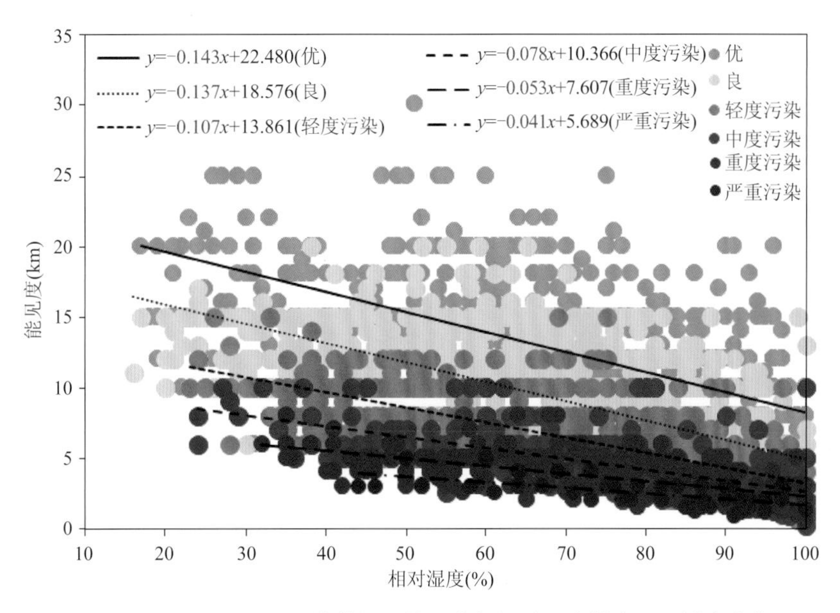

图 5.36　不同 $PM_{2.5}$ 污染等级下能见度与相对湿度散点图及拟合直线

当能见度低于 10 km，RH＞90%，斜率明显增加，能见度相对于相对湿度的梯度超过了相对于 $PM_{2.5}$ 质量浓度的梯度，能见度主要因 RH 升高而迅速降低。

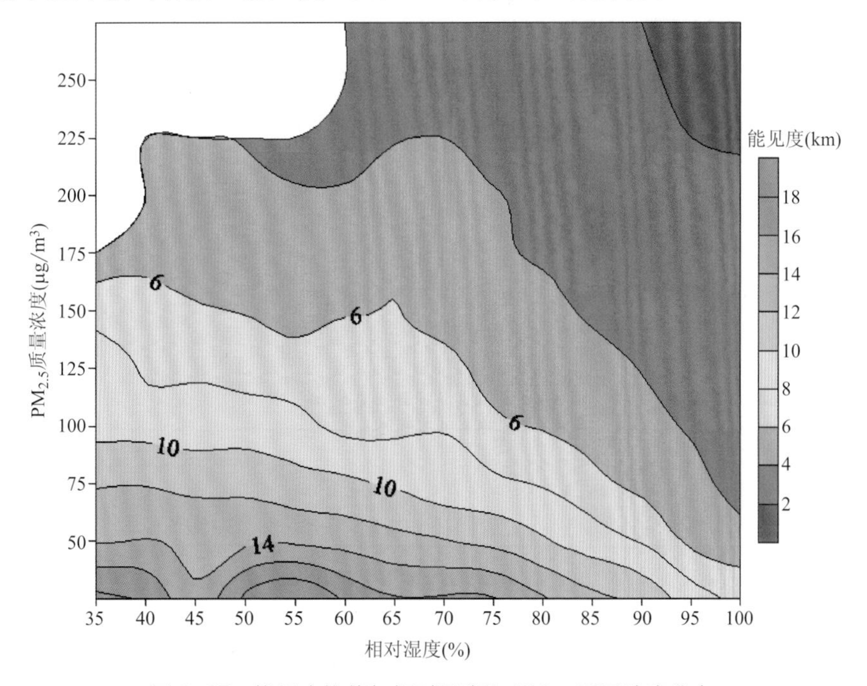

图 5.37　能见度均值与相对湿度和 $PM_{2.5}$ 质量浓度分布

综上所述，$PM_{2.5}$ 质量浓度与相对湿度共同影响合肥市大气能见度变化，较低相对湿度下（RH＜60%），能见度降低主要受颗粒物浓度升高的影响；较高湿度条件下（RH≥60%），随着相对湿度增加，颗粒物质量浓度对能见度的影响逐渐减弱，能见度恶化主要是由于相对湿度增加造成大气粒子吸湿增长，消光性能增大，且这种作用在污染程度较轻时更加突出。

5.6.3 不同等级能见度与相对湿度和 $PM_{2.5}$ 质量浓度的定量关系

图 5.38 为合肥不同相对湿度、$PM_{2.5}$ 质量浓度区间内不同等级能见度（$V\geqslant10$ km，$5\leqslant V<10$ km，$V<5$ km）出现的频率及各区间的频率分布。可以看出，合肥市大部分时次（比例为 71.9%）RH>60%，RH≥70%的比例也达到 55.6%，RH≥90%所占比例达到 20.9%，是各相对湿度区间中所占比例最大的。随着相对湿度增加，低能见度（$V<5$ km）出现频率逐渐升高，$V\geqslant10$ km 出现频率逐渐降低；当 RH<40%时，$V\geqslant10$ km 出现频率达到 88.3%，且未出现 $V<5$ km 的情况，而当 RH≥90%，$V\geqslant10$ km 出现频率仅为 9.1%，$V<5$ km 出现频率达到 64.6%。从 $PM_{2.5}$ 质量浓度的情况来看，随着 $PM_{2.5}$ 质量浓度增加，低能见度（$V<5$ km）出现频率逐渐升高，$V\geqslant10$ km 出现频率逐渐降低；当 $PM_{2.5}$ 质量浓度大于 150 $\mu g/m^3$（重度污染）时，未出现 $V\geqslant10$ km 的情况。但可以看出 $PM_{2.5}$ 质量浓度大于 150 $\mu g/m^3$ 的比例仅占 6.7%，质量浓度大于 75 $\mu g/m^3$（轻度污染）的比例占 36.0%，因此，2013—2015 年合肥大部分时间空气质量仍然以优良为主。可见，高湿度、高 $PM_{2.5}$ 质量浓度均可导致低能见度的出现。

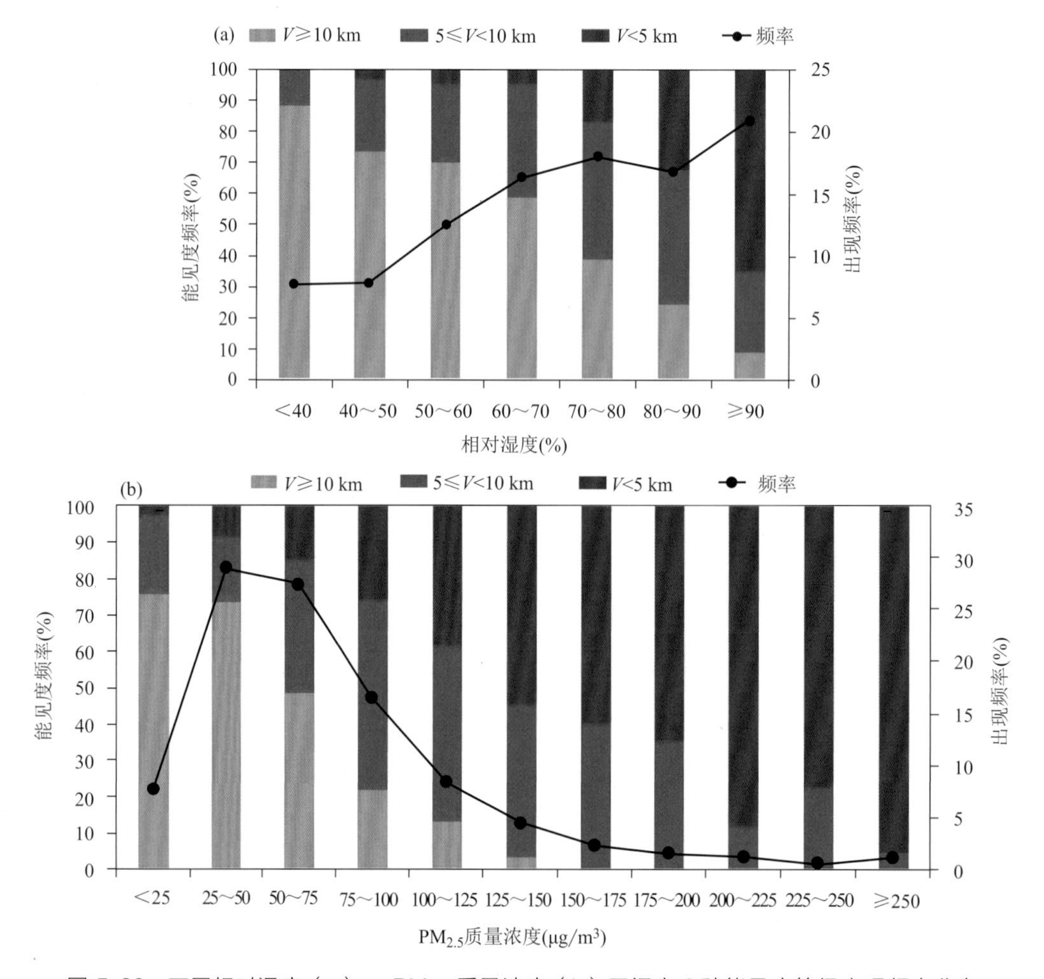

图 5.38 不同相对湿度（a）、$PM_{2.5}$ 质量浓度（b）区间内 3 种能见度等级出现频率分布

进一步分析了 3 种能见度等级下，当日相对湿度和 $PM_{2.5}$ 质量浓度的统计特征，统计量包括中位值，一、三四分位值，最大值，最小值（图 5.39）。随着能见度下降，相对湿度呈增加趋势，同一等级能见度下，相对湿度的中位值与均值比较接近，且基本都位于样本数值范围的中间位置，但不同等级能见度的中位值（均值）间有较大差异。根据上、下四分位的位置，可以看出相对湿度在 $V \geqslant 10$ km 的上四分位低于 $V<5$ km 的下四分位，但 $5 \leqslant V<10$ km 与其他两个等级能见度下相对湿度的变化范围均有所重合。如果以 75%的样本（或者上下四分位）能区分为接受标准，$V \geqslant 10$ km 与 $V<5$ km 下相对湿度存在显著差异，如 $V \geqslant 10$ km 时相对湿度有 75%以上的样本低于 75%（具体为 74.3%），而 $V<5$ km 时相对湿度有 75%以上的样本大于 80.3%，若将 RH 设为 75%，则该比例能达到 88%。对应 $PM_{2.5}$ 质量浓度，随着能见度下降，$PM_{2.5}$ 同样呈增加趋势，$PM_{2.5}$ 质量浓度在 $V \geqslant 10$ km 的上四分位与 $5 \leqslant V<10$ km 的下四分位接近，$5 \leqslant V<10$ km 与 $V<5$ km 下 $PM_{2.5}$ 的变化范围重合比较多，但 $V \geqslant 10$ km 与 $V<5$ km 下 $PM_{2.5}$ 质量浓度存在显著差异，如 $V \geqslant 10$ km 时 $PM_{2.5}$ 质量浓度的上四分位为 59 $\mu g/m^3$，$V<5$ km 时 $PM_{2.5}$ 质量浓度的下四分位为 68 $\mu g/m^3$，同样若将 $PM_{2.5}$ 设为 65 $\mu g/m^3$，则 $V \geqslant 10$ km 与 $V<5$ km 的比例分别上升至 83%、77%。

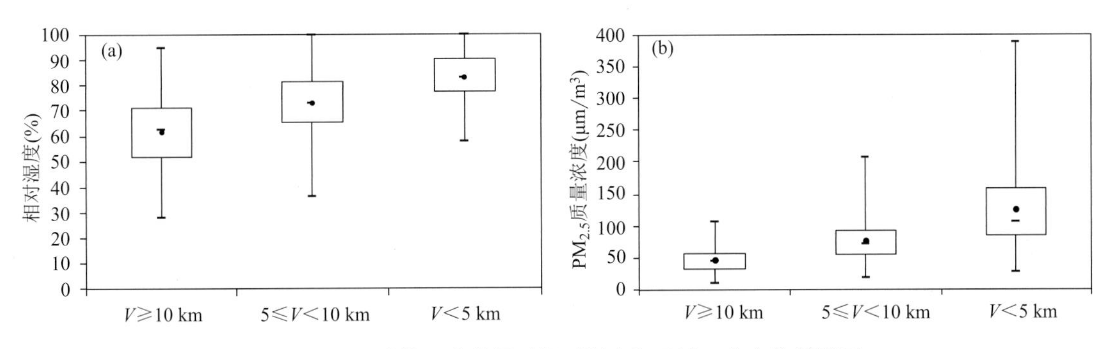

图 5.39　3 种能见度等级时相对湿度和 $PM_{2.5}$ 分布的箱线图

（上下两个横线分别表示最大值和最小值；长方形中的横线表示中值，

实心圆表示均值；长方形的下、上边分别表示第一、三四分位值）

（a）相对湿度；（b）$PM_{2.5}$ 质量浓度

以上分析表明，随着相对湿度增加，或者 $PM_{2.5}$ 质量浓度增加，低能见度出现频率呈上升趋势；高湿度、高 $PM_{2.5}$ 质量浓度均可导致低能见度的出现，但合肥市高湿度出现频率明显超过 $PM_{2.5}$ 污染的比例。

5.7 安徽气溶胶污染气象条件

大气污染的强度和范围由污染源排放和不利气象条件共同决定。因此，在排放源不变的情况下，研究气象条件对气溶胶粒子（如：PM_{10}、$PM_{2.5}$）污染影响是对其进行治理和精准预报的关键。自 2006 年以来我们利用多源资料，基于轨迹分析、聚类分析、相关性分析等多种统计方法研究了局地气象条件、输送条件对合肥市霾、PM_{10}、$PM_{2.5}$ 的影响（石春娥等，2008b；张浩等，2010；周述学等，2017）。本节给出合肥市 $PM_{2.5}$ 质量浓度与局地气象要素及输送条件的关系。

5.7.1 $PM_{2.5}$ 质量浓度与局地气象要素的关系

表 5.11 给出了 2013—2015 年合肥 $PM_{2.5}$ 质量浓度与部分地面气象要素的相关系数，为去除降水影响，计算 $PM_{2.5}$ 质量浓度与能见度和风速的相关系数时去掉了日降水量 10 mm 以上的样本。总体上，$PM_{2.5}$ 质量浓度与能见度和地面风速都成负相关。与能见度的相关很强，达到了 99%的置信水平，且相关系数季节变化不大。低风速可导致局地产生的大气污染物积累，高风速有利于局地污染物的扩散和对外输送，因此，一般情况下，污染物质量浓度与风速呈反相关。合肥 $PM_{2.5}$ 质量浓度与风速相关系数绝对值夏季最大，春季最小。由于受季风气候影响，合肥夏季盛行偏南风，而合肥以南地区污染物排放强度较合肥以北地区低（Zhang et al.，2009；曹国良等，2011），不论从输送的角度还是从局地污染物扩散的角度都是可以解释的，即风速增大有利于污染物的扩散；其他季节都是盛行偏北风，安徽的西北、北、偏东方都是 SO_2、NO_2 等排放大值区，因此，这些来向的风作用比较复杂，既可造成外来污染物的输入，也可以加强本地污染物的扩散作用，所以相关性较弱。

表 5.11 $PM_{2.5}$ 日均质量浓度与部分气象要素日均值的相关系数

时间	能见度	风速
全年	−0.67**	−0.30**
春季	−0.61**	−0.20*
夏季	−0.67**	−0.45**
秋季	−0.66**	−0.29**
冬季	−0.63**	−0.20*

注：**、* 分别表示 $\alpha=0.01$、$\alpha=0.05$ 显著性检验。

$PM_{2.5}$ 重污染日对应着低能见度、小风的静稳天气(表 5.12)。重污染日往往对应着霾和轻雾天，也会出现降水和雾；而在清洁日，雾、霾天很少，往往对应着降水或者大风(平均风速 3 m/s 以上)，出现降水的比例高达 75%(石春娥等，2017b)。$PM_{2.5}$ 重污染日都对应着低能见度、小风(2 m/s 以下)的所谓“静稳天气”，同时相对湿度偏高。重污染日对应的日均能见度在 0.7～8 km，73%的样本日均能见度低于 5 km；日均相对湿度的变化范围为 40%～98%，92%的样本高于 60%，中位值为 76%。$PM_{2.5}$ 重污染且日均能见度高于 5 km 往往对应着低相对湿度(<60%)。接近 80%的重污染时次相对湿度在 70%以上(石春娥等，2017b)；日均风速的变化范围为 0.63～3.33 m/s，中位值为 1.52 m/s，仅 4 例日均风速大于 3 m/s，如上文所述，风对污染输送的作用比较复杂，不同污染等级日风速均值差异也不太明显。

表 5.12 $PM_{2.5}$ 重污染日与 $PM_{2.5}$ 低浓度日天气现象和地面气象要素统计特征

$PM_{2.5}$ 浓度等级	气象参数均值			天气现象出现频率(%)				总天数(d)
	风速(m/s)	相对湿度(%)	能见度(km)	降水	霾	雾	轻雾	
优	2.5	80.3	12.0	74.7	2.4	0.8	53.7	123

续表

$PM_{2.5}$ 浓度等级	气象参数均值			天气现象出现频率(%)				总天数(d)
	风速(m/s)	相对湿度(%)	能见度(km)	降水	霾	雾	轻雾	
良	2.1	74.4	9.1	46.1	26.2	1.2	71.1	492
轻度污染	1.8	73.9	6.8	30.2	68.7	3.9	85.4	281
中度污染	1.6	74.7	5.3	28.4	76.5	4.9	87.6	81
重度污染	1.6	76.0	3.8	14.3	79.8	13.1	82.1	84

注：风速和湿度是 24 h 平均，能见度是 08 时、14 时、20 时 3 个时次平均。

虽然表 5.12 中相对湿度均值在重污染日与其他等级日差异不大，但白天重污染日的相对湿度明显高于清洁日以外的浓度等级日（图 5.40），尤其是 08—14 时，如上所述，清洁日往往有降水，受降水天气影响，相对湿度较大。重污染日的风速在中午前后明显低于其他浓度等级日。这些特征对重污染的预报有一定的参考价值。

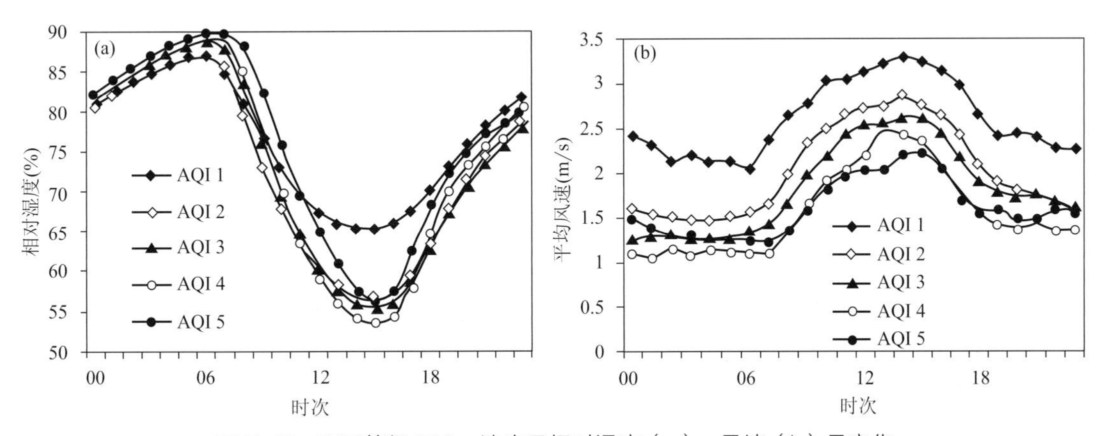

图 5.40　不同等级 $PM_{2.5}$ 浓度日相对湿度（a）、风速（b）日变化

（AQI 1—AQI 5 对应 $PM_{2.5}$ 分指数从优到重度污染）

为探讨不同 $PM_{2.5}$ 浓度等级日风向的差异，首先计算了每日主导风，然后计算了各风向作为主导风的次数及在该类样本中的占比（图 5.41）。可以看到，$PM_{2.5}$ 重污染日的主导风以西北风、东北风和东东南风最多，无南风到西南西风，静风和无主导风也有一定的比例。而在 $PM_{2.5}$ 低浓度日的主导风向以东北风最多，其次就是南风到西南风，没有静风。与其他各浓度等级相比，$PM_{2.5}$ 重污染日的西北风频率显著增大（达 23.8%）；与 $PM_{2.5}$ 低浓度日相比，重污染日西北风和东南偏东风显著增多，南风和西南偏南风明显减少。另外，也注意到，中度污染时，东东南风到南南东风显著增多。不同等级 $PM_{2.5}$ 质量浓度日地面主导风的这种变化与我们已有的关于输送条件对霾的影响研究结论一致（石春娥等，2014）。

5.7.2　合肥 $PM_{2.5}$ 输送轨迹

应用聚类分析的方法对 2013—2015 年合肥市非降水日 100 m 高度（代表近地层）和 1000 m 高度（代表边界层中上部）的 72 h 后向轨迹进行分类，结合生态环境部公布的 $PM_{2.5}$ 浓度观测资料研究了不同输送态势与该地区 $PM_{2.5}$ 浓度之间的关系（周述学等，2017）。近地层和边界层中上部分别得到 7 组和 6 组不同的后向轨迹，分析发现 1000 m 高度

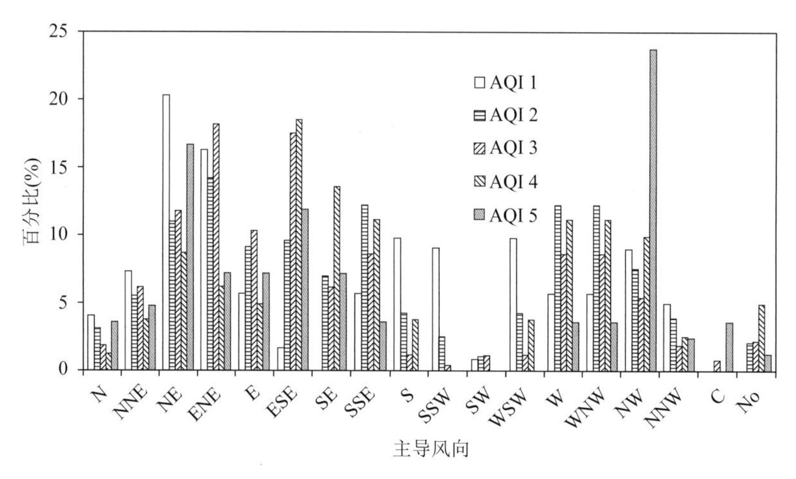

图 5.41　不同等级 $PM_{2.5}$ 浓度日主导风向频率分布

各组轨迹对应的地面 $PM_{2.5}$ 日均浓度虽然存在明显差异，但差异程度不及 100 m 高度各组差别大，说明 $PM_{2.5}$ 的输送更多地取决于近地面的输送条件。因此，本节给出 100 m 高度后向轨迹分析结果。

近地层平均后向轨迹水平分布见图 5.42，各组对应的日均 $PM_{2.5}$ 浓度统计特征见图 5.43 和表 5.13，图 5.43 的横坐标（G1—G7）对应着图 5.42 中各组序号。由图 5.42 可见，100 m 高度的 7 组中有 6 组分别来自 3 个不同的主要来向，分别为偏东（E）、偏东北（NE）和偏西北（NW），每个主要来向有长短两组。图中，第 2、3 组，第 6、7 组和第 1、4 组分别来向接近，长度不同。因此，表 5.13 中组号后用英文字母给出了各组轨迹的主要来向，并用下标 L、S 分别表示同一来向的长、短轨迹，为描述方便用表 5.13 中的组号表示方法来指代各轨迹组。

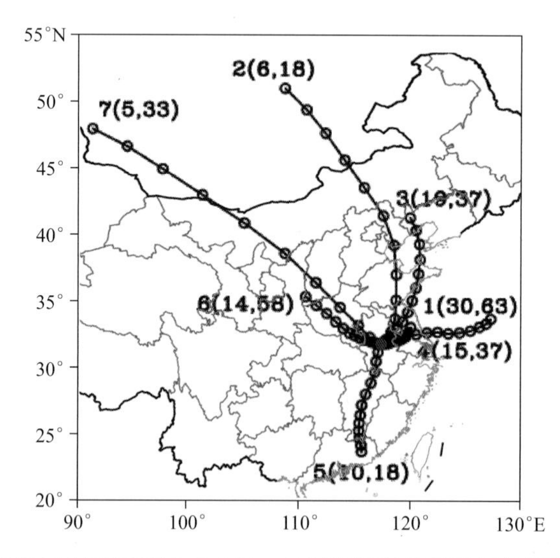

图 5.42　2013—2015 年 14 时非降水日 100 m 高度后向轨迹聚类后各组轨迹的平均轨迹分布
（括号外的数字为分组序号，括号内左边数字为该组轨迹占总轨迹数的百分比，
右边数字为该组轨迹中 $PM_{2.5}$ 达轻度以上污染天数的百分比）

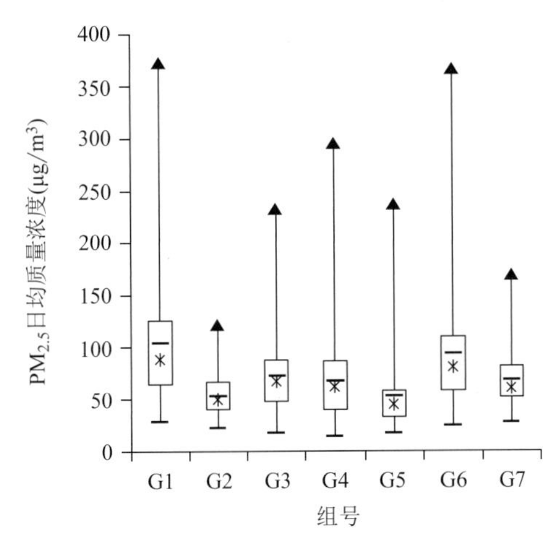

图 5.43　各轨迹组对应的 $PM_{2.5}$ 日均质量浓度统计特征

（长方形的上下边分别表示第三（75%）和第一（25%）四分位值，长方形中的星号表示中位值，长方形中的横线表示均值，长方形上下线端的三角形和横线分别表示最大值和最小值）

由图 5.42 和表 5.13 可以看出，不同输送轨迹对应的 $PM_{2.5}$ 质量浓度、重污染（$PM_{2.5}$ 日均质量浓度大于 150 μg/m³）天数、平均能见度、地面平均风速、相对湿度等都有显著不同（表 5.13）。来向偏东的 G1-E_S 和来向偏西北的 G6-NW_S 出现 $PM_{2.5}$ 污染的百分比分别为 63% 和 58%，重污染天气也主要出现在这 2 组；而来向为南方的第 5 组（G5-S）和东北长轨迹（G2-NE_L）对应的 $PM_{2.5}$ 污染的百分比不到 20%。不同来向轨迹对应的 $PM_{2.5}$ 污染的百分比和重污染天数的差异说明输送条件对该地区 $PM_{2.5}$ 污染有重要影响，或者输送轨迹对 $PM_{2.5}$ 污染程度有非常好的指示意义。各组轨迹对应的地面气象要素统计结果（表 5.13）与图 5.42 中轨迹长度有较好的一致性，如轨迹越短，意味着气团移动慢，对应的地面风速低，有利于污染物的累积，能见度下降，反之，气团移动快、地面风速高，有利于污染物的扩散，能见度上升。

表 5.13　合肥市 2013—2015 年 100 m 高度各类轨迹对应的能见度（V）、相对湿度（RH）、风速（WS）的统计特征

组号-主要来向	重污染天数(d)	平均能见度(km)	平均风速(m/s)	相对湿度(%)
G1-E_S	52	6.8	1.7	75.5
G2-NE_L	0	10.8	2.4	63.6
G3-NE_S	10	8.0	2.0	75.1
G4-E_L	5	8.0	2.1	79.7
G5-S	1	11.2	2.5	73.5
G6-NW_S	14	8.0	1.8	68.7
G7-NW_L	1	10.6	2.0	61.3

由图 5.43 可见，不同来向的轨迹组或者来向近似但长度不同的轨迹组，所对应的 $PM_{2.5}$ 平均质量浓度、浓度范围等会都有显著差异。

各组 $PM_{2.5}$ 日均质量浓度最低值都在 30 μg/m³ 以下，但最大值有较大差异，除了第 2 组，都有重污染出现，最大的 $PM_{2.5}$ 质量浓度均值约为最小均值的 2 倍。各组 $PM_{2.5}$ 质量浓度均值按大小顺序排列为 G1-E_S＞G6-NW_S＞ G3-NE_S＞ G4-E_L＞ G7-NW_L＞G2-NE_L＞G5-S，中位值的排序与均值基本一致，差别在于第 4、7 组交换顺序。均值浓度最高的 3 组属于 3 个不同来向的短轨迹组，同一来向，轨迹短对应的 $PM_{2.5}$ 质量浓度高。下面根据 $PM_{2.5}$ 质量浓度分布特征把这 7 组分成最高（G1-E_S、G6-NW_S）、最低（G5-S、G2-NE_L）和居中（G3-NE_S、G7-NW_L、G4-E_L）3 类，解析浓度与输送条件的关系。

$PM_{2.5}$ 浓度均值排名第一、二的 G1-E_S 组和 G6-NW_S 组重污染天数也是各组中居第一、第二，分别占重污染总天数的 62%和 17%；这 2 组轨迹对应的中位值和均值都大于 75 $\mu g/m^3$（轻度污染的下限值），说明这两组轨迹对应的天气有超过 50%的概率出现 $PM_{2.5}$ 污染。G1-E_S 主要是由经过安徽、山东及长三角地区的轨迹组成，组内轨迹都比较短，说明气团移动较慢，对应地，地面平均风速最低，包括安徽在内的东部地区气压梯度低，相对湿度为第二高（75.5%），说明这一组属于“静稳、高湿的气团”。G6-NW_S 中轨迹主要来自偏西北方向，相对湿度各组中偏低，在过去 72 h，主要经过安徽、河南、湖北、山东、山西，对应的海平面气压场上，东部地区气压梯度低，经天气图主观分析判断为安徽位于槽前弱高压区，说明这一组属于“静稳气团”。据已有文献，河南、华北、长三角均是中国各类大气污染物源排放高值区（Zhang et al.，2009；曹国良等，2011），因此，这两类天气形势既有利于合肥本地污染物的累积，又有利于河南、长三角和华北的高浓度污染物向本地的汇集，容易形成高浓度 $PM_{2.5}$ 污染。这两类轨迹出现次数占比之和达 44%，因此，从污染输送的角度，安徽处于很不利的地理位置。

$PM_{2.5}$ 质量浓度最低的两组（G5-S、G2-NE_L）轨迹总体较长，对应的能见度最高，$PM_{2.5}$ 质量浓度均值和中位值都接近，均值约是 G1-E_S 组的一半，仅出现 1 次 $PM_{2.5}$ 重污染，第三四分位值均低于 75 $\mu g/m^3$，说明这 2 组 75%以上的样本不属于 $PM_{2.5}$ 污染日。G5-S 轨迹占比 10.3%，主要来自华南，过去 72 h 路经各类污染物源排放相对较低的区域，对应着移动较快的气团，组内平均风速最高，海平面气压图上中国东南部等压线较密。G2-NE_L 轨迹占比仅 6.4%，过去 72 h 路经内蒙古、东北、华北和山东，有污染物源排放高值区，与东北短轨迹（G3-NE_S）相比，路径略偏西，但这一组轨迹相对较长，最远能延到蒙古国，说明对应着移动较快的气团，组内平均风速较高，不利于污染物的累积，相对湿度偏低（63%），未见重污染天气，海平面气压图上，安徽位于高压前部，且华东到东海洋面上等压线较密。

$PM_{2.5}$ 质量浓度居中的 3 组（G3-NE_S、G7-NW_L、G4-E_L）对应的质量浓度均值差别不大，均值和中位值均低于 75 $\mu g/m^3$，说明出现 $PM_{2.5}$ 污染的概率不到 50%。G3-NE_S 轨迹平均轨迹南北跨 10 个纬度，超过 G5-S，但对应的 $PM_{2.5}$ 浓度第 3 高，且有 10 次重污染（占总数的 12%）。该组轨迹主要来自偏北方向，来向相对集中，在过去 72 h 主要经过安徽、河南、山东、长三角、华北，最远可到东北和内蒙古，地面平均风速 2.0 m/s，各组中居中（表 5.13），对应的海平面气压场上东部地区气压梯度低。这一类输送条件虽然天气形势不算静稳，但这一类轨迹到达合肥之前所经过的地区属于我国各类大气污染物源排放高值区，同时风速并不大，有利于将华北和长三角的高浓度污染物向本地的输送、汇集，形成高浓度 $PM_{2.5}$ 污染。这一类轨迹出现次数占比 19%，仅次于 G1-E_S。G7-NW_L、G4-E_L 都是起始于源排放较低的区域，但在到达合肥之前都经历了源排放较高的区域，区别在于，G7-NW_L 来自干旱的内陆地区，G4-E_L 来自湿润的洋面。相应地，相对湿度分别为各组中最低和最高，两组的 $PM_{2.5}$ 浓度较接近，但两组的能见度差异显著，来自洋面的轨迹对应的能见度比来自内陆的轨迹对应的能见度低 2 km，这与相对湿度有关。

5.7.3　合肥 $PM_{2.5}$ 重污染型近地层输送路径

对合肥市 3 年间出现的 84 个 $PM_{2.5}$ 重度以上污染日的 100 m 和 1000 m 后向轨迹进行聚类，去掉仅 1 根的轨迹组，分别得到 7 组和 6 组，各组平均轨迹的水平分量见图 5.44，垂直分量见图 5.45。100 m 高度，第 1—5 组天数之和为 77 d，占总天数的 91.7%。这 5 组轨迹水平延伸范围小，主要来向以偏东到偏北方向为主，除第 5 组外，各组内轨迹过去 72 h 延伸的范围主要为安徽、江苏、山东、上海；从垂直方向看，这 5 组过去 48 h 都不超过 950 hPa，第 2、5 组有下沉趋势（图 5.45a），其他各组几乎都是在同高度平流，说明气流一直在近地层平流运动。来自西北方向的第 6、7 组水平方向较长且垂直方向跨度较大，在过去 72 h 内有明显的下沉过程，但这 2 组次数较少，都发生在冬季。这再次说明西北地区的沙尘气溶胶中的细粒子经远程输送到东部地区可以加剧东部地区 $PM_{2.5}$ 污染。由图 5.45 a 还可以看到，在到达本地区之前的 24 h 内，各组轨迹的垂直分量都在 950 hPa 以内。在过去 72 h 到 24 h，第 6、7 组存在显著的下沉运动，平均下沉高度分别为 2717 m 和 2207 m；第 1—5 组的平均下沉高度分别为 43 m、732 m、130 m、43 m、270 m。

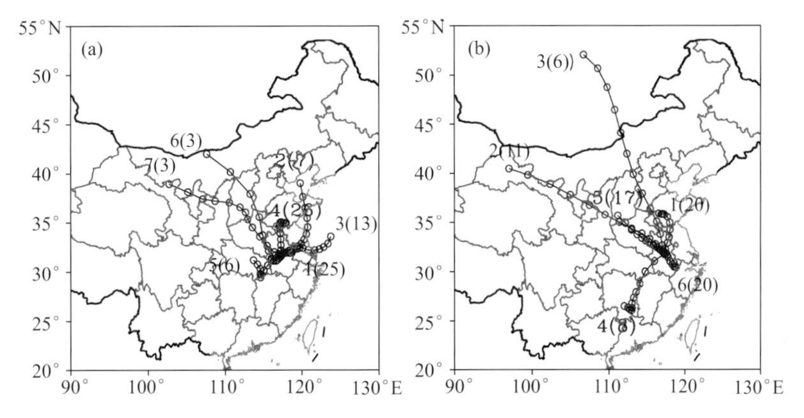

图 5.44　合肥市 2013—2015 年 $PM_{2.5}$ 重污染日 14 时 100 m（a）和 1000 m（b）高度后向轨迹聚类后各组轨迹的平均轨迹分布

（轨迹末端括号外为分组序号，括号内为各组轨迹天数）

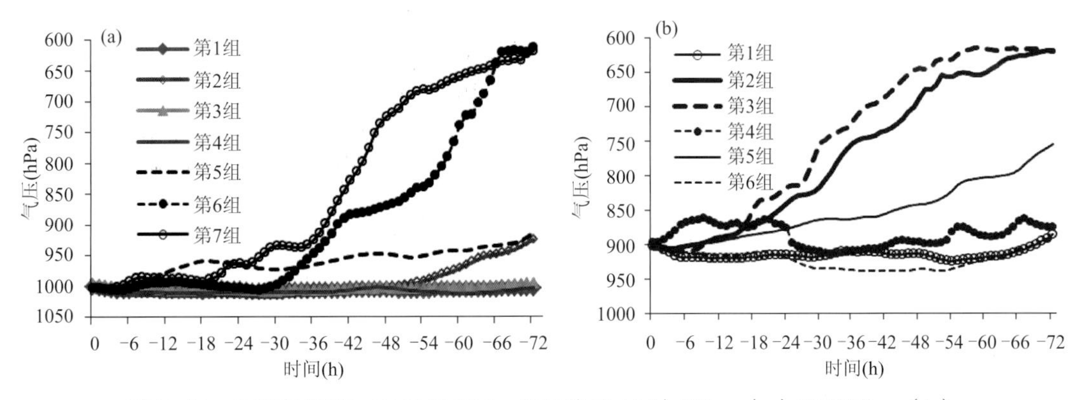

图 5.45　合肥市 2013—2015 年 $PM_{2.5}$ 重污染日 14 时 100 m（a）和 1000 m（b）高度后向轨迹聚类后各组轨迹的垂直分量

由图 5.44b 可见，1000 m 高度有 4 组（第 1、4、5、6 组）平均轨迹水平分量长度约为另外两组（第 2、3 组）的一半，甚至更短，这 4 组天数之和为 65 d，占总天数的 77%，第 2、3 组平均轨迹水平方向 72 h 伸展达到了新疆或蒙古国。从组内轨迹分布（图略）看，第 5、6 组的轨迹来向混乱，围绕本地打转的较多，其他各组来向基本一致。另外，1000 m 高度各组轨迹在垂直方向上的分布比较离散，平均来看，水平分量较长的第 2、3 组和西北来向的第 5 组，垂直方向跨度比较大，有明显的下沉过程，下沉运动主要发生在 72～24 h，第 3 组还能看出源地的上升趋势。

利用 MICAPS 中欧洲中期天气预报中心（ECMWF）分析场分别计算了 100 m 高度各组轨迹对应的平均海平面气压和 1000 m 高度各组轨迹对应的 850 hPa 平均高度场（图 5.46、图 5.47），100 m 高度的第 2 组与第 3 组相似。同时用 MICAPS 系统逐个分析了重污染日不同高度的影响系统。

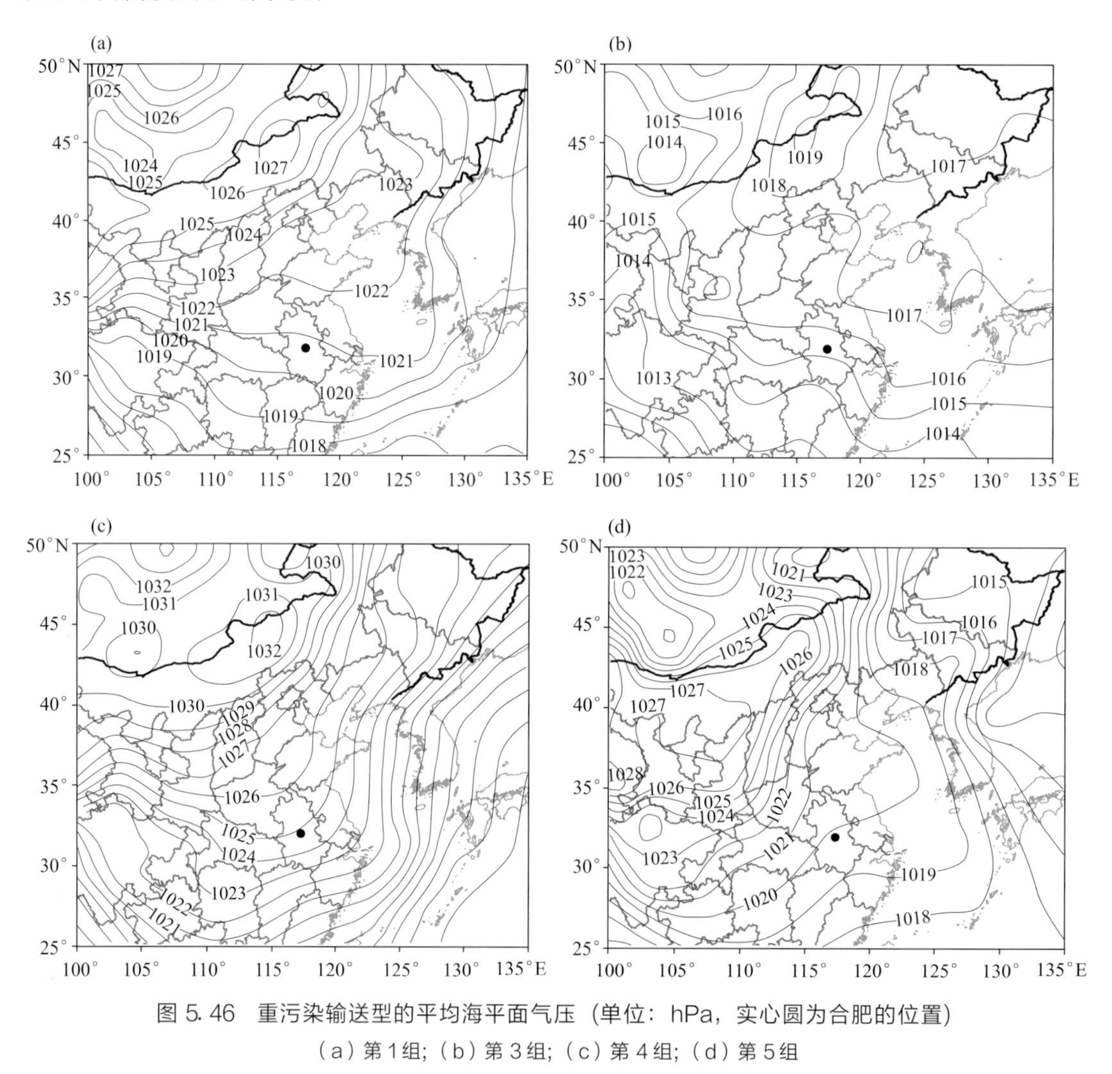

图 5.46 重污染输送型的平均海平面气压（单位：hPa，实心圆为合肥的位置）

（a）第 1 组；（b）第 3 组；（c）第 4 组；（d）第 5 组

虽然重污染日的轨迹长度有差异，但 100 m 高度 1、3 组轨迹对应的海平面气压分布仍有共同之处，主要表现为：在蒙古国中西部（102°E，45°N 附近）有一个闭合的低压系统；在内蒙古中东部（115°E，45°N 附近）有一个高压系统，从华北到长江三角洲地区属于内蒙

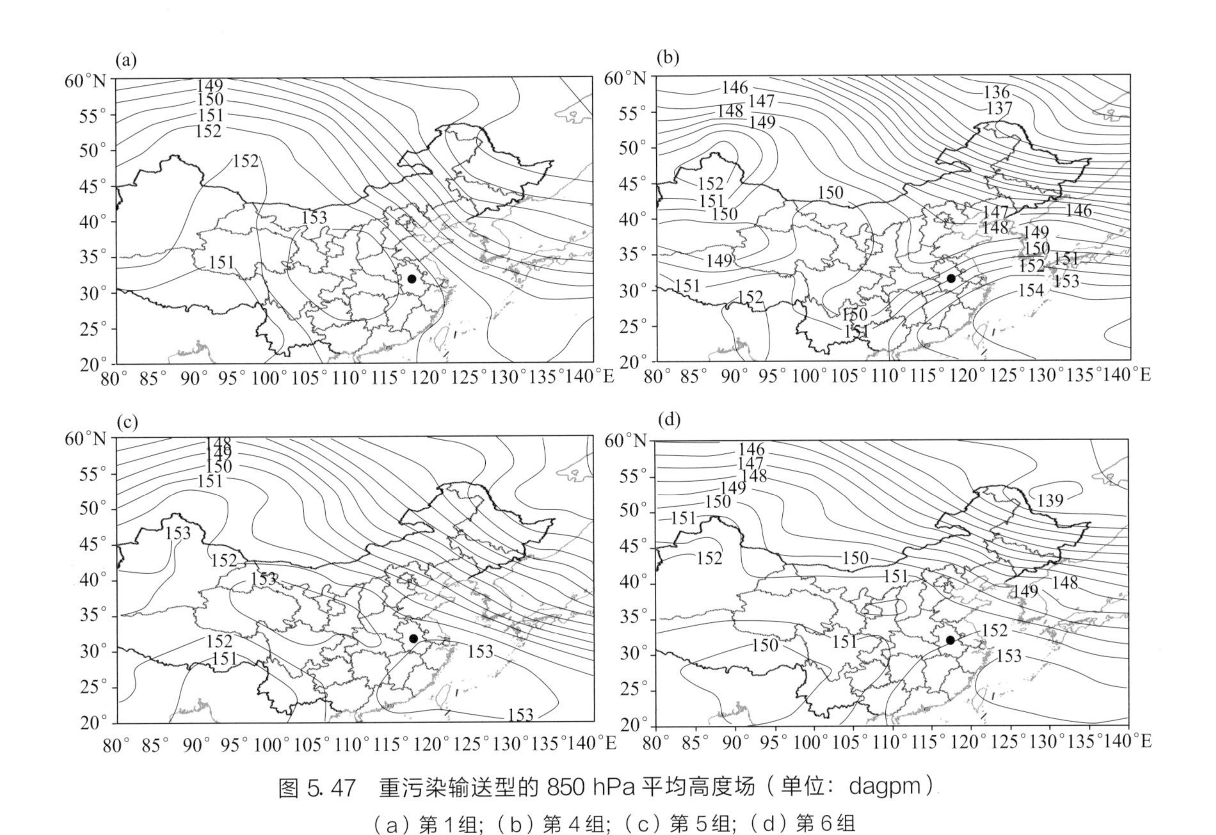

图 5.47　重污染输送型的 850 hPa 平均高度场（单位：dagpm）

（a）第 1 组；（b）第 4 组；（c）第 5 组；（d）第 6 组

古东部高压系统南边的均压场，等值线稀疏、气压梯度低。第 5 组，内蒙古中部高压中心位置略偏西、偏南，安徽西北部省份气压等值线相对密集。第 4 组对应的海平面气压图上，内蒙古中部的高压最强，华北到东海洋面的气压等值线较密，比较之下，河北南部到安徽中北部等值线较稀疏。

根据天气图的主观判断，各组对应的影响安徽的系统为：第 1 组主要是高压系统和低槽过境；第 2、3 组主要是冷高压；第 4 组为反气旋和槽；第 5 组为低槽；第 6、7 组为低槽和反气旋。

1000 m 高度，第 2、3 组形势与第 1 组相似，总体上，与 2001—2005 年合肥市出现 PM_{10} 轻度污染的轨迹和分布形势相似（石春娥等，2008b）。第 1—3 组，从中国西北到东南都被大陆高压控制，高压主体位置略有不同，长三角均位于高压的东侧；第 5、6 组形势与第 1—3 组也相似，即从我国西北到东南沿海等高线稀疏、气压梯度低，但是除了西北地区一个高压中心外，在中国东南地区也有一个高压中心，长三角位于两高之间的均压区；以上各组的共同特点是，从西北到东南沿海等高线稀疏，850 hPa 高度主导风向为西北风到偏北风为主，偶尔东南风，或者风向不确定（第 6 组）。第 4 组与上述各组差别较大，存在 2 个高压，一个中心位于新疆北部，另一个位于东南洋面上，从华北到西南地区有一个槽，安徽位于槽前，主导风向为西风到西南风，从安徽到华南地区等高线较密，气压梯度较大。

根据天气图的主观判断，850 hPa 高度，各组对应的影响安徽的系统为：第 1—3 组为槽后、低槽过境；第 4 组为槽前和低槽过境；第 5 组种类较多，包括脊和高压、槽后，低槽过境；第 6 组，低槽过境为主，也有低涡、高压。

5.8 安徽冬季 $PM_{2.5}$ 重污染形成的不利气象条件

自2013年年底，国务院发布《大气污染防治行动计划》以来，我国减排措施取得显著成效，《中国统计年鉴》的数据显示，近年来安徽及周边省份的气态大气污染物和烟尘排放量呈下降趋势，我国东部地区空气质量得到显著改善（Xu et al.，2016）。根据生态环境部公布的数据，2013—2015年，合肥 $PM_{2.5}$ 年均质量浓度下降、重污染天气逐年减少（石春娥等，2017b），上海2015—2017年冬季轻度以上污染的天数呈逐年下降的趋势，2015、2016、2017年分别为42、34和22 d①。但是，2017年冬季（2016年12月—2017年2月），安徽省大部分城市 $PM_{2.5}$ 污染比2015、2016年同期相比明显加重，污染天数增多。这为深入研究安徽冬季不利气象条件提供了条件。本节首先应用轨迹分析-聚类分析，结合2015—2017年冬季逐日AQI数据、常规气象资料、气象再分析格点资料、气候指数等多源数据，从输送路径、大尺度垂直运动、气候背景等多个角度研究了安徽易于形成 $PM_{2.5}$ 污染的不利气象条件。

5.8.1 2015/2017年冬季安徽城市 $PM_{2.5}$ 污染实况

根据生态环境部2015—2017年的观测数据，安徽冬季（12月、1月、2月）轻度以上污染天数明显高于其他季节（图5.48）。冬季污染天数占全年的46%，但66.5%的中度以上污染天数以及80%的重度以上污染日出现在冬季，冬季98%的污染日首要污染物是 $PM_{2.5}$。这说明冬季 $PM_{2.5}$ 污染水平明显高于其他季节。

在2014年安徽省所有城市实施 $PM_{2.5}$ 质量浓度在线监测后的前三个冬季，$PM_{2.5}$ 污染日呈明显的增长趋势（图5.49）。从2015/2016年冬季到2016/2017年冬季，中度及以上污染日增加35%（从13.9 d增加到18.7 d）。除了六安、芜湖和黄山，其他城市都在2016/2017年冬季经历了最多的污染日（AQI>100）（图5.50）。

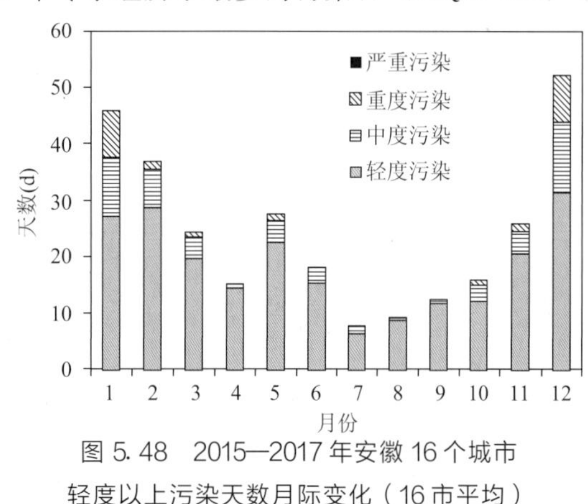

图5.48 2015—2017年安徽16个城市轻度以上污染天数月际变化（16市平均）

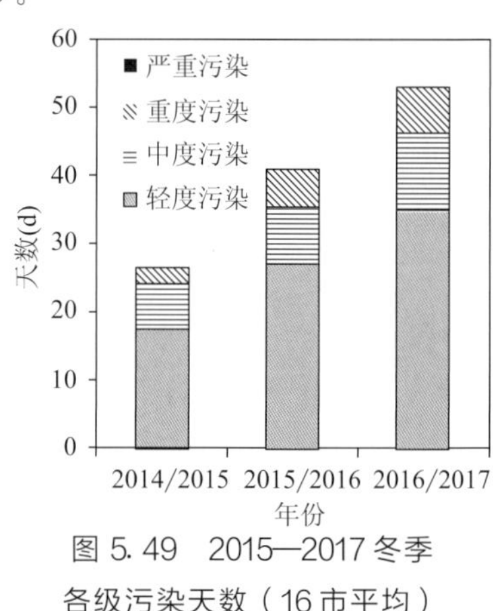

图5.49 2015—2017冬季各级污染天数（16市平均）

① 数据来自 http：//www.semc.gov.cn/aqi/home/Index.aspx。

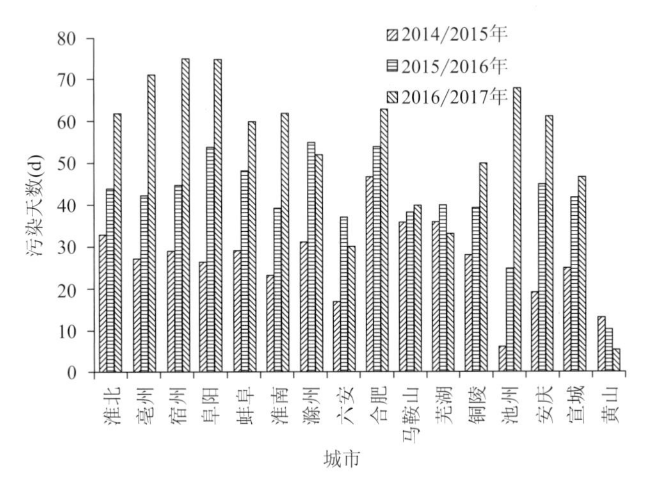

图 5.50　2015—2017 年三个冬季安徽各地级市污染（AQI > 100）天数

5.8.2　安徽及周边省份的排放源变化情况

$PM_{2.5}$ 的来源有一次污染物和二次污染物。合肥市的观测结果表明，在中重度污染日，$PM_{2.5}$ 中的主要无机离子为硝酸盐（NO_3^-）、硫酸盐（SO_4^{2-}）和铵盐（NH_4^+）（石春娥等，2017b，图 5.24），这表明 SO_2 和 NO_x 是 $PM_{2.5}$ 的主要前体物。根据中国国家统计年鉴[①]，安徽及其周边省份的 SO_2、NO_x 和粉尘的年排放量自 2011—2016 年呈下降趋势（图 5.51），2015—2016 年下降尤为明显，如 2015—2016 年，安徽年 SO_2、NO_x 和粉尘排放量分别下降了 41%、29%和 41%。由图 5.51 还可以看出，过去几年安徽省的 SO_2 排放量在七省中最低，约为山东、河南（安徽以北省份）和江苏（安徽以东省份）的三分之一到一半。山东、河南和江苏的 NO_x 和粉尘排放量比安徽省高很多（这些省氮氧化物的排放量是安徽的 1.5～2 倍），江西、湖北和浙江的 NO_x 和粉尘排放量比安徽略低或相当。即使考虑到各省份的面积差异，也可以肯定地认为，中国东部的污染物排放量分布不均，在安徽省北部和东部省份较高，在安徽省及其南部省份较低。因此，从污染物传输角度，安徽省以北、以东省份是安徽省污染输送的上游地区。

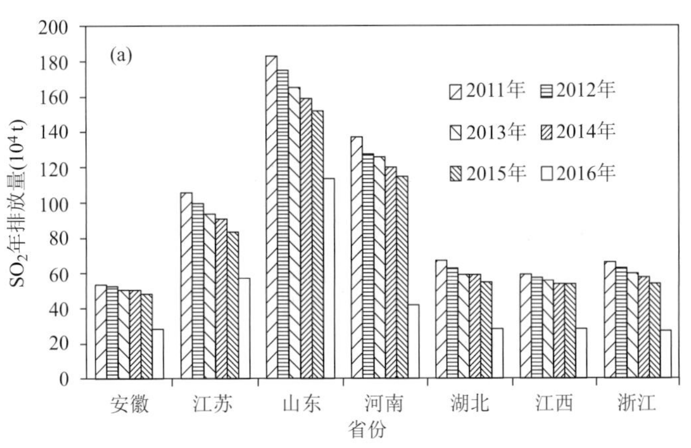

① http：//www.stats.gov.cn/tjsj/ndsj/。

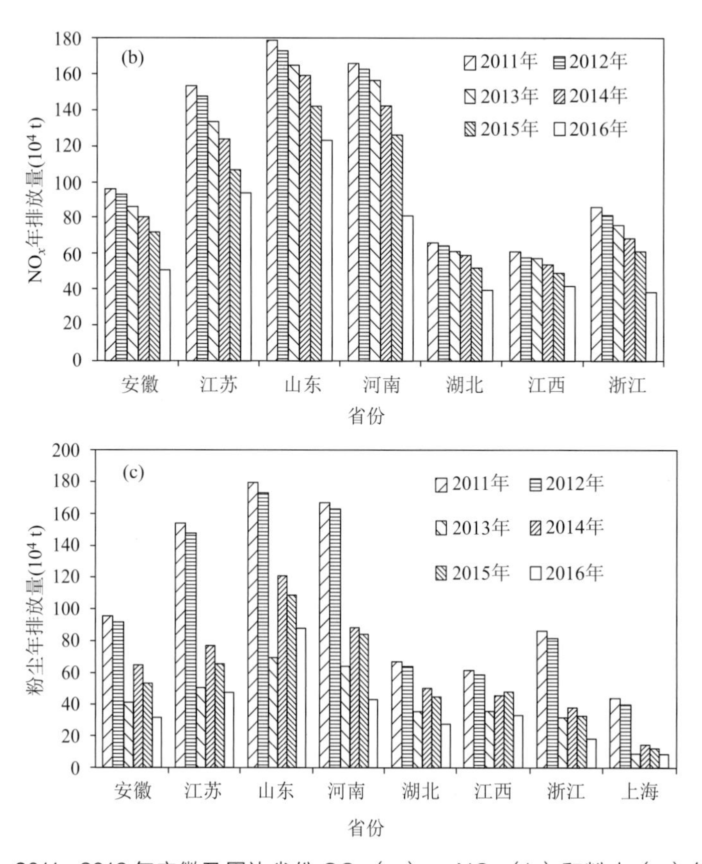

图 5.51　2011—2016 年安徽及周边省份 SO_2（a）、 NO_x（b）和粉尘（c）年排放量

5.8.3　2015—2017 年冬季的局地气象条件

根据以往的研究（石春娥等，2017b；于彩霞等，2018），降水（尤其是 24 h 降水量超过 10 mm 的降水）和风速是影响地面 $PM_{2.5}$ 浓度的两个关键因素。例如，合肥的清洁空气（低 $PM_{2.5}$ 浓度日，AQI⩽50）通常与降水或大风日对应。利用从安徽省气象信息中心获得的安徽省 80 个市（县）的小时地面气象观测资料，分析了安徽沿淮淮北、江淮之间、沿江江南 3 个区域各冬季与污染物稀释和湿沉降有关的局地气象要素（表 5.14）。在三个冬季中，长江以北两个子区 2016/2017 年冬季降水量最多、降水日数和 10 mm 以上降水日数最多、小风日数（平均风速低于 2 m/s）最少，平均风速最高。这表明，与 2014/2015 年和 2015/2016 年冬季相比，2016/2017 年冬季的当地气象条件总体上有利于大气污染物的清除和扩散。

表 5.14　2015—2017 年冬季安徽不同子区降水日数、降水量和风速的平均值

区域	气象要素	2014/2015 年	2015/2016 年	2016/2017 年
沿淮淮北	10 mm 以上降水日数(d)	0.5	1.0	3.5
	降水量(mm)	30.2	38.1	102.6
	平均风速(m/s)	2.2	2.2	2.4
	小风日数(d)	44.1	43.1	37.7

续表

区域	气象要素	2014/2015年	2015/2016年	2016/2017年
江淮之间	10 mm以上降水日数(d)	3.4	1.8	6.7
	降水量(mm)	95.2	83.2	169.2
	平均风速(m/s)	2.0	2.0	2.1
	小风日数(d)	48.8	50.8	48.2
沿江江南	10 mm以上降水日数(d)	6.4	6.1	7.7
	降水量(mm)	199.3	189.7	184.9
	平均风速(m/s)	2.1	2.0	2.2
	小风日数(d)	51.8	53.3	50.4

5.8.4　2016/2017年冬季$PM_{2.5}$污染加重的成因分析方法

根据质量守恒方程，$PM_{2.5}$质量浓度［X］的变化遵循以下公式（Tie et al.，2015）：

$$\partial[X]/\partial t=\{\partial[X]/\partial t\}_{Adv}+\{\partial[X]/\partial t\}_{Vert}+\{\partial[X]/\partial t\}_{Emis}+\{\partial[X]/\partial t\}_{Chem}+\{\partial[X]/\partial t\}_{Dep} \quad (5.4)$$

式中，t表示时间，$\partial[X]/\partial t$表示$PM_{2.5}$质量浓度的局地变化项，$\{\partial[X]/\partial t\}_{Adv}$为平流输送的贡献，$\{\partial[X]/\partial t\}_{Vert}$为垂直混合的贡献，$\{\partial[X]/\partial t\}_{Emis}$代表源排放的贡献，$\{\partial[X]/\partial t\}_{Chem}$为化学生成的贡献，$\{\partial[X]/\partial t\}_{Dep}$为沉降项，包括降水产生的湿沉降。

关于2016/2017年冬季安徽$PM_{2.5}$污染日数超过前两个冬季的气象原因，我们进行了若干假设。

（1）与Tie等（2015）类似，排放量和化学变化率可合并为一项（$\{\partial[X]/\partial t\}_{EC}=\{\partial[X]/\partial t\}_{Emis}+\{\partial[X]/\partial t\}_{Chem}$）。如上所述，2015—2016年，安徽省的排放量显著下降，因此，如果行星边界层（PBL）厚度没有变化，排放和化学转化的贡献可以忽略不计。

（2）如前所述，2016/2017年冬季安徽长江以北的两个子区降水量和降雨日均较前两个冬季有所增加（表5.14），这表明湿沉降对气溶胶的去除作用（$\{\partial[X]/\partial t\}_{Dep}$）有增加，因此沉降的贡献可以忽略不计。

（3）气溶胶在大气中充分混合，均匀分布在行星边界层内，可忽略污染物在PBL和自由对流层之间的传输，然后可以忽略垂直混合引起的变化率（Tie et al.，2015）。

那么，方程（5.4）简化为：

$$\partial[X]/\partial t=\{\partial[X]/\partial t\}_{Adv}+\{\partial[X]/\partial t\}_{EC} \quad (5.5)$$

假设气溶胶在PBL内混合均匀，地面$PM_{2.5}$污染的季节变化主要是平流变化和行星边界层高度（PBLH）变化的结果。那么，可使用后向轨迹-聚类分析-统计分析相结合的方法研究水平平流对安徽$PM_{2.5}$浓度的影响，该方法常用于研究输送条件对特定区域空气污染的影响（Merrill et al.，2004）。由于PBLH的计算方法多种多样，且PBLH主要由大气层结决定，利用ECMWF再分析数据分析了代表性城市的温度和垂直速度的垂直分布，并与每日AQI变化进行了比较，间接分析了PBLH的影响。

根据2015—2017年三个冬季各级空气质量出现情况及地理代表性，分别选取宿州、合肥、池州为沿淮淮北、江淮之间和沿江江南的代表城市。选取目前各城市农村地区的气象站作为后向轨迹的起点。根据之前的工作（石春娥等，2008b，2014），为了便于比较，将每条轨道的持续时间设置为72 h。考虑到代表性和年际变化，计算了2001—2017年冬季每日4次（北京时间02、08、14、20时）后向轨迹。轨迹的起始高度设置为地面以上100 m。

根据聚类分析的结果，利用2015—2017年冬季日空气质量指数（AQI），得出各类平均轨迹的水平分布及各组内各空气质量等级的百分比。根据各组各AQI等级的百分比，如轻度污染到严重污染之和，得出易于安徽省$PM_{2.5}$污染形成的输送路径。进一步分析以获得各输送路径比例的年度变化，以研究其对2015—2017年冬季AQI年际变化的影响。

对有限的代表性站点进行轨迹分析，主要反映水平输送的影响。作为补充，比较了2015/2016—2016/2017年冬季地面风场的年际变化，以研究其对AQI年际变化的影响。

为探讨输送条件及地面风场变化的大尺度气候原因，分析了中国气象局国家气候中心网站①公布的亚洲环流指数（纬向环流指数ZCIA和经向环流指数MCIA）和冷空气次数（CAAI）以及NOAA的多要素ENSO指数（MEI指数）（Wolter和Timlin，1998）②的月际变化。

5.8.5 安徽冬季$PM_{2.5}$输送路径

合肥、宿州、池州3个城市的冬季轨迹基本上都可以分为5大类（图5.52），分别为：东北短轨迹（NE_S）、东北长轨迹（NE）、北方轨迹（N）、西北长轨迹（NW）和西北短轨迹（NW_S）。其中，东北短轨迹占比最高，为32.9%（淮北）～42.6%（沿江），覆盖的区域主要包括山东、河北、江苏、上海和安徽本省；其次是西北短轨迹，主要覆盖湖北、河南和安徽本省，约占20%；其余2类较长的轨迹占比合计15.0%（沿江）～26.7%（淮北）。

2015—2017年冬季，宿州和合肥都是西北短轨迹和东北短轨迹出现大气污染的比例最高（图5.53），说明这两类输送路径属于不利输送条件。其中，东北短轨迹对应的输送路径因为具有明显的污染物输送方向，定义为“输送型”，西北短轨迹输送方向不明显，出现大气污染以本地排放为主，定义为“局地型”。其他三类较长的轨迹组对应的污染天气比例较低，均低于50%，属于有利于污染物扩散的输送条件。

与合肥、宿州不同的是，池州市偏北（N）来向的轨迹对应的污染日数出现比例最高，略高于40%，其次是西北短轨迹（37%）。池州市各轨迹组污染日数占各组总日数的比例差异不大，东北短轨迹组（NE_S）和东北长轨迹组（NE）比例最低，但仅在这两组中记录到重度污染和严重污染。因此，如果需要选择两组作为池州市不利的输送路径，可能是N来向和NW_S来向，但应注意NE来向。

因为AQI不同于$PM_{2.5}$质量浓度，图5.54以合肥为例，给出了2015—2017年冬季各轨迹组$PM_{2.5}$日平均质量浓度的统计结果。可以看出，除最小值外，NE_S轨迹对应的所有统计值均为各组中最高值。NE_S和NW_S组的第一四分位值均大于75 μg/m³（轻度污染的最

① http://cmdp.ncc-cma.net/Monitoring/cn_index_130.php。

② http://www.esrl.noaa.gov/psd/data/correlation/mei.data。

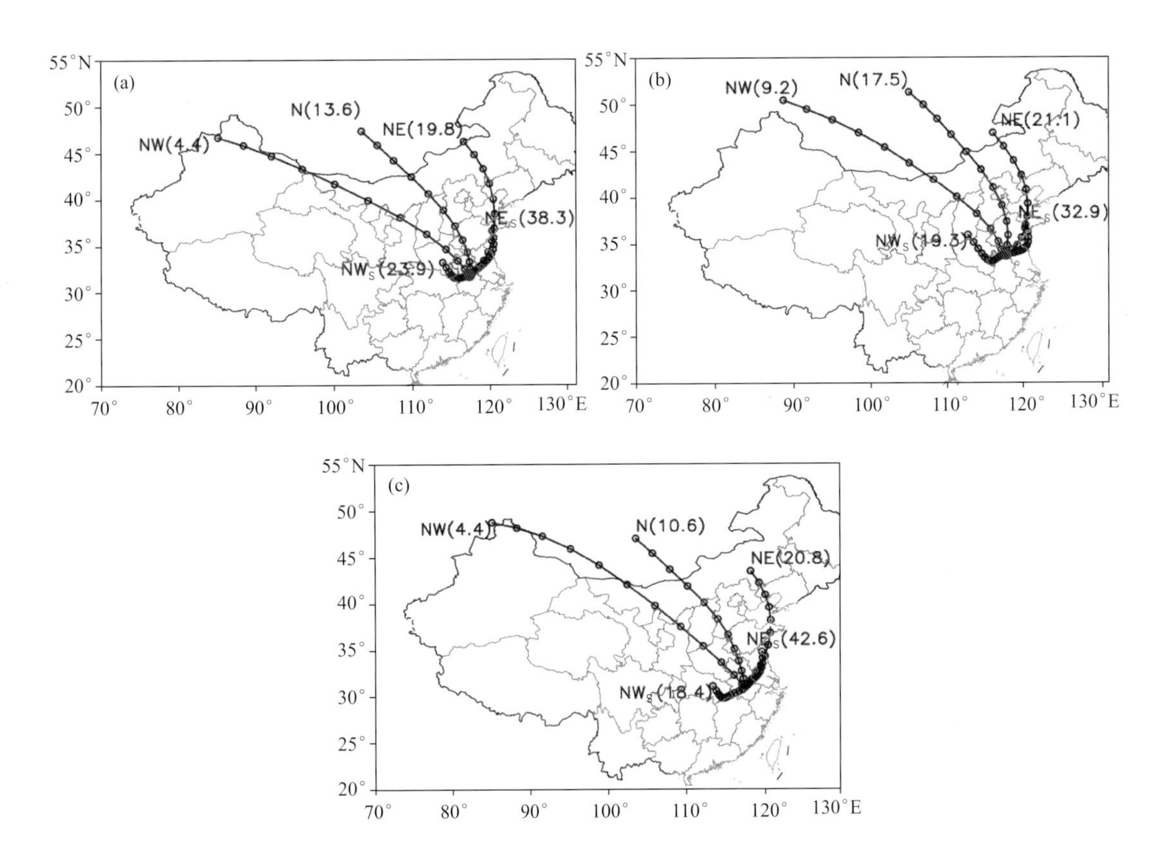

图 5.52　2001—2017 年冬季合肥（a）、宿州（b）、池州（c）近地层 72 h 后向轨迹各组平均轨迹水平分布（轨迹顶端的字母表示轨迹（气团）的主要来向（NE$_S$-东北短轨迹，NE-东北长轨迹，N-北方轨迹，NW-西北长轨迹，NW$_S$-西北短轨迹），括号内的数字为该组轨迹占总轨迹的百分比，轨迹上的空心圆圈表示 6 h 间隔）

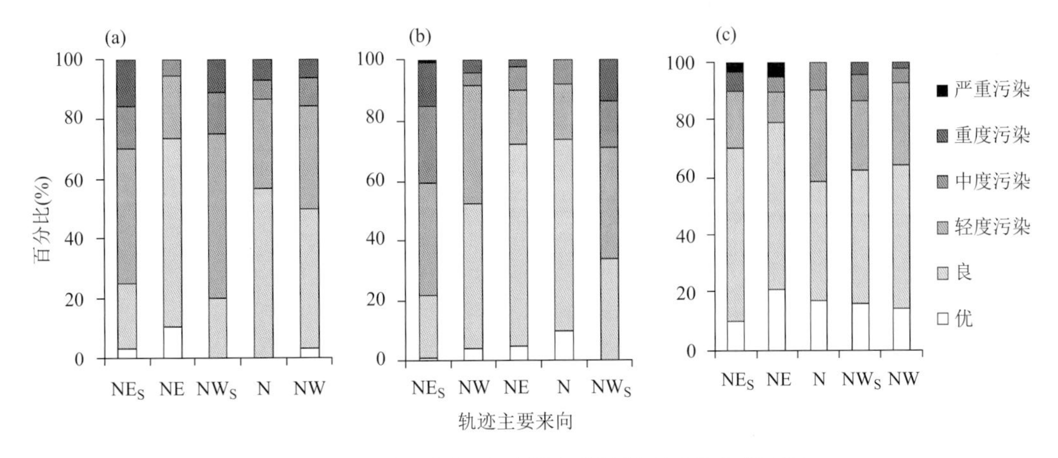

图 5.53　2015—2017 年冬季各组轨迹对应的各级空气质量出现百分比（横坐标表示各组轨迹主要来向）
（a）合肥；（b）宿州；（c）池州

低限值）。这说明 NE$_S$ 和 NW$_S$ 组中超过 75% 的样本日属于污染日，这与图 5.53 中基于

AQI 的统计结果一致。对于平均值和中值，各组间的排序为：NE_S＞NW_S＞NW＞N＞NE。与图 5.53 中的 AQI 污染日百分比相比，仅 NE_S 组和 NW_S 组的顺序相反，这是由于 NE_S 组中严重污染的百分比较大，说明严重污染与污染物的远程输送有关。

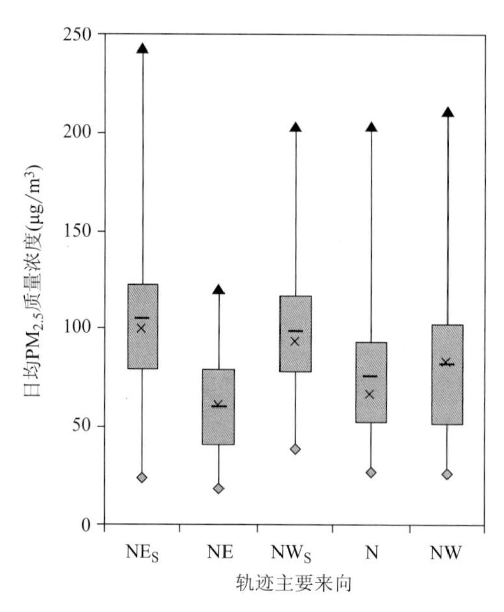

图 5.54　合肥市 2015—2017 年冬季各轨迹组 $PM_{2.5}$ 日均质量浓度统计结果

（▲：最大值；◆：最小值；矩形方框中的一：均值；

矩形方框中的×：中值；矩形方框的上下边框：第一、三四分位值）

图 5.55 为各类轨迹出现百分比年际变化，为方便比较，不利输送条件颜色最深，放置在柱的最下层。由图 5.55 可以看出安徽冬季不利输送条件年际变化。2001—2017 年冬季，合肥和宿州每年短轨迹（东北短轨迹和西北短轨迹之和）出现的比例分别在 60%和 50%上下。合肥 2017 年冬季东北短轨迹出现比例比 2015、2016 年分别高 7%和 8%。2015—2017 年宿州短轨迹占比呈上升趋势，2017 年达到最高（62%），主要是东北短轨迹增加，2001—2017 年东北短轨迹平均为 33%，2017 年达到 40%。可见 2016/2017 年冬季 $PM_{2.5}$ 污染比前 2 年同期加重与不利输送条件增多有关。

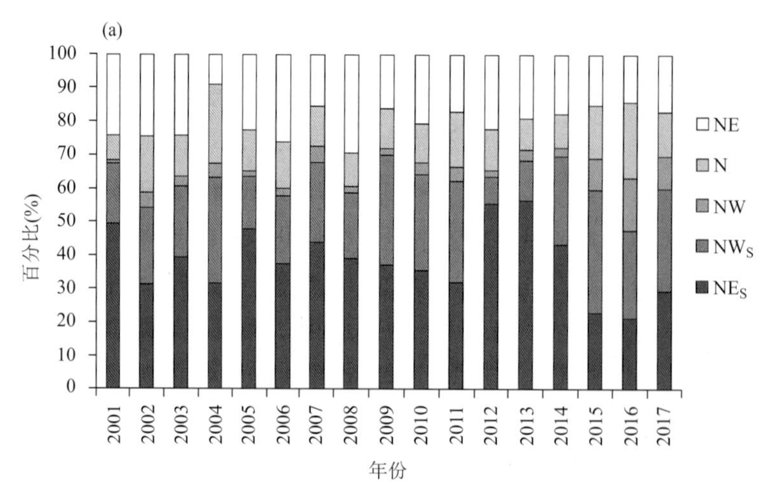

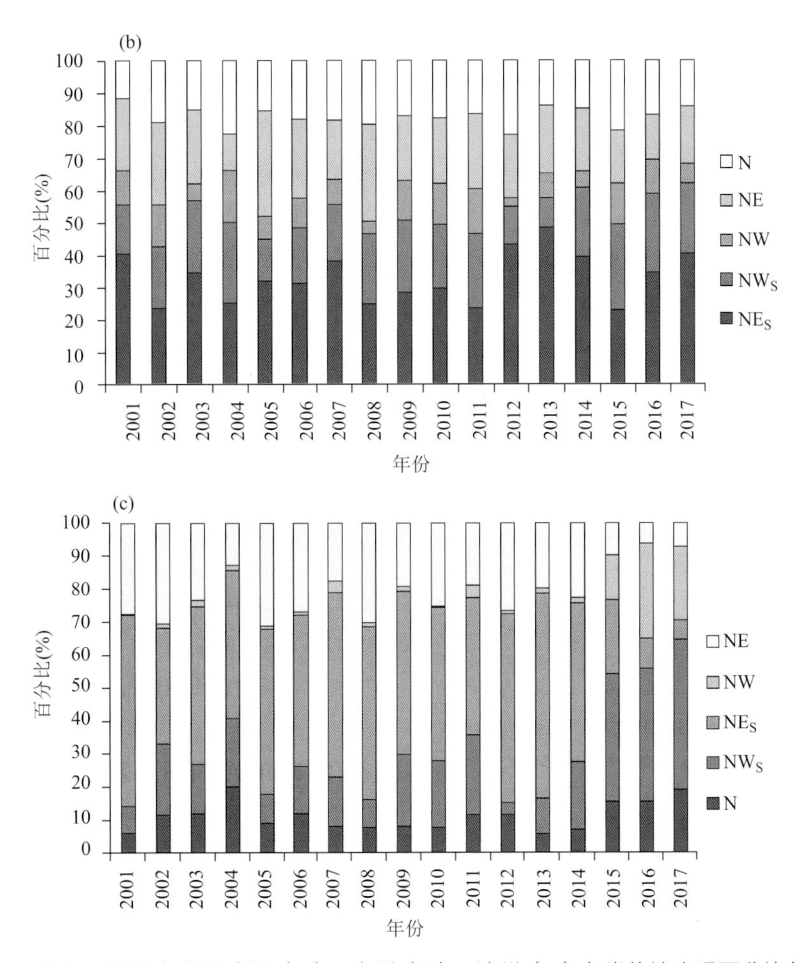

图 5.55　2001—2017 年冬季合肥（a）、宿州（b）、池州（c）各类轨迹出现百分比年际变化

5.8.6　近地层风场的年际变化

受季风气候影响，安徽冬季近地层（如 10 m 高度和 925 hPa）盛行西北风至东北风，但近地层风场也存在年际变化（图 5.56、图 5.57），2016 年冬季，江淮之间中部到淮北主要盛行偏北风且平均风力较弱（低于 0.5 m/s），2017 年冬季，大部分地区盛行东北偏东风，且平均风速比 2016 年有所增大。与 2016 年冬季相比，2017 年冬季地面东风增强、北风减弱，而且江淮之间中部以合肥为中心存在风速辐合。

与地面相比，925 hPa 风速增加，地形对风向和风速的影响减弱。但仍存在地形影响，如沿江西部风速仍大于其他地区，2015/2016 年冬季江南风向不一致。与 2015/2016 年冬季相比，2016/2017 年冬季 925 hPa 的风速减小，尤其是长江以北地区。此外，2015/2016 年冬季风向主要为西北风，2016/2017 年冬季风向主要为偏东风。简言之，近地面风场的变化与后向轨迹一致，即从 2015/2016 年冬季到 2016/2017 年冬季，偏东风增多、西北风减少。

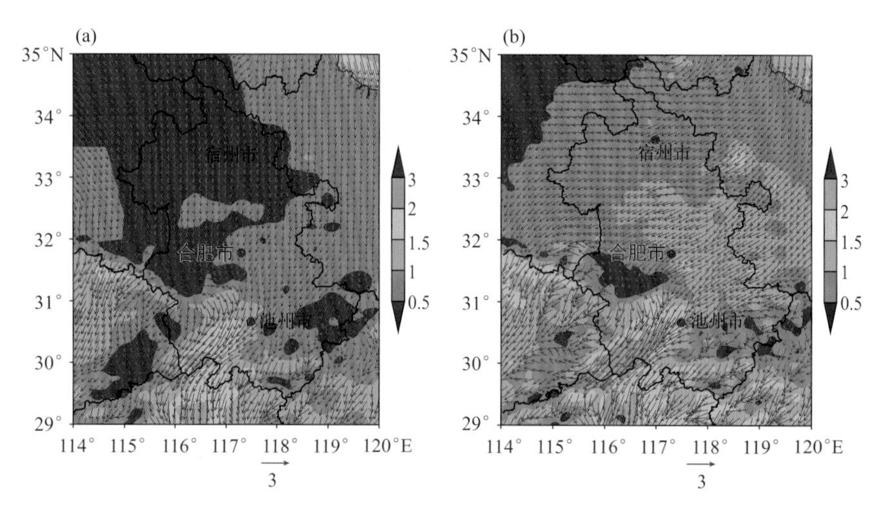

图 5.56　安徽冬季 10 m 平均风速分布（填色表示风速分布，红色实心圆表示宿州（SZ）、合肥（HF）和池州（CZ）的位置；单位：m/s）
（a）2015/2016 年；（b）2016/2017 年

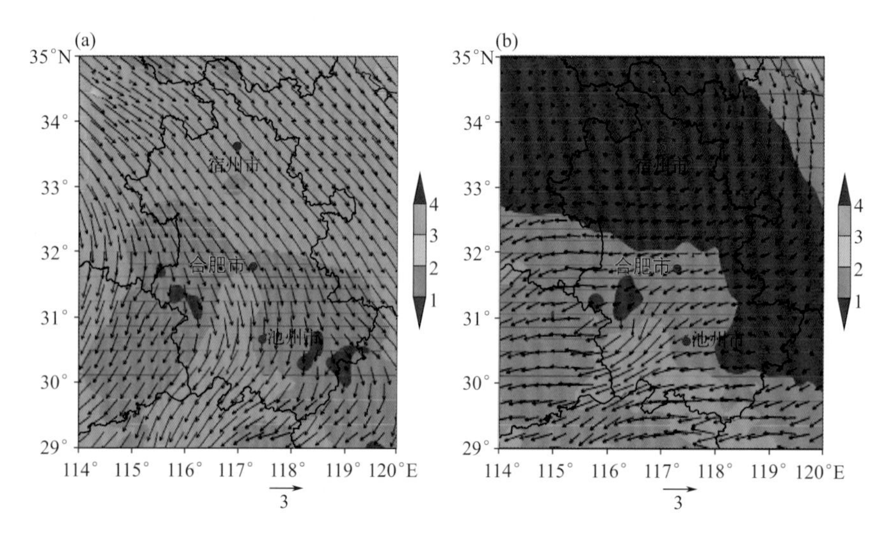

图 5.57　安徽冬季 925 hPa 平均风速分布（填色表示风速分布，红色实心圆表示宿州（SZ）、合肥（HF）和池州（CZ）的位置；单位：m/s）
（a）2015/2016 年；（b）2016/2017 年

5.8.7　2015—2017 年冬季大尺度环流背景和垂直运动的年际差异

大尺度环流直接影响大气压力分布和风场，进而影响大气污染物的水平输送。如研究表明东亚季风的强弱对安徽霾日数的多少有显著影响（石春娥等，2016a），亚洲经向环流指数（MCIA）对珠三角的空气质量有显著影响（吴兑等，2008）。2017 年冬季亚洲纬向环流比 2016 年同期显著强，对应地，经向环流比 2016 年同期弱，尤其是 1、2 月（图 5.58）。纬向环流较不显著的 2016 年，冷空气次数多（12 月 3 次，1 月 4 次，2 月 1 次），气流南北交换明显，伴随冷空气的大风等天气有利于污染物的扩散；而纬向环流强的 2017 年，冷空气次数少（2016 年 12 月 3 次，2017 年 1、2 月 0 次），气流南北交换弱，不利于大气污染物的扩散。

从图 5.58 可以看出，2014/2015 年和 2015/2016 年冬季属于类厄尔尼诺样气候条件，尤其是 2015/2016 年冬季（MEI＞2），而 2016/2017 年冬季属于非厄尔尼诺样气候条件（MEI＜0）。2016/2017 年冬季与前两个冬季的 MEI 显著差异可能表明厄尔尼诺或其强度对亚洲冬季环流有显著影响，从而影响了安徽 $PM_{2.5}$ 污染水平。

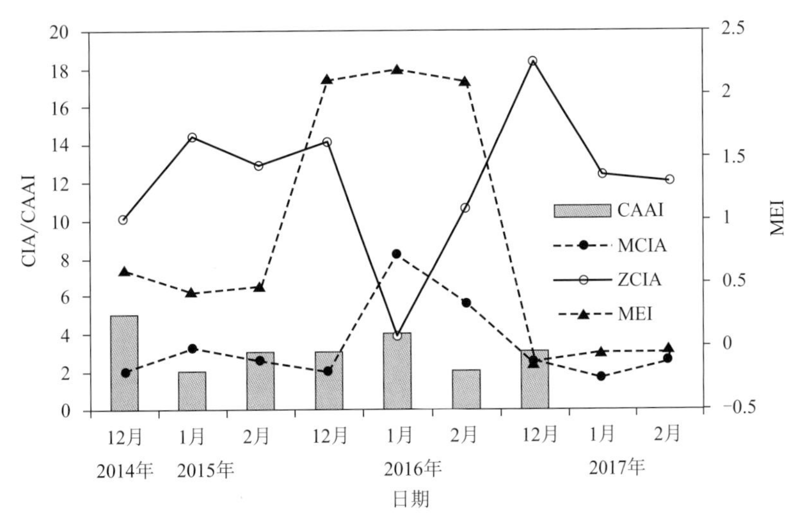

图 5.58 亚洲环流指数（CIA）、冷空气次数（CAAI）及多要素 ENSO 指数（MEI）的月际变化

大尺度下沉有助于形成下沉逆温和稳定边界层，降低混合层厚度，不利于大气污染物的扩散；反之，较大的上升运动往往对应着旺盛的对流，有助于大气污染物的扩散和清除。下面以 2016 年 12 月为例说明大气垂直运动对空气质量的影响，然后比较 2015/2016 年冬季和 2016/2017 年冬季代表性城市的垂直运动。

图 5.59 和图 5.60 给出了 2016 年 12 月合肥、宿州和池州上空垂直速度和温度的时间-高度分布。图 5.59 中，填色部分表示上升运动（负值）。图 5.61 给出了 2016 年 12 月合肥、宿州和池州逐日 AQI。由图 5.59～5.61 可以看出，2016 年 12 月，三个城市的上升和下沉运动，特别是 500 hPa 的上升和下沉运动，与 AQI 和温度的变化基本同步。以宿州为例，AQI 的高值区（如大于 150 或 200，或者 AQI 上升）对应着下沉运动，低值区（或者说 AQI 下降）常对应着上升运动（图 5.59、图 5.61）。例如，12 月 1—8 日、15—23 日、29 日—1 月初，宿州 AQI 较高（＞150），图 5.61 中这些时段与图 5.59 中的下沉区（正值，无颜色）相对应，垂直速度超过 0.2 Pa/s；而在上述持续的污染过程之间的较短暂的 AQI 低值时间段，如 12 月 11 日、21 日和 25 日，在这些低值出现之前，也就是 AQI 迅速下降阶段，图 5.59 中为明显的上升区（填色，负值，且绝对值超过 0.2 Pa/s）。2017 年 1 月和 2 月的情况与 2016 年 12 月的情形相似，即上升运动对应于 AQI 下降，下沉运动对应于 AQI 上升。合肥和池州的情况与宿州类似。

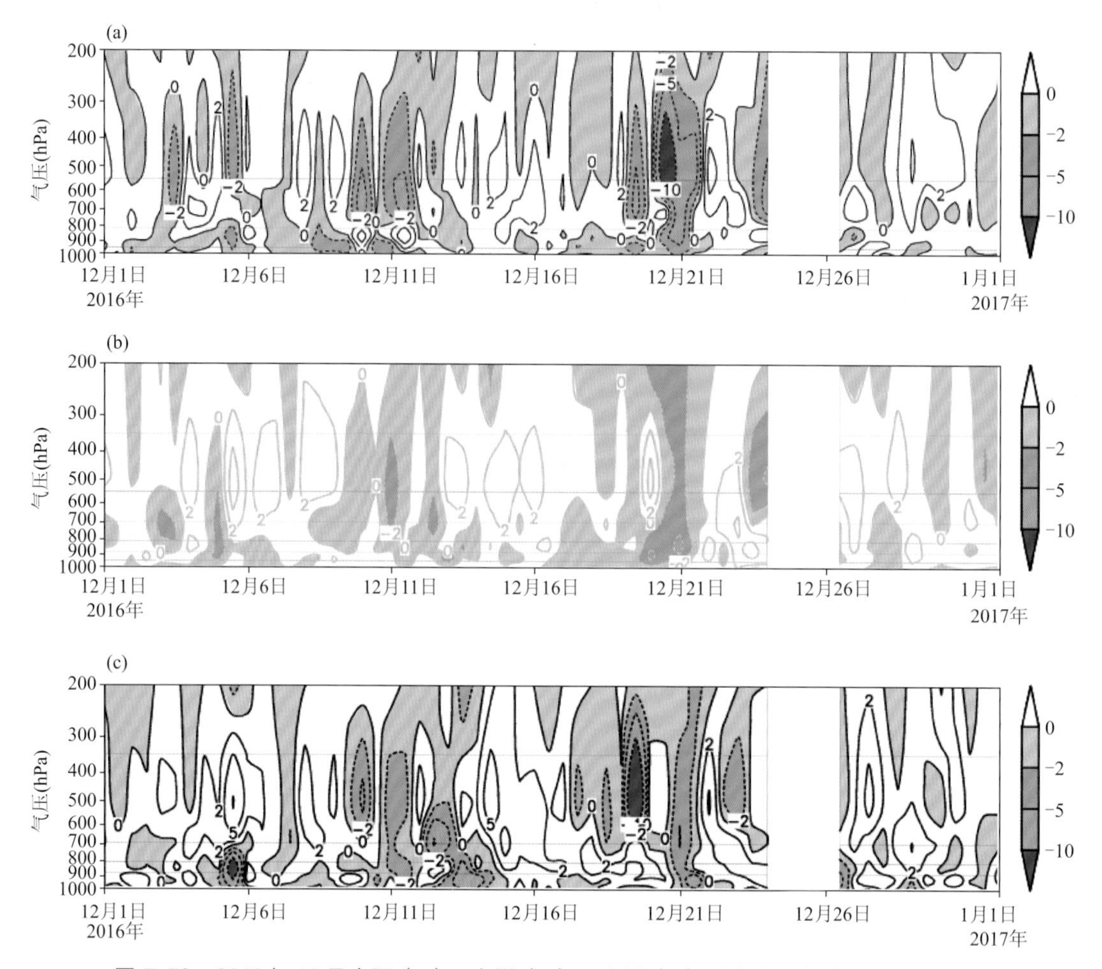

图 5.59　2016 年 12 月合肥（a）、宿州（b）和池州（c）垂直速度的时间-高度剖面图

（单位：0.1 Pa/s，负值表示上升，12 月 25、26 日缺资料）

垂直速度的正值区（下沉）常对应着近地层（如 850 hPa 以下）温度上升区，甚至有逆温出现，如 12 月 4 日、6—8 日、14—16 日、22—23 日、29 日都出现了垂直跨度较大的垂直速度高值（>0.2 Pa/s），对应地，温度剖面上出现了近地层温度上升或逆温层（图 5.60），大气层结趋于稳定，有利于污染物的累积，与图 5.61 中 AQI 上升区或者大值区有较好的对应关系。相反，AQI 低值区或者下降区对应着负的垂直速度（或者上升区）和温度场上的降温区。空气质量指数升高对应 850 hPa 以下的气温升高现象与北京（Cai et al.，2017）和上海（Xu et al.，2016）强霾天气条件的结论一致，说明本研究分析的速度和温度垂直分布是合理和必要的。

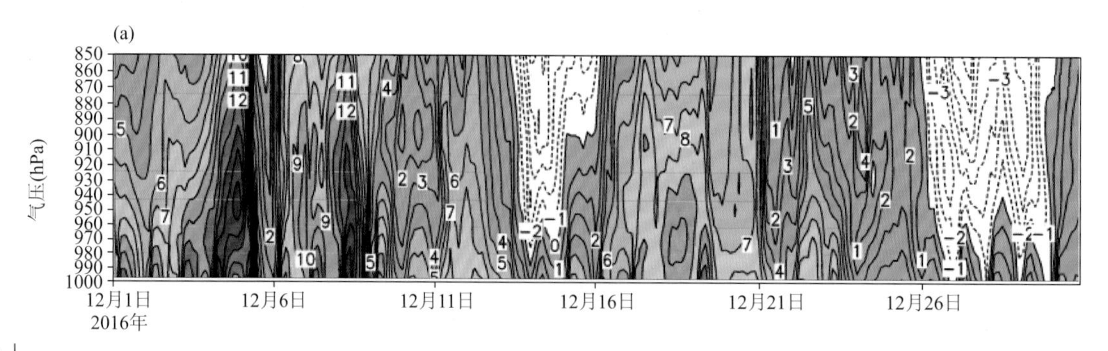

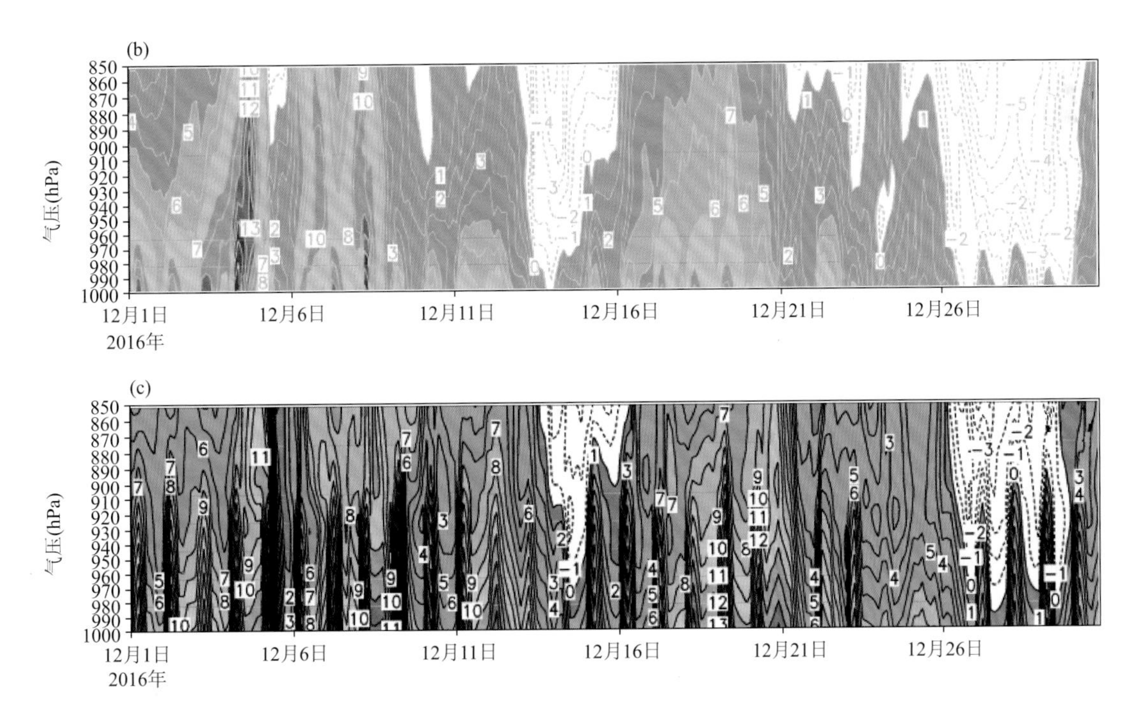

图 5.60　2016 年 12 月合肥（a）、宿州（b）和池州（c）气温的时间-高度剖面图（单位：℃）

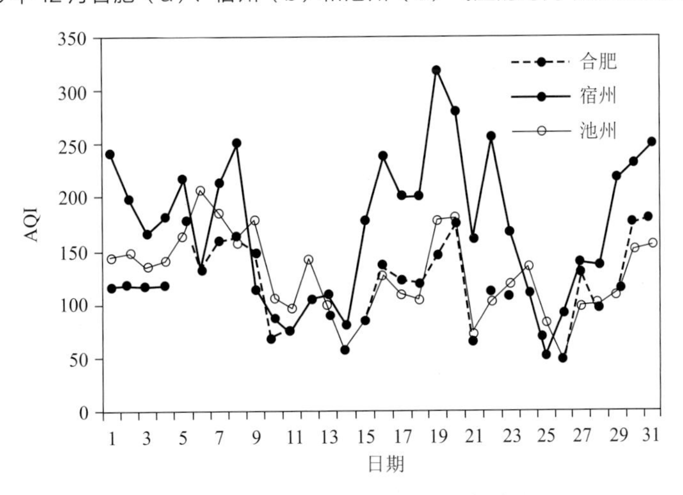

图 5.61　2016 年 12 月合肥、宿州和池州逐日 AQI

表 5.15 给出了三个城市 2016 年和 2017 年冬季 500 hPa 高度垂直速度＞0.2 Pa/s 的次数。与 2016 年冬季相比，2017 年冬季宿州、合肥和池州 500 hPa 高度上出现速度大于 0.2 Pa/s 的下沉次数明显增多。可见，近地层污染物浓度的变化不仅取决于近地层的平流输送，也与对流层中层的大尺度上升、下沉密切相关。500 hPa 的垂直速度可以作为冬季空气质量预报的一个重要因子。

表 5.15　2016、 2017 年冬季 500 hPa 宿州、合肥和池州出现下沉速度大于 0.2 Pa/s 的百分比（%）

年份	宿州	合肥	池州
2016	24.4	18.9	26.7
2017	29.5	28.3	39.3

5.9 小结

（1）气溶胶光学厚度（AOT）分布与地形密切相关，地势越低AOT越大。安徽大别山区和江南为AOT低值区，而沿江和大别山东侧到沿淮淮北为AOT高值区。2011—2015年，沿江江北大部分地区AOT在0.6～0.7，局部大于0.7，大别山区和江南大部低于0.4。区域性霾天，气溶胶光学厚度大于0.9，约是晴空天的2.3倍。

（2）霾发生时气溶胶主要分布在0～2 km大气内，尤其在0～1 km高度内，同一高度霾日消光系数约为晴日的3倍。夜间气溶胶聚集在近地层，气溶胶消光系数均随着高度减小；霾日夜间污染物聚集层在500 m以下；霾日白天，污染物聚集层被抬升至300～700 m。以合肥为例，区域性霾天近地层消光系数约是普通霾天的2～2.5倍，是晴空天的3～5倍。

（3）2000—2018年，合肥PM_{10}年均质量浓度经历了下降—上升—下降的变化过程，2013年之后下降趋势明显。季节上，冬春季高、夏季低；空间上，东北高、西南低。

（4）2013—2018年，合肥市$PM_{2.5}$年均质量浓度呈逐年下降的趋势。空间上，东北高、西南低。季节上，冬季最高、夏季最低，春秋季居中；日变化呈白天低、早晚高的双峰结构，随着污染等级加重，上午峰值时间推后。$PM_{2.5}$质量浓度日际变化幅度大，变化幅度接近正态分布，峰值在-10～10 $\mu g/m^3$。

（5）合肥TSP中各水溶性离子含量最高的前4种离子依次为：NO_3^-、SO_4^{2-}、Ca^{2+}、NH_4^+，这4种水溶性离子之和占全部水溶性离子质量的87.40%；$PM_{2.5}$中水溶性离子的含量最高的4种离子依次为SO_4^{2-}、NO_3^-、NH_4^+、Ca^{2+}。NH_4^+、NO_3^-和SO_4^{2-}主要集中在细粒径范围，Ca^{2+}主要集中在粗模态。

（6）合肥的雾、霾天与晴空天相比，0.61～2.1 μm的粒子质量浓度大幅度增加，增长2～4倍。水溶性无机离子质量占$PM_{2.1}$质量的比例从43%（晴空天）增加到52%（霾天）和65%（雾天），增长幅度最大的离子为NO_3^-、NH_4^+和SO_4^{2-}。

（7）不同天气条件下与人为污染有关的离子的质量浓度尺度谱不同，SO_4^{2-}、NO_3^-晴空天和雾天为三峰型，霾天和轻雾天接近单峰型；NH_4^+在晴空天和雾天为双峰型，霾天和轻雾天接近单峰型；而Ca^{2+}的尺度谱无明显变化，基本上都是双峰型。

（8）合肥气溶胶粒子总体呈碱性。在粒径3.3 μm以下，阳、阴离子平衡较好，随着尺度增大，相关性、平衡性变差。阳、阴离子的相关在污染性天气好，晴空天略差，反映了大气气溶胶粒子来源、组成的不同。其中，NH_4^+和SO_4^{2-}、NH_4^+和NO_3^-、SO_4^{2-}和NO_3^-、Mg^{2+}和Ca^{2+}等离子对之间高度相关，相关系数大于0.85。细粒子范围内，NH_4^+能完全中和SO_4^{2-}和NO_3^-。

（9）细颗粒物浓度与相对湿度共同影响合肥市大气能见度变化。$40\% \leqslant RH < 60\%$时$PM_{2.5}$的影响作用最显著；当$PM_{2.5}$质量浓度高于46 $\mu g/m^3$时，能见度随细颗粒物浓度变化不明显，而当$PM_{2.5}$质量浓度低于46 $\mu g/m^3$时，降低$PM_{2.5}$（PM_{10}）质量浓度可显著提

高合肥市的大气能见度。较低相对湿度时（RH＜60％），能见度降低主要受 $PM_{2.5}$ 质量浓度升高的影响；较高湿度条件下（RH≥60％），能见度恶化主要是由于相对湿度增加造成大气粒子吸湿增长，当 RH≥90％时，平均能见度基本在 5 km 以下。

（10）合肥 $PM_{2.5}$ 重污染日往往对应着低能见度、小风的静稳天气。与其他 $PM_{2.5}$ 浓度等级日相比，重污染日白天湿度偏高、风速偏低。

（11）合肥 $PM_{2.5}$ 浓度与近地层输送条件密切相关。100 m 和 1000 m 两个高度均有 2 组输送轨迹对应的轻度以上污染比例较高（接近 60％），一组来向偏东北，另一组来向偏西北；其中偏东北来向的轨迹总数最多，对应着绝对多数的重污染天数。92％的重污染日轨迹水平长度短，垂直方向跨度小，输送主要是发生在近地层的平流输送，来向主要集中在偏东到偏北方向；对应的海平面气压形势，从华北到华东属于均压区，或者气压梯度较小。

（12）安徽省冬季有 2 个大气气溶胶输送通道，分别对应着东北来向和西北来向移动缓慢的气团，这两种不利输送条件每年冬季出现的比例为 50％～62％。安徽省大气污染过程与清洁过程分别与对流层中层的上升和下沉运动密切相关，下沉（上升）对应着污染加重（减轻）。东亚纬向环流增强显著、冷空气次数减少、气流南北交换减弱也是安徽冬季污染加重的不利因素。

第6章 安徽环境气象服务业务及方法

2006 年，中国气象局开始部署环境气象业务建设，时称“大气成分轨道建设”，要求有酸雨观测的省份开展酸雨监测评估业务，建议有条件的省份开展霾的业务和研究；2006 年，安徽省气象科学研究所成立“大气环境研究室”（现为“环境气象室”），2007 年开始酸雨监测评估业务，产品包括酸雨监测评估月报、年报。

2013 年，中国气象局下发《环境气象业务指导意见》，要求各省、市都要开展环境气象服务业务。2015 年初，安徽省气象局成立“安徽省环境气象中心”，挂靠在安徽省气象科学研究所，开始空气污染气象条件评估业务，每月初和每季度初撰写月评估报告和季度、年度评估报告，供省政府大气污染防治联席会上作专题汇报之用，为政府决策提供参考。同年年初，空气质量预报业务从安徽省气象台移交到安徽省环境气象中心，同期开始了空气污染气象条件预报业务，该中心与省生态环境厅联合向社会和政府发布环境气象预报产品，包括日报、周报和专报。自此，安徽省环境气象中心承担了安徽省环境气象监测评估和预报预警业务。

6.1 安徽省环境气象监测评估业务

环境气象监测评估业务包括空气污染气象条件评估和酸雨监测评估，以及环境气象专题服务和决策服务。空气污染气象条件评估频次为月、季度、年，酸雨监测评估频次为月、年。

6.1.1 空气污染气象条件评估

6.1.1.1 评估内容和方法

评估内容包括霾日数空间分布，是否有持续性区域性霾过程，以及与霾的生消密切相关的气象要素，如降水量、降水日数、小风日数、平均风速、风向频率、平均能见度、平均相对湿度、低混合层厚度日数。以上要素统计分别为各站、区域平均和全省平均，包括本年度和上一年同期的比较。全省分为 3 个区域：沿淮淮北、江淮之间和沿江江南。

霾日确定：日平均能见度（08、14、20 时平均）小于 10 km，日平均相对湿度（08、14、20 时平均）小于 90%，并排除降水、吹雪、雪暴、扬沙、沙尘暴、浮尘、烟幕等其他能导致低能见度事件的情况为一个霾日。

降水日数：日降水量大于 0.1 mm 和大于 10 mm 的降水日数。

小风日数：日平均风速小于 2 m/s 的日数。

平均风速、平均能见度、平均相对湿度：以前一日 21 时与当日 20 时之间的平均值为日均值。在日均值基础上得到月、季、年平均值。

风向频率：按照 N、NE、E、SE、S、SW、W、NW、C 9 个方位统计区域平均和全省平均的风向频率，以及各方位的平均风速。

低混合层厚度日数：基于 EC 集合预报数据，利用罗氏法（徐大海，1990；程水源等，1992）计算格点混合层厚度。以距离气象站点最近的格点数值代表该站点数值，以北京时 08、14、20 时的平均为日均值。在日均值基础上统计得到月、季、年混合层厚度低于 800 m 的日数。

空气污染气象条件评估报告的样式见图 6.1。

空气污染气象条件评估报告

2019 年 第 04 期

安徽省环境气象中心　　2019 年 2 月 2 日

2019 年 1 月空气污染气象条件评估报告

一、1 月份全省污染天气（霾）监测

1 月全省平均霾日数为 8.3 天，沿江江北大部 8-12 天，其中淮河以北北部部分地区超过 12 天，长江以南大部 3-7 天（图 1）。持续 3 天以上的区域性霾过程：沿淮淮北 3 次，其中 1 月 2 日-8 日持续 7 天；江淮之间 2 次；沿江江南 1 次，出现在 1 月 16 日-22 日，持续 7 天。

图 1 安徽省 1 月霾日数分布（左：2019 年；右：2018 年）

与去年同期相比，全省大部分地区霾日数有所增加，其中大别山区增加明显，全省平均增加 1.3 天。地市级城市淮北、

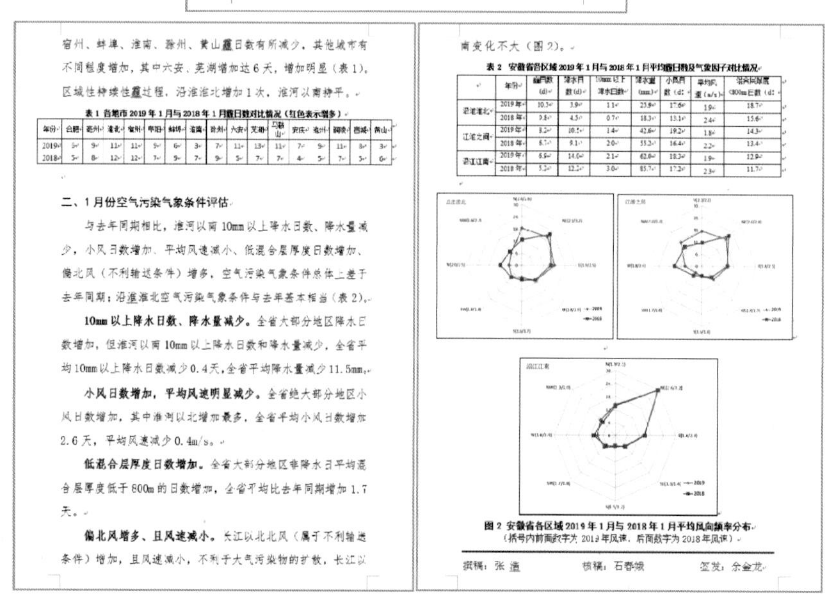

宿州、蚌埠、淮南、滁州、黄山霾日数有所减少，其他城市有不同程度增加，其中六安、芜湖增加达 6 天，增加明显（表 1）。区域性持续性霾过程，沿淮淮北增加 1 次，淮河以南持平。

表 1 各地市 2019 年 1 月与 2018 年 1 月霾日数对比情况（红色表示增多）

年份	合肥	亳州	淮北	宿州	阜阳	蚌埠	淮南	滁州	六安	芜湖	马鞍山	安庆	池州	铜陵	宣城	黄山
2019	5	9	11	11	9	6	3	7	11	13	11	7	9	11	8	3
2018	5	8	12	12	7	9	7	9	5	7	7	4	5	7	5	6

二、1 月份空气污染气象条件评估

与去年同期相比，淮河以南 10mm 以上降水日数、降水量减少，小风日数增加、平均风速减小、低混合层厚度日数增加、偏北风（不利输送条件）增多，空气污染气象条件总体上差于去年同期；沿淮淮北空气污染气象条件与去年基本相当（表 2）。

10mm 以上降水日数、降水量减少。全省大部分地区降水日数增加，但淮河以南 10mm 以上降水日数和降水量减少，全省平均 10mm 以上降水日数减少 0.4 天，全省平均降水量减少 11.5mm。

小风日数增加，平均风速明显减少。全省绝大部分地区小风日数增加，其中淮河以北增加最多，全省平均小风日数增加 2.6 天，平均风速减少 0.4m/s。

低混合层厚度日数增加。全省大部分地区非降水日平均混合层厚度低于 800m 的日数增加，全省平均比去年同期增加 1.7 天。

偏北风增多、且风速减小。长江以北北风（属于不利输送条件）增加，且风速减小，不利于大气污染物的扩散，长江以南变化不大（图 2）。

表 2 安徽省各区域 2019 年 1 月与 2018 年 1 月平均霾日数及气象因子对比情况

	年份	霾日数 (d)	降水日数 (d)	10mm 以上降水日数	降水量 (mm)	小风日数 (d)	平均风速 (m/s)	混合层厚度 <800m 日数 (d)
沿淮淮北	2019 年	10.3	3.9	1.1	23.9	17.6	1.9	18.7
	2018 年	9.8	4.5	0.7	18.3	13.1	2.4	15.6
江淮之间	2019 年	8.2	10.5	1.4	42.6	19.2	1.8	14.3
	2018 年	6.7	9.1	2.0	55.2	16.4	2.2	13.4
沿江江南	2019 年	6.5	14.0	2.1	62.8	18.3	1.9	12.9
	2018 年	5.2	12.2	3.0	85.7	17.2	2.3	11.7

图 2 安徽省各区域 2019 年 1 月与 2018 年 1 月平均风向频率分布
（括号内前面数字为 2019 年风速，后面数字为 2018 年风速）

撰稿：张 濛　　核稿：石春娥　　签发：余金龙

图 6.1 空气污染气象条件评估报告样式

6.1.1.2　产品发布规范

产品格式：Word 文档。

发布对象：上传安徽省气象信息共享服务平台及安徽省气象局决策服务中心，为省市环境气象业务服务提供指导；通过安徽省气象局办公网邮件发送局机关业务处室、省气象台、气候中心、公服中心等省局有关单位；通过电子邮件发送省生态环境厅。

发布时效：月报每月 5 日前发布，季报 1、4、7、10 月的 8 日前发布，年报 1 月 15 日前发布。

6.1.1.3　业务流程

空气污染气象条件评估的业务流程见表 6.1。

表 6.1　空气污染气象条件评估业务流程

时间	工作内容
每月 5 日前	(1)从 CIMISS 数据库获取气象观测资料，下载 EC 集合预报产品； (2)统计分析上月的气象观测资料，制作相关图表，并与上一年同期进行比较； (3)制作上月空气污染气象条件评估材料
1、4、7、10 月的 8 日前	(1)统计分析上一季度的气象观测资料，制作相关图表，并与上一年同期进行比较； (2)制作上一季度空气污染气象条件评估材料
1 月 15 日前	(1)统计分析上一年的气象观测资料，制作相关图表，并与上一年同期进行比较； (2)制作上一年空气污染气象条件评估材料
不定时任务	(1)根据业务主管部门的要求制作空气污染气象条件专题服务材料； (2)根据决策服务任务的要求及时制作空气污染气象条件分析材料； (3)根据生态环境厅等政府部门的要求提供空气污染气象条件分析材料； (4)参加重污染天气专题会商并提供相关素材

6.1.2　酸雨监测评估

6.1.2.1　评估内容和方法

评估内容为酸雨出现情况及与上一年同期和历史同期的比较，具体包括：平均 pH 值，单次最大、最小 pH 值，平均 K 值，单次最大、最小 K 值，各级（较弱、弱、强、特强）酸雨次数和出现频率，总酸雨次数和总酸雨频率；总降水量、酸雨观测降水量，酸雨观测总次数。与历史同期比较时计算各要素偏差指数。以上要素统计区域为各站和全省平均。

有效数据的确定：应用汤洁等（2008）提出的 K-pH 不等式方法对所有资料进行质量控制，去掉不满足 K-pH 不等式的记录。

酸雨等级：根据最新的行业标准：《酸雨和酸雨区等级》（QX/T 372—2018）（中国气象局，2017），将酸雨分为四级：较弱酸雨（5.0≤pH＜5.6）、弱酸雨（4.5≤pH＜5.0）、强酸雨（4.0≤pH＜4.5）、特强酸雨（pH＜4.0）。

总降水量、酸雨观测降水量：总降水量为统计时段内的降水量之和；酸雨观测降水量为有效数据的降水量之和。

最大值、最小值：最大 pH 值、最小 pH 值为统计时段内有效数据中 pH 值的最大值、最小值；最大 K 值、最小 K 值为统计时段内有效数据中 K 值的最大值、最小值。

酸雨次数：统计时段内进行酸雨观测的次数为酸雨观测总次数；根据《酸雨和酸雨区等级》（QX/T 372—2017）（中国气象局，2017）有效数据中按照酸雨量级标准得到酸雨次数分别为较弱酸雨、弱酸雨、强酸雨、特强酸雨次数；有效数据中 pH<5.6 的次数为总酸雨次数。

酸雨频率：较弱酸雨、弱酸雨、强酸雨、特强酸雨次数分别与总酸雨观测次数的比值×100%，分别表示较弱酸雨频率、弱酸雨频率、强酸雨频率、特强酸雨频率；各等级酸雨频率之和为总酸雨频率。

偏差指数：降水、pH 值、K 值、各等级酸雨频率的偏差指数是指各要素的距平（ΔT）与标准差的比值。其中距平为统计时段内各要素平均值与常年（2006—2015 年）平均值的差。

pH 值和电导率均值、酸雨频率等统计公式见附录 B。

酸雨评估报告样式见图 6.2。

6.1.2.2 产品发布规范

产品格式：Word 文档。

发布对象：上传安徽省气象信息共享服务平台及安徽省气象局决策服务中心，为省市环境气象业务服务提供参考。

发布时效：月报每月 10 日前发布，年报 1 月 15 日前发布。

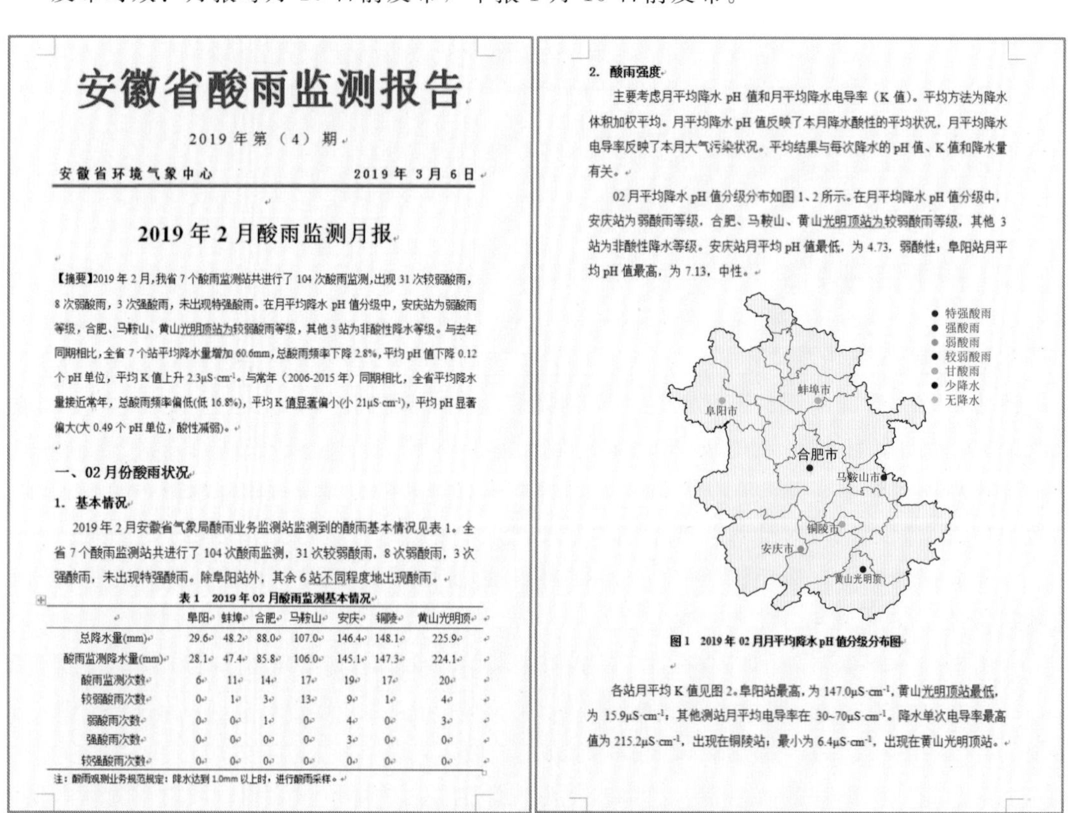

安徽省酸雨监测报告

2019 年第（4）期

安徽省环境气象中心　　2019 年 3 月 6 日

2019 年 2 月酸雨监测月报

【摘要】2019 年 2 月，我省 7 个酸雨监测站共进行了 104 次酸雨监测，出现 31 次较弱酸雨，8 次弱酸雨，3 次强酸雨，未出现特强酸雨。在月平均降水 pH 值分级中，安庆站为弱酸雨等级，合肥、马鞍山、黄山光明顶站为较弱酸雨等级，其他 3 站为非酸性降水等级。与去年同期相比，全省 7 个站平均降水量增加 60.6mm，总酸雨频率下降 2.8%，平均 pH 值下降 0.12 个 pH 单位，平均 K 值上升 2.3μS·cm^{-1}。与常年（2006-2015 年）同期相比，全省平均降水量接近常年，总酸雨频率偏低(低 16.8%)，平均 K 值显著偏小(小 21μS·cm^{-1})，平均 pH 显著偏大(大 0.49 个 pH 单位，酸性减弱)。

一、02 月份酸雨状况

1. 基本情况

2019 年 2 月安徽省气象局酸雨业务监测站监测到的酸雨基本情况见表 1。全省 7 个酸雨监测站共进行了 104 次酸雨监测，31 次较弱酸雨，8 次弱酸雨，3 次强酸雨，未出现特强酸雨。除阜阳站外，其余 6 站不同程度地出现酸雨。

表 1　2019 年 02 月酸雨监测基本情况

	阜阳	蚌埠	合肥	马鞍山	安庆	铜陵	黄山光明顶
总降水量(mm)	29.6	48.2	88.0	107.0	146.4	148.1	225.9
酸雨监测降水量(mm)	28.1	47.4	85.8	106.0	145.1	147.3	224.1
酸雨监测次数	6	11	14	17	19	17	20
较弱酸雨次数	0	1	3	13	9	1	4
弱酸雨次数	0	0	1	0	4	0	3
强酸雨次数	0	0	0	0	3	0	0
较强酸雨次数	0	0	0	0	0	0	0

注：酸雨观测业务规范规定：降水达到 1.0mm 以上时，进行酸雨采样。

2. 酸雨强度

主要考虑月平均降水 pH 值和月平均降水电导率（K 值）。平均方法为降水体积加权平均。月平均降水 pH 值反映了本月降水酸性的平均状况，月平均降水电导率反映了本月大气污染状况。平均结果与每次降水的 pH 值、K 值和降水量有关。

02 月平均降水 pH 值分级分布如图 1、2 所示。在月平均降水 pH 值分级中，安庆站为弱酸雨等级，合肥、马鞍山、黄山光明顶站为较弱酸雨等级，其他 3 站为非酸性降水等级。安庆站月平均 pH 值最低，为 4.73，弱酸性；阜阳站月平均 pH 值最高，为 7.13，中性。

图 1　2019 年 02 月月平均降水 pH 值分级分布图

各站月平均 K 值见图 2。阜阳站最高，为 147.0μS·cm^{-1}，黄山光明顶站最低，为 15.9μS·cm^{-1}；其他测站月平均电导率在 30~70μS·cm^{-1}。降水单次电导率最高值为 215.2μS·cm^{-1}，出现在铜陵站；最小为 6.4μS·cm^{-1}，出现在黄山光明顶站。

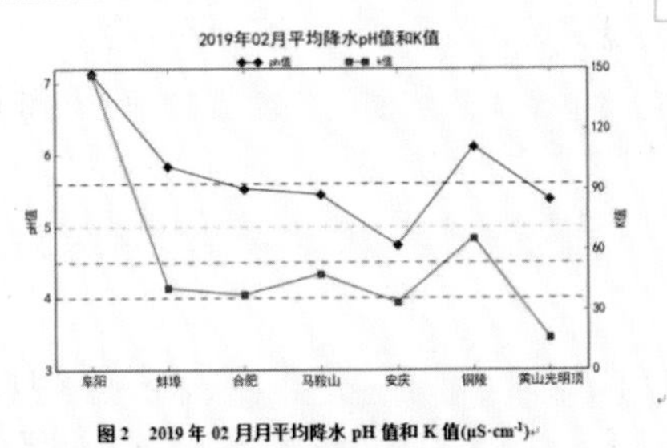

图 2　2019 年 02 月月平均降水 pH 值和 K 值(μS·cm^{-1})

（图中蓝色、橙色、红色、紫色虚线分别表示 pH 值为 5.6、5.0、4.5、4.0）

3. 酸雨频率

2 月份全省 7 个站总体平均的较弱酸雨频率为 29.8%，弱酸雨频率为 7.7%，强酸雨频率为 2.9%，未出现特强酸雨。具体来说，阜阳站未出现酸雨；安庆站酸雨频率最高，为 84.2%，其中强酸雨频率 15.8%；其次是马鞍山站，酸雨频率为 76.5%；黄山光明顶、合肥、蚌埠、铜陵站酸雨频率分别为 35.0%、28.6%、9.1%、5.9%。各站各级酸雨出现频率见图 3。

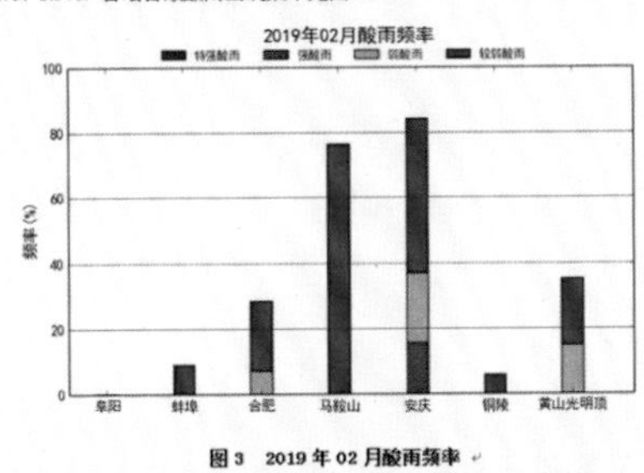

图 3　2019 年 02 月酸雨频率

二、与去年同期比较

与 2018 年 02 月份相比（表 2），从降水量看，7 个站均有所增加，其中，黄山光明顶站增加最多，增加 132.6mm，全省总体平均增加 60.6mm。从平均降水酸度看，安庆站由较弱酸雨变为弱酸雨，蚌埠站由较弱酸雨变为非酸雨，其他站未超出酸雨等级范围。从酸雨频率看，总酸雨频率全省平均下降 2.8%，其中蚌埠、合肥、黄山光明顶站有所下降，其他 3 站有不同程度上升。从 K 值看，总体平均降水 K 值较去年同期上升 5.9%（K 值上升 2.3μS·cm^{-1}）。

表 2　2019 年 02 月与 2018 年 02 月酸雨状况比较

		阜阳	蚌埠	合肥	马鞍山	安庆	铜陵	黄山光明顶	总体平均
总降水量(mm)	2019	29.6	48.2	88.0	107.0	146.4	148.1	225.9	113.3
	2018	23.9	23.7	54.1	52.1	65.6	56.1	93.3	52.7
月平均 ph 值	2019	7.13	5.84	5.53	5.45	4.73	6.11	5.38	5.25
	2018	7.06	5.28	5.39	5.51	5.19	5.84	5.23	5.37
月平均 k 值	2019	146.99	40.62	37.41	47.58	33.44	65.52	15.89	41.30
	2018	58.27	51.0	47.75	30.05	33.29	53.87	26.79	39.01
较弱酸雨频率(%)	2019	0.0	9.1	21.4	76.5	47.4	5.9	20.0	29.8
	2018	0.0	33.3	100.0	50.0	20.0	0.0	21.4	29.7
弱酸雨频率(%)	2019	0.0	0.0	7.1	0.0	21.1	0.0	15.0	7.7
	2018	0.0	33.3	0.0	0.0	40.0	0.0	7.1	10.8
强酸雨频率(%)	2019	0.0	0.0	0.0	0.0	15.8	0.0	0.0	2.9
	2018	0.0	0.0	0.0	0.0	0.0	0.0	7.1	2.7
特强酸雨频率(%)	2019	0.0	0.0	0.0	0.0	0.0	0.0	0.0	0.0
	2018	0.0	0.0	0.0	0.0	0.0	0.0	0.0	0.0
总酸雨频率(%)	2019	0.0	9.1	28.6	76.5	84.2	5.9	35.0	40.4
	2018	0.0	66.7	100.0	50.0	60.0	0.0	35.7	43.2

三、与常年同期比较

与常年（2006-2015 年）02 月份均值相比（见表 3），本月 7 个站降水量均接近常年，总体平均接近常年。从平均 pH 看，合肥、铜陵站显著偏大，阜阳、蚌埠、安庆站偏大，马鞍山、黄山光明顶站接近常年，总体平均显著偏大(大 0.49 个 pH 单位，酸性减弱)。从酸雨频率看，全省平均总酸雨频率偏低(低 16.8%)，其中较弱酸雨频率接近常年，弱酸雨、强酸雨、特强酸雨频率均偏低；各站点来看，合肥站异常偏低，蚌埠站显著偏低，铜陵站偏低，其他 4 站接近常年。从 K 值看，全省总体平均 K 值显著偏小(小 21.0μS·cm^{-1})，其中，蚌埠、马鞍山站显著偏小，安庆、铜陵站偏小，阜阳站偏大，合肥、黄山光明顶站接近常年。

表 3　2019 年 02 月与常年 02 月酸雨状况比较

		阜阳	蚌埠	合肥	马鞍山	安庆	铜陵	黄山光明顶	总体平均
总降水量(mm)	2019	29.6	48.2	88.0	107.0	146.4	148.1	225.9	113.3
	常年平均	38.9	42.5	61.3	78.9	101.8	107.1	146.8	82.5
	偏差指数	-0.42	0.25	0.82	0.67	0.93	0.85	0.97	0.84
月平均 ph 值	2019	7.13	5.84	5.53	5.45	4.73	6.11	5.38	5.25
	常年平均	5.48	5.09	4.50	4.97	4.37	5.42	4.85	4.76
	偏差指数	1.43	1.42	1.86	0.81	1.25	1.80	0.97	1.95
月平均 k 值	2019	146.99	40.62	37.41	47.58	33.44	65.52	15.89	41.30
	常年平均	89.79	67.13	55.13	70.95	54.77	108.61	23.32	62.29
	偏差指数	1.45	-1.57	-0.94	-1.64	-1.05	-1.28	-0.68	-1.80
较弱酸雨频率(%)	2019	0.0	9.1	21.4	76.5	47.4	5.9	20.0	29.8
	常年平均	4.9	37.7	17.4	41.3	13.3	32.0	32.1	26.5
	偏差指数	-0.58	-1.07	0.29	1.22	2.43	-1.03	-0.81	0.41
弱酸雨频率(%)	2019	0.0	0.0	7.1	0.0	21.1	0.0	15.0	7.7
	常年平均	3.4	20.5	33.3	9.6	33.6	3.5	10.8	16.5
	偏差指数	-0.46	-0.79	-1.56	-0.56	-0.77	-0.60	0.34	-1.44
强酸雨频率(%)	2019	0.0	0.0	0.0	0.0	15.8	0.0	0.0	2.9
	常年平均	1.4	3.1	23.4	4.8	31.0	0.8	9.6	11.5
	偏差指数	-0.31	-0.45	-1.44	-0.34	-0.91	-0.30	-0.56	-1.12
特强酸雨频率(%)	2019	0.0	0.0	0.0	0.0	0.0	0.0	0.0	0.0
	常年平均	0.0	0.0	6.7	0.8	8.4	0.0	1.2	2.7
	偏差指数	—	—	-0.42	-0.34	-0.86	—	-0.30	-1.20
总酸雨频率(%)	2019	0.0	9.1	28.6	76.5	84.2	5.9	35.0	40.4
	常年平均	9.8	61.3	80.7	56.5	86.4	36.3	53.8	57.2
	偏差指数	-0.67	-1.69	-2.04	0.66	-0.13	-1.27	-0.68	-1.15

附录：

酸雨等级： 根据新的行业标准：“酸雨和酸雨区等级”（QX/T 372—2018），将酸雨分为四级：较弱酸雨（5.0≤pH<5.6）、弱酸雨（4.5≤pH<5.0）、强酸雨（4.0≤pH<4.5）、特强酸雨（pH<4.0）。

偏差指数： 降水、pH 值、K 值、酸雨频率、强酸雨频率偏差指数是指各要素的距平（ΔT）与标准差 的比值，分级如下：

$\Delta T/\sigma \geq 2.0$	异常偏高（大）
$1.5 \leq \Delta T/\sigma < 2.0$	显著偏高（大）
$1.0 < \Delta T/\sigma < 1.5$	偏　高（大）
$-1.0 \leq \Delta T/\sigma \leq 1.0$	正　常
$-1.5 < \Delta T/\sigma < -1.0$	偏　低（小）
$-2.0 < \Delta T/\sigma \leq -1.5$	显著偏低（小）
$\Delta T/\sigma \leq -2.0$	异常偏低（小）

拟稿：张 浩　　核稿：石春娥　　签发：余金龙

图 6.2　酸雨监测评估报告样式

6.1.2.3 业务流程

酸雨监测评估业务流程见表6.2。

表6.2 酸雨监测评估业务流程

时间	工作内容
每月6日前	从数据服务器下载上月的酸雨观测资料
每月10日前	(1)统计分析上月酸雨等级和电导率状况,以及各级酸雨频率,制作相关图表,并与上一年和历史同期(2006—2015年)进行比较; (2)制作上一月的酸雨监测评估材料
1月15日前	(1)统计分析上一年的酸雨状况,制作相关图表,并与历史平均状况进行比较; (2)制作上一年的酸雨监测评估材料
不定时任务	根据业务主管部门的要求制作酸雨专题气象服务材料

6.2 安徽省环境气象预报业务

安徽省环境气象预报业务主要是对安徽省污染气象条件开展形势研判，提供预报产品和服务，开展地市业务指导和部门合作。主要包括：空气污染气象条件和空气质量预报，并联合省生态环境厅开展省级重污染天气预警发布工作。根据服务对象又分为决策服务、公众服务、专题服务。目前，环境气象预报时效为日尺度、周尺度和月尺度。

6.2.1 空气质量预报业务

6.2.1.1 业务内容和方法

通过多年的研究，利用天气学诊断和统计分析等方法，得到了安徽霾天气的气象成因，确立了安徽易于形成大气污染的天气形势、边界层特征以及地面气象条件，在此基础上建立了主观预报指标体系（Deng et al.，2019）。根据中国气象局和长三角环境气象中心下发的CUACE和WRF-Chem模式产品，以及上述模式产品在安徽区域的本地化订正方法（杨关盈等，2017，2018），结合天气形势分析和污染气象条件分析，预报$PM_{2.5}$、PM_{10}、O_3、NO_2、SO_2、CO 6种污染物日均浓度，依据《环境空气质量指数（AQI）技术规定（试行）》（HJ 633—2012）（环境保护部，2012b）生成空气质量指数（AQI）、空气质量等级和首要污染物，预报时效为72 h。制作全省地市的站点预报产品，并下发至全省16个地市气象局，指导全省预报业务。具体预报思路见图6.3。

预报产品样式见图6.4。

6.2.1.2 产品发布规范

产品格式：TXT文本。

发布对象和发布途径：①FTP上传至国家气象局，供全国气象系统预报评分之用；

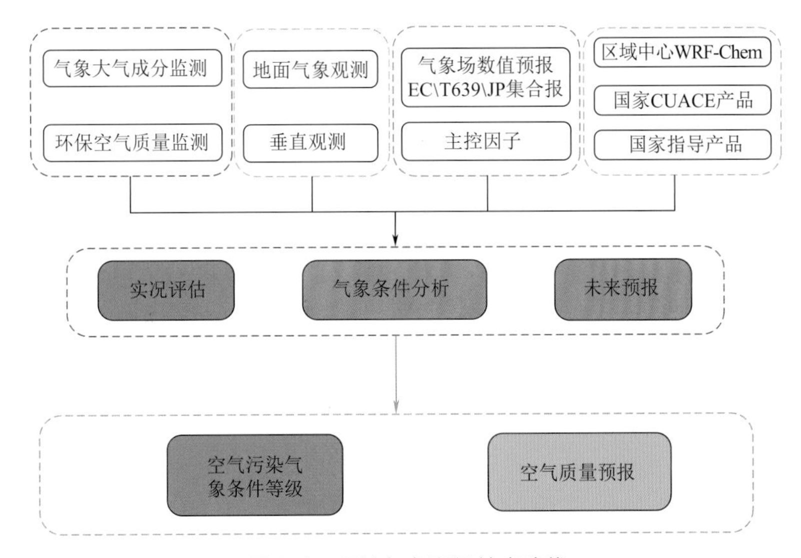

图 6.3　环境气象预报技术路线

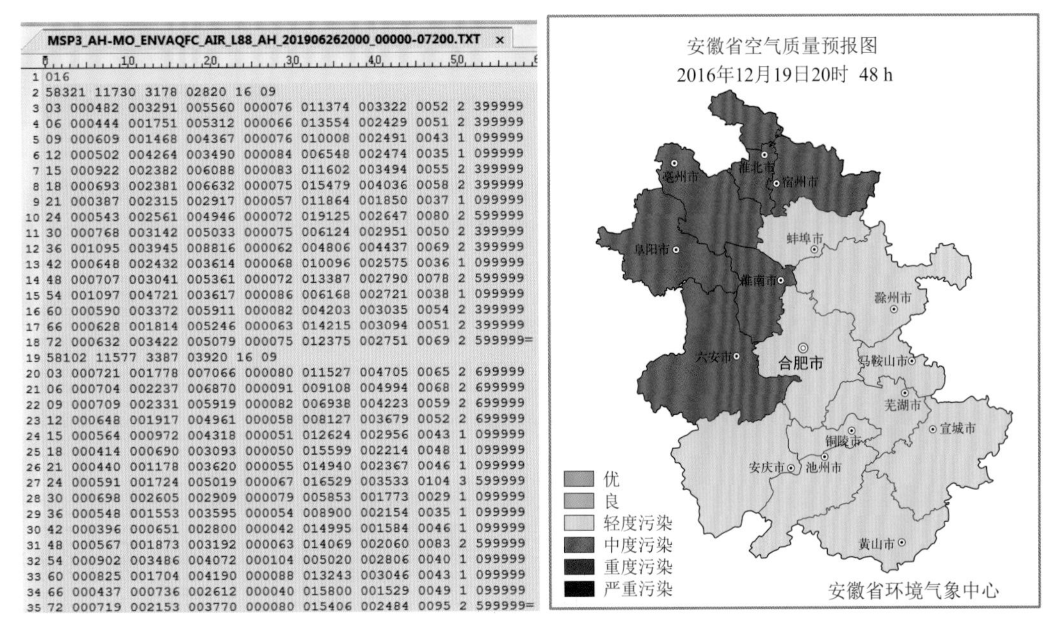

MSP3_AH-MO_ENVAQFC_AIR_L88_AH_201906262000_00000-07200.TXT

```
1 016
2 58321 11730 3178 02820 16 09
3 03 000482 003291 005560 000076 011374 003322 0052 2 399999
4 06 000444 001751 005312 000066 013554 002429 0051 2 399999
5 09 000609 001468 004367 000076 010008 002491 0043 1 099999
6 12 000502 004264 003490 000084 006548 002474 0035 1 099999
7 15 000922 002382 006088 000083 011602 003494 0055 2 399999
8 18 000693 002381 006632 000075 015479 004036 0058 2 399999
9 21 000387 002315 002917 000057 011864 001850 0037 1 099999
10 24 000543 002561 004946 000072 019125 002647 0080 2 599999
11 30 000768 003142 005033 000075 006124 002951 0050 2 399999
12 36 001095 003945 008816 000062 004806 004437 0069 2 399999
13 42 000648 002432 003614 000068 010096 002575 0036 1 099999
14 48 000707 003041 005361 000072 013387 002790 0078 2 599999
15 54 001097 004721 003617 000086 006168 002721 0038 1 099999
16 60 000590 003372 005911 000082 004203 003035 0054 2 399999
17 66 000628 001814 005246 000063 014215 003094 0051 2 399999
18 72 000632 003422 005079 000075 012375 002751 0069 2 599999=
19 58102 11577 3387 03920 16 09
20 03 000721 001778 007066 000080 011527 004705 0065 2 699999
21 06 000704 002237 006870 000091 009108 004994 0068 2 699999
22 09 000709 002331 005919 000082 006938 004223 0059 2 699999
23 12 000648 001917 004961 000058 008127 003679 0052 2 699999
24 15 000564 000972 004318 000051 012624 002956 0043 1 099999
25 18 000414 000690 003093 000050 015599 002214 0048 1 099999
26 21 000440 001178 003620 000055 014940 002367 0046 1 099999
27 24 000591 001724 005019 000067 016529 003533 0104 3 599999
28 30 000698 002605 002909 000079 005853 001773 0029 1 099999
29 36 000548 001553 003595 000054 008900 002154 0035 1 099999
30 42 000396 000651 002800 000042 014995 001584 0046 1 099999
31 48 000567 001873 003192 000063 014069 002060 0083 2 599999
32 54 000902 003486 004072 000104 005020 002806 0040 1 099999
33 60 000825 001704 004190 000088 013243 003046 0043 1 099999
34 66 000437 000736 002612 000040 015800 001529 0049 1 099999
35 72 000719 002153 003770 000080 015406 002484 0095 2 599999=
```


图 6.4　空气质量预报产品样式

②FTP 下传至全省地市气象局，供地市气象局环境气象业务参考；③通过业务系统提供给省生态环境厅。

发布时效：每日 16 时前完成信息发布和上传。

6.2.1.3　业务流程

空气质量预报业务流程见表 6.3。

表 6.3　空气质量预报业务流程

时间	工作内容
08:00	收听全国天气会商，并记录影响安徽省的天气系统
09:00	收听安徽省天气会商，并记录未来的主要天气过程

续表

时间	工作内容
10:00	关注中国气象局的预报指导产品和生态环境部的发布产品
15:00	分析污染物浓度和气象观测实况，利用欧洲中心数值天气预报产品，结合上年会商的天气形势，制作空气质量预报产品
15:30	上传 AQI 预报产品，供地市局订正
16:00	合成地市局订正结果，并上传信息中心
16:00	总结预报理由，并形成电子文档
17:30	实况分析，看当日实况是否可能达到预警级别(AQI>200)，如当日都很大，请及时与领班汇报，申请第二天可能开展预警流程

6.2.2 空气污染气象条件预报业务

6.2.2.1 业务内容

基于 MICAPS 平台，分析高低空天气形势配置、天气过程变化、边界层结构等大气扩散条件对大气污染的影响。分析容易触发高污染天气的典型形势场和特征物理量，目前安徽气溶胶重污染形成机制主要有三种类型：①静稳型，伴随着强逆温、小风或静风、高湿等特征；②传输型，伴随着弱冷空气南下，叠加上游污染输送；③爆发型，一般出现在节假日，如春节的烟花燃放等。我们主要制作 72 h 内的空气污染气象条件预报。

空气污染气象条件中预报产品见图 6.5。

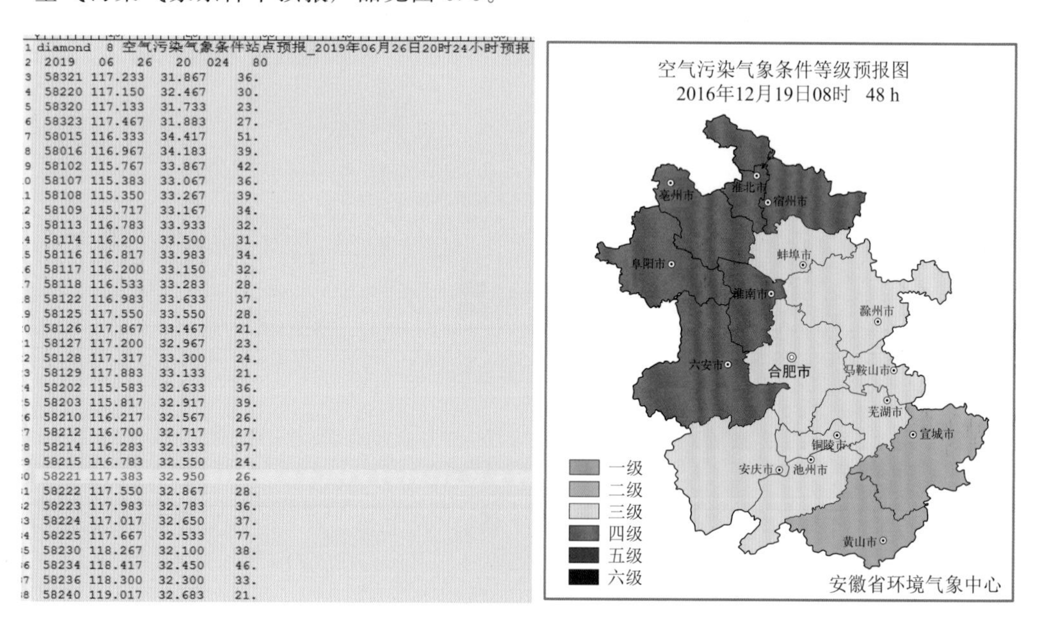

图 6.5 空气污染气象条件预报产品样式

6.2.2.2 产品发布规范

产品格式：TXT 文本。

发布对象和发布途径：①FTP 下传至全省地市气象局，供地市气象局环境气象业务参考指导；②通过业务系统提供给省生态环境厅，并在省生态环境厅网站和中国天气网站联合发布。

发布时效：每日 2 次，分别在 08 时和 17 时前完成信息上传，每天 16 时前完成网站信息发布（图 6.6）。

(a)

空气、水质信息发布　　发布时间：2019年6月25日

空气质量实时报　空气质量日报　空气质量预报　水质实时报

6月26日~27日，大气扩散条件一般，淮河以北和江淮之间空气质量为良~轻度污染；沿江江南以良为主；首要污染物为O3。

6月28日，大气扩散条件较好，全省空气质量为优~良，首要污染物为O3。

6月29日，大气扩散条件较好，全省空气质量为优~良，首要污染物为O3。

6月30日，大气扩散条件一般，淮河以北空气质量为良~轻度污染，江淮之间和沿江江南为优~良；首要污染物为O3。

7月1日~2日，大气扩散条件一般，淮河以北空气质量为良~轻度污染，江淮之间和沿江江南以良为主；首要污染物为O3。【安徽省重污染天气预报预警中心、安徽省环境气象中心】　　各市预报详情

(b)

图 6.6　空气污染气象条件预报网站发布

（a）安徽生态环境厅发布（http: //sthjt. ah. gov. cn）；

（b）安徽省气象局发布（http: //ah. weather. com. cn/qxndexl. shtml）

6.2.2.3　业务流程（表 6.4）

表 6.4　空气污染气象条件预报业务流程

时间	工作内容
07:30	根据中国气象局指导产品，制作空气污染气象条件预报
08:00	上传空气污染气象条件预报产品
17:00	查看空气污染气象条件数据情况
17:30	根据中国气象局指导产品，制作空气污染气象条件预报
17:30	上传空气污染气象条件预报产品

6.2.3　一周污染气象条件展望

6.2.3.1　业务内容

未来 7 d 的全省空气污染气象条件等级预报主要依据欧洲中心模式预报产品、中国气象局

CUACE 模式产品和华东区域气象中心 WRF-Chem 模式产品，对区域内未来一周静稳天气等影响污染物累积的气象要素进行系统分析，并最终形成安徽省污染气象条件的分区等级预报产品。

一周污染气象条件展望模板见图 6.7。

一周污染气象条件展望

2019 年第 49 期

2019 年 12 月 9 日 08 时　　安徽省环境气象中心

11 日和 14-15 日扩散条件较差

一、上周实况分析

上周全省空气质量总体较差，首要污染物为 $PM_{2.5}$和 PM_{10}。空气质量等级：2 日全省以轻度污染到重度污染为主；3-7 日全省以轻度污染为主；8 日全省以轻度污染到中度污染为主。

二、本周污染气象条件展望

未来一周全省无明显降水，11 日和 14-15 日扩散条件较差。空气污染气象条件等级：9-10 日白天全省 3 级，扩散条件一般；10 日夜间-11 日全省 3～4 级，较不利于污染物清除和扩散；12-13 日全省 2～3 级，扩散条件一般；14-15 日全省 3～4 级，较不利于污染物清除和扩散。具体预报如下：

9-10 日白天：全省晴天到多云，地面偏南风 4 米/秒左右，相对湿度 60%左右，最大混合层厚度在 1000 米左右，空气污染气象条件 3 级，扩散条件一般。

10 日夜间-11 日：地面转为偏北风，风速较小，最大混合层厚度低于 800 米，且存在明显逆温，空气污染气象条件 3～4 级，较不利于污染物清除和扩散。上游地区存在风场辐合，要考虑污染输送影响。

12-13 日：全省无明显降水，地面转为偏南风，风速 4 米/秒左右，最大混合层厚度大于 800 米，相对湿度较低，空气污染气象条件 2～3 级，扩散条件一般。

14-15 日：全省晴转多云，地面偏东风 2 米/秒左右，逆温明显增强，相对湿度有所增加，最大混合层厚度有所降低，空气污染气象条件 3～4 级，较不利于污染物清除和扩散。

拟稿：邓学良　　审核：翟菁　　签发人：黄勇

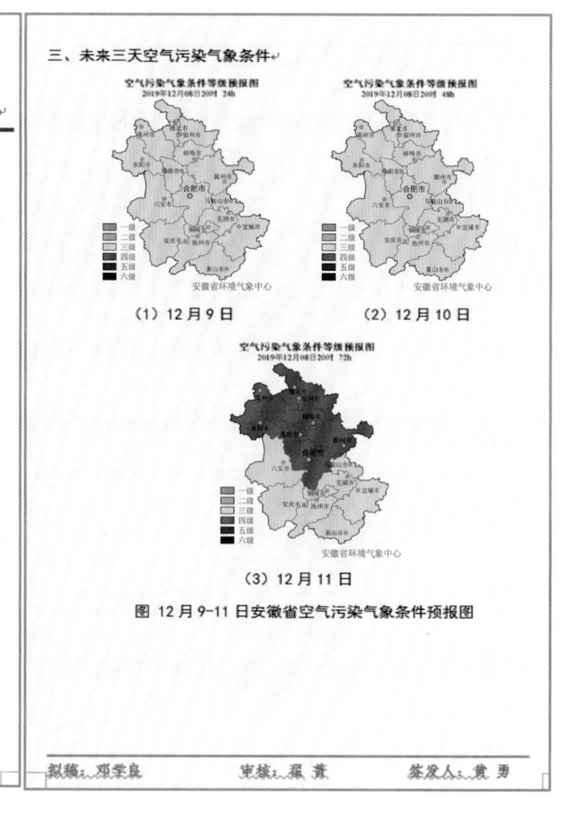
三、未来三天空气污染气象条件

空气污染气象条件等级预报图

(1) 12 月 9 日　　(2) 12 月 10 日

(3) 12 月 11 日

图 12 月 9-11 日安徽省空气污染气象条件预报图

拟稿：邓学良　　审核：翟菁　　签发人：黄勇

图 6.7　一周污染气象条件展望模板

6.2.3.2　材料发布规范

产品格式：Word 格式。

发布对象：①FTP 上传至全省气象信息共享平台，供环境气象业务参考；②通过电子邮件提供给省生态环境厅，为大气污染中长期预报提供气象研判依据；③通过内部办公网和短信系统，分发给省气象系统分管局领导和内部职能部门，提供决策服务。

发布时效：每周 1 次，每周一 08 时完成信息发布。

6.2.3.3　业务流程

一周污染气象条件展望业务流程见表 6.5。

表 6.5　一周污染气象条件展望制作和发布流程

时间	工作内容
周五下午	全体会商，制定周报的总体趋势，并拟定初稿
周日上午	结合污染模式产品和一周天气形势，分析未来一周污染气象条件
周日 16:00 前	完成周报的制作
周日 17:00 前	咨询安徽省气象台当值首席修改意见

续表

时间	工作内容
周日18:00	完成安徽省气象台当值首席意见修改后，通过短信将周报发给领班审核
周日19:00	完成审核人意见修改后，通过办公网将周报发送给签发人，等待回复和修改
周日22:00前	完成签发人意见修改后，通过办公网将周报发送给安徽省气象台决策服务科、有周报需求的地市以及周一安徽省气象科学研究所参加省气象台会商的人
周一08:30前	通过短信平台将周报发给分管局长(格式为“一周污染气象条件展望:内容。”)
周一08:30左右	通过E-mail将周报发给生态环境厅
周一08:30左右	通过办公网将周报发给气象系统职能部门
周一08:30左右	将周报上传至安徽省气象信息共享平台

6.2.4　空气污染气象条件专报

6.2.4.1　业务内容

针对突发大气污染事件，开展应急环境气象预报服务，参考“一周污染气象条件展望”模板，制作《空气污染气象条件专报》，针对秸秆燃烧、沙尘传输、烟花燃放等重污染天气等污染事件，开展决策服务和公众服务。

空气污染气象条件专报模板见图6.8。

污染气象条件专报

2019年第6期

2019年10月30日17时　　　　安徽省环境气象中心

10月31日–11月2日全省扩散条件较差

10月31日–11月2日全省扩散条件较差。空气污染气象条件等级：10月31日–11月2日全省3～4级，较不利于污染物扩散和清除；11月3–4日全省3级，扩散条件一般；11月5–6日淮河以北地区3～4级，较不利于污染物扩散和清除，淮河以南地区3级，扩散条件一般。具体预报如下：

10月31日–11月2日：全省受均压场控制，地面风速较小（约2米/秒），且存在地面风场辐合，清晨逆温层较为明显，全省空气污染气象条件3～4级，较不利于污染物扩散和清除。

11月3–4日：全省以晴好天气为主，地面受偏北风控制，风速增至4米/秒左右，无明显逆温，全省空气污染气象条件3级，扩散条件一般。但上游存在污染物堆积，需关注污染物传输影响。

11月5–6日：淮河以北地区无明显降水，地面转为偏东风，风速2米/秒左右，且存在逆温，空气污染气象条件3～4级，较不利于污染物扩散和清除；淮河以南地区有弱降水，最大混合层厚度在800米以上，空气污染气象条件3级，扩散条件一般。

拟稿：邓学良　　审核：翟菁　　签发人：余金龙

图6.8　空气污染气象条件专报模板

6.2.4.2 材料发布规范

产品格式：Word 格式。

发布对象：①FTP 上传至全省气象信息共享平台，提供环境气象业务指导；②通过 E-mail 提供给省生态环境厅，为重污染天气过程预报提供气象研判依据；③通过内部办公网和短信系统，分发给省气象系统分管局领导和内部职能部门，提供决策服务。

发布时效：不定期。

6.2.4.3 业务流程

空气污染气象条件中专报业务流程见表 6.6。

表 6.6 空气污染气象条件专报制作和发布流程

时间	工作内容
10:00	根据全省 AQI 实况判断是否发布空气污染气象条件专报(5 个地级市出现重度污染等级,发布空气污染气象条件专报)
15:00	完成空气污染气象条件专报初稿,并发给领班审核
16:00	完成审核人意见修改后,通过办公网将专报发送给签发人修改
17:00	完成签发人意见修改后,通过办公网将专报发送给气象系统内部职能机关。
17:30	通过短信平台将专报发给分管局长(格式为"空气污染气象条件专报:内容。")
17:30	将专报上传至气象信息共享平台
17:30	通过 E-mail 将专报发给生态环境厅

6.2.5 重污染天气预警业务

6.2.5.1 业务内容

根据《安徽省重污染天气应急预案》要求："省气象局负责配合省环保厅健全重污染天气预警预报体系；负责全省大气环境气象条件监测、预报工作，会同省环保厅做好大气重污染预警及信息发布工作；指导各地组织实施人工影响天气作业。"因此，依据预警分级制作《空气污染气象条件专报》，并联合省生态环境厅制作《重污染天气预警信息专报》，开展省级重污染天气的分区预报，联合提请省重污染天气应急工作领导小组发布和解除省级重污染天气预警信号，并指导地市开展城市重污染天气预警业务。

6.2.5.2 安徽省重污染天气预警分级标准

按照污染范围，将预警划分为省级预警、城市预警；按照重污染天气的可持续时间、影响范围和危害程度等因素，将预警划分为 4 个等级，由低到高顺序依次为蓝色预警（Ⅳ级）、黄色预警（Ⅲ级）、橙色预警（Ⅱ级）、红色预警（Ⅰ级）。

城市预警级别：单个城市按照以下重污染天气条件，划分预警级别；各地可结合实际，制定更严格的预警等级标准。

蓝色预警（Ⅳ级）：经预测，市区范围内 AQI 日均值（24 h 平均值，下同）＞200 且未达到更高级别预警条件时。

黄色预警（Ⅲ级）：经预测，市区范围内 AQI 日均值＞200 将持续 2 d 且未达到更高级别预警条件时。

橙色预警（Ⅱ级）（符合下列条件之一时）：

（1）当市区范围内前两日 AQI 日均值＞200 时，经预测，市区范围内 AQI 日均值＞200 仍将持续 2 d 且未达到更高级别预警条件时，或 AQI 日均值＞300 将持续 1 d 及以上且未达到更高级别预警条件时。

（2）经预测，市区范围内 AQI 日均值＞300 将持续 2 d 且未达到更高级别预警条件时。

红色预警（Ⅰ级）（符合下列条件之一时）：

（1）当市区范围内前三日 AQI 日均值＞200 时，经预测，市区范围内 AQI 日均值＞200 仍将持续 2 d，或 AQI 日均值＞300 将持续 1 d 及以上。

（2）经预测，市区范围内 AQI 日均值达到 450 并将持续 1 d 及以上时。

省级预警级别：

黄色预警（Ⅲ级）：当预测 5 个及以上连片区域的市出现符合城市黄色及以上级别预警且未达到省级橙色、红色预警条件时。

安徽省重污染天气预警信息专报

2016 年第 9 期（总第 14 期）

省重污染天气预报预警中心、省环境气象中心　2016 年 3 月 7 日

全省环境空气质量监测网监测结果显示：

3 月 6 日，阜阳（AQI 为 229）和安庆（AQI 为 208）2 个市空气质量为重度污染，合肥（AQI 为 199）、淮南（AQI 为 165）、六安（AQI 为 152）、马鞍山（AQI 为 152）和铜陵（AQI 为 175）5 个市空气质量为中度污染，淮北（AQI 为 115）、蚌埠（AQI 为 123）、滁州（AQI 为 107）、芜湖（AQI 为 113）和宣城（AQI 为 132）5 个市空气质量为轻度污染，其余 4 个市空气质量为良。7 日上午 8 时，阜阳（AQI 为 182）和淮北（AQI 为 211）2 个市为重度污染，合肥（AQI 为 166）、蚌埠（AQI 为 152）和安庆（AQI 为 169）3 个市为中度污染，宿州、淮南、六安、马鞍山和滁州 5 个市为轻度污染，其余 6 个城市为优良。

安徽省重污染天气预报预警中心和安徽省环境气象中心联合会商预测（9:00）：3 月 7 日，全省混合层厚度较低（500~600 米），相对湿度较高（达 90%），风速较小（小于 2m/s），全省大气扩散条件不利，淮河以北和江淮之间空气质量以轻度到中度污染为主，局部地区可能出现重度污染，首要污染物为 PM2.5；沿江江南空气质量以轻度污染为主，局部地区可能出现中度到重

图 6.9　重污染天气预警信息专报模板

橙色预警（Ⅱ级）：当预测 5 个及以上连片区域的市出现符合城市橙色及以上级别预警且未达到省级红色预警条件时。

红色预警（Ⅰ级）：当预测 5 个及以上连片区域的市出现符合城市红色预警，或合肥在内的 3 个连片区域的市出现符合城市红色预警条件时。

重污染天气预警信息专报模板见图 6.9。

6.2.5.3　材料发布规范

产品格式：Word 格式。

发布对象：①FTP 上传至全省气象信息共享平台，提供重污染天气预警指导；②通过电子邮件提供给省生态环境厅，为重污染天气预警信号发布提供气象依据；③通过短信系统，分发给省气象系统分管局领导和内部职能部门，提供决策服务；④通过电视媒体，对社会公众发布预警信号（图 6.10）。

发布时效：不定期。

6.2.5.4　业务流程

重污染天气预警业务流程见表 6.7。

图 6.10　安徽省重污染天气预警信号媒体发布

表 6.7　重污染天气预警业务流程

时间	工作内容
08:00	查看数据情况，重点关注 AQI 实况，如果达到预警等级Ⅰ级，则准备启动预警流程
08:00—08:30	收听全国天气会商，并记录影响安徽省的天气系统
08:30—09:30	结合中国气象局指导预报形成预报结论，并向环保部门发送预报结果
09:30—11:00	与环保部门进行会商，制作《空气污染气象条件专报》
11:00—12:00	将专报材料上报省气象局职能处室和领导
14:30—15:30	分析环境、气象实况以及预报资料
15:30—16:00	实时关注各市及周边省份的小时 AQI，首要污染物以及浓度变化，气象场实况以及预报资料
16:00—17:00	与环保部门启动会商，必要时与华东区域气象中心启动会商，决定是否启动重污染天气预警
17:00—17:30	联合环保部门，制作《安徽省重污染天气信息发布稿》，通过相关渠道发布

6.3 小结

（1）安徽省环境气象监测评估业务包括常规的空气污染气象条件评估和酸雨监测评估，其中常规空气污染气象条件评估频次为月、季度、年，酸雨监测评估频次为月、年。

（2）安徽省气象局环境气象预报业务包括空气污染气象条件和空气质量预报，并联合省生态环境厅开展省级重污染天气预警发布工作。服务对象主要包括决策服务、公众服务、专题服务。环境气象预报时效为日尺度、周尺度和月尺度。

参考文献

白永清，祁海霞，刘琳，等，2016. 武汉大气能见度与$PM_{2.5}$浓度及相对湿度关系的非线性分析及能见度预报［J］. 气象学报，74（2）：189-199.

蔡宏珂，周任君，傅云飞，等，2011. CALIOP对一次秸秆焚烧后气溶胶光学特性的探测分析［J］. 气候与环境研究，16（4）：469-478.

蔡阳阳，杨复沫，贺克斌，等，2011. 北京城区大气干沉降的水溶性离子特征［J］. 中国环境科学，31（7）：1071-1076.

曹国良，张小曳，龚山陵，等，2011. 中国区域主要颗粒物及污染气体的排放源清单［J］. 科学通报，56（3）：261-268.

曹军骥，2014. $PM_{2.5}$与环境［M］. 北京：科学出版社：256-266.

陈丽芳，2012. 杭州市灰霾气候特征及与清洁过程的对比分析［J］. 科技通报，28（7）：31-35.

陈敏，施红，陈辉，等，2007. 上海地区霾的观测标准探讨及统计特征分析［C］. 2007年中国气象学会年会论文集.

陈沈斌，潘莉卿，1997. 城市化对北京平均气温的影响［J］. 地理学报，52（2）：7-36.

陈晓红，方翀，2005. 安徽省县级大雾预报系统［J］. 气象，31（4）：60-64.

陈义珍，赵丹，柴发合，等，2010. 广州市与北京市大气能见度与颗粒物质量浓度的关系［J］. 中国环境科学，30（7）：967-971.

程水源，张宝宁，白天雄，等，1992. 北京地区大气混合层高度的研究及气象特征［J］. 环境科学丛刊，13（4）：47-48.

程新金，黄美元，1998. 降水化学特性的一种分类分析方法［J］. 气候与环境研究，3（1）：82-88.

邓学良，何冬燕，潘德炉，等，2009. 中国海域MODIS气溶胶光学厚度检验分析［J］. 大气科学学报，32（4）：558-564.

邓学良，石春娥，姚晨，等，2015. 安徽霾日重建和时空特征分析［J］. 高原气象，34（4）：1158-1166.

丁国安，徐晓斌，王淑凤，等，2004. 中国气象局酸雨网基本资料数据集及初步分析［J］. 应用气象学报，15（增刊）：85-94.

高星星，陈艳，张武，2016. 2006—2015年中国华北地区气溶胶的垂直分布特征［J］. 中国环境科学，36（8）：2241-2250.

葛良玉，江燕如，梁汉明，等，1998. 1996年岁末沪宁线持续五天大雾的原因探讨［J］. 气象科学，18（2）：181-188.

龚道溢，朱锦红，王绍武，2002. 西伯利亚高压对亚洲大陆的气候影响分析［J］. 高原气象，21（1）：8-14.

谷金霞，白志鹏，解以扬，等，2009. 天津市冬季颗粒物散射消光特征［J］. 南开大学学报（自然科学版），42（2）：73-76.

郭其蕴，1983. 东亚夏季风强度指数及其变化特征［J］. 地理学报，38（3）：207-217.

郭其蕴，1994. 东亚冬季风的变化与中国气温异常的关系［J］. 应用气象学报，5（2）：218-225.

国家气象中心，2012. 雾的预报等级：GB/T 27964—2011［S］. 北京：中国标准出版社：6.

侯青，赵艳霞，2009. 2007年中国区域性酸雨的若干特征［J］. 气候变化研究进展，5（1）：7-11.

环境保护部，2012a. 环境空气质量标准：GB 3095—2012［S］. 北京：中国环境科学出版社.

环境保护部，2012b. 环境空气质量指数（AQI）技术规定（试行）：HJ 633—2012［S］. 北京：中国环境科学出版社.

黄美元，植田洋匡，刘帅仁，1993. 中国和日本降水化学特性的分析比较［J］. 大气科学，17（1）：27-38.
琚泽萍，2003. 宁国市酸雨污染状况及酸雨成因分析［J］. 合肥工业大学学报（自然科学版），26（3）：472-475.
雷孝恩，1983. 风垂直切变对中距离扩散特征的影响［J］. 大气科学，7（2）：171-178.
李成才，毛节泰，刘启汉，等，2003a. 利用MODIS光学厚度遥感产品研究北京及周边地区的大气污染［J］. 大气科学，27（5）：869-880.
李成才，毛节泰，刘启汉，等，2003b. 利用MODIS研究中国东部地区气溶胶光学厚度的分布和季节变化［J］. 科学通报，48（19）：2094-2100.
李子华，2001. 中国近40年来雾的研究［J］. 气象学报，59（5）：616-624.
李子华，涂晓萍，1996. 考虑湿度影响的城市气溶胶夜晚温度效应［J］. 大气科学，20（3）：359-366.
李子华，杨军，黄世鸿，2000. 考虑湿度影响的城市气溶胶粒子白天温度效应［J］. 大气科学，24（1）：256-263.
林建，杨贵名，毛冬艳，2008. 我国大雾的时空分布特征及其发生的环流形势［J］. 气候与环境研究，13（2）：171-181.
刘端阳，濮梅娟，严文莲，等，2014a. 淮河下游连续雾-霾及转换成因分析［J］. 中国环境科学，34（7）：1673-1683.
刘端阳，魏建苏，严文莲，等，2014b. 1980—2012年江苏省城市霾日的时空分布及成因分析［J］. 环境科学，35（9）：3248-3255.
刘新民，邵敏，2004. 北京夏季大气消光系数的来源分析［J］. 环境科学学报，24（2）：185-189.
马楠，赵春生，陈静，等，2015. 基于实测$PM_{2.5}$、能见度和相对湿度分辨雾霾的新方法［J］. 中国科学D辑：地球科学，45（2）：227-235.
马骁骏，秦艳，陈勇航，等，2015. 上海地区霾时气溶胶类型垂直分布的季节变化［J］. 中国环境科学，35（4）：961-969.
毛华云，田刚，黄玉虎，等，2011. 北京市大气环境中硫酸盐、硝酸盐粒径分布及存在形式［J］. 环境科学，32（5）：1237-1241.
茆佳佳，莫月琴，张雪芬，等，2016. 自动观测与人工观测相对湿度比对分析［J］. 应用气象学报，27（3）：370-379.
濮梅娟，李良福，李子华，等，2001. 西双版纳地区雾的物理过程研究［J］. 气象科学，21（4）：425-432.
濮梅娟，张国正，严文莲，等，2008. 一次罕见的平流辐射雾过程的特征［J］. 中国科学D辑：地球科学，38（6）：776-783.
邱明燕，石春娥，张浩，等，2009. 合肥市酸雨变化特征及其影响因子［J］. 环境科学学报，29（6）：1329-1338.
任芝花，余予，韩瑞，等，2015. 自动观测对雾霾现象日数据记录的影响与订正［C］. 西安：全国决策气象服务业务技术交流会.
沙晨燕，何文珊，童春富，等，2007. 上海近期酸雨变化特征及其化学组分分析［J］. 环境科学研究，20（5）：30-34.
尚倩，李子华，杨军，等，2011. 南京冬季大气气溶胶粒子谱分布及其对能见度的影响［J］. 环境科学，32（9）：2750-2760.
盛裴轩，毛节泰，李建国，等，2003. 大气物理学［M］. 北京：北京大学出版社.
石春娥，邓学良，吴必文，等，2013. 黄山降水酸度及电导率特征分析［J］. 环境科学，34（5）：1964-1972.
石春娥，邓学良，杨元建，等，2014. 2013年1月安徽持续性霾天气成因分析［J］. 气候与环境研究，19（2）：227-236.

石春娥，邓学良，杨元建，等，2015．1992—2013年安徽省酸雨变化特征及成因分析［J］．南京大学学报（自然科学），51（3）：508-516．
石春娥，邓学良，余金龙，等，2017b．安徽省雾、霾、晴空天气的气象条件对比分析［J］．气候与环境研究，22（2）：242-252．
石春娥，邓学良，朱彬，等，2016b．合肥市不同天气条件下大气气溶胶粒子理化特征分析［J］．气象学报，74（1）：149-163．
石春娥，邱明燕，张爱民，等，2010．安徽省酸雨分布特征和发展趋势及其影响因子［J］．环境科学，31（6）：268-273．
石春娥，王喜全，李元妮，等，2016a．1980—2013年安徽霾天气变化趋势及其可能成因［J］．大气科学，40（2）：357-370．
石春娥，王兴荣，马晓群，等，2000．一种研究城市发展对局地气候要素影响的新方法及其应用［J］．气象学报，58（3）：368-375．
石春娥，杨军，邱明燕，等，2008a．从雾的气候变化看城市发展对雾的影响［J］．气候与环境研究，13（3）：327-336．
石春娥，姚克亚，马力，2001．气溶胶粒子对城市雾影响的模拟研究［J］．气候与环境研究，6（4）：485-492．
石春娥，姚叶青，张平，等，2008b．合肥市 PM_{10} 输送轨迹分类研究［J］．高原气象，27（6）：1383-1391．
石春娥，张浩，弓中强，等，2017c．2013—2015年合肥市 $PM_{2.5}$ 重污染特征研究［J］．气象学报，75（4）：632-644．
石春娥，张浩，马井会，等，2017a．基于器测能见度的霾天气判断标准的探讨［J］．高原气象，36（6）：1693-1702．
石春娥，张浩，杨元建，2016c．能见度观测方式改变对安徽省霾日数分布的影响分析［J］．气象与减灾，1：1-4．
石春娥，张浩，杨元建，等，2018．安徽省持续性区域霾污染的时空分布特征［J］．中国环境科学，38（4）：1231-1242．
史军，吴蔚，2010．上海霾气候数据序列重建及其时空特征［J］．长江流域资源与环境，19（9）：1029-1036．
宋宇，唐孝炎，方晨，等，2003．北京市能见度下降与颗粒物污染的关系［J］．环境科学学报，23（4）：468-471．
孙柏民，李崇银，1997．冬季东亚大槽的扰动与热带对流活动的关系［J］．科学通报，42（5）：500-503．
孙欣，汪家权，席天功，等，2002．安徽省芜湖市酸雨污染及防治对策［J］．合肥工业大学学报（自然科学版），25（2）：259-264．
檀满枝，阎伍玖，2001．安徽省酸雨污染特征分析［J］．环境科学研究，14（5）：13-16．
汤洁，徐晓斌，杨志彪，等，2008．电导率加和性质及其在酸雨观测数据质量评估中的应用［J］．应用气象学报，9（4）：385-392．
唐蓉，王体健，石春娥，等，2012．合肥市降水化学组成成分分析［J］．气象科学，32（4）：459-465．
唐先干，杨金玲，张甘霖，2009．皖南山区降水酸性特征与元素沉降通量［J］．环境科学，30（2）：356-361．
王丽萍，陈少勇，董安祥，2006．气候变化对中国大雾的影响［J］．地理学报，61（5）：527-536．
王明星，1999．大气化学［M］．北京：气象出版社：161-162．
王启元，曹军骥，甘小凤，等，2010．成都市灰霾与正常天气下大气 $PM_{2.5}$ 的化学元素特征［J］．环境化学，29（4）：644-648．
王文兴，1994．中国酸雨成因研究［J］．中国环境科学，14（5）：323-329．
王文兴，丁国安，1997．中国降水酸度和离子浓度的时空分布［J］．环境科学研究，10（2）：1-7．

王文兴，许鹏举，2009. 中国大气降水化学研究进展［J］. 化学进展，21（2/3）：266-281.

王轩，2010. 气溶胶吸湿特性研究［D］. 北京：中国环境科学研究院.

王英，李令军，李成才，2015. 北京大气能见度和消光特性变化规律及影响因素［J］. 中国环境科学，35（5）：1310-1318.

魏文华，王体健，石春娥，等，2012. 合肥市雾日气象条件分析［J］. 气象科学，32（4）：437-442.

吴兑，2011. 灰霾天气的形成与演化［J］. 环境科学与技术，34（3）：157-161.

吴兑，2012. 近十年中国灰霾天气研究综述［J］. 环境科学学报，32（2）：257-269.

吴兑，2013. 探秘 $PM_{2.5}$［M］. 北京：气象出版社：106.

吴兑，陈慧忠，吴蒙，等，2014. 三种霾日统计方法的比较分析：以环首都圈京津冀晋为例［J］. 中国环境科学，34（3）：545-554.

吴兑，廖国莲，邓雪娇，等，2008. 珠江三角洲霾天气的近地层输送条件研究［J］. 应用气象学报，19（1）：1-9.

吴兑，吴晓京，李菲，等，2010. 1951—2005 年中国大陆霾的时空变化［J］. 气象学报，68（5）：680-688.

吴文玉，马晓群，2009. 基于 GIS 的安徽省气温数据栅格化方法研究［J］. 中国农学通报，25（2）：263-267.

夏祥鳌，2006. 全球陆地上空 MODIS 气溶胶光学厚度显著偏高［J］. 科学通报，51（19）：2297-2303.

徐大海，1990. 风向、风速、稳定度类别联合概率分布及混合层深度的诊断估计初探［J］. 环境科学，11（1）：11-17.

徐宏辉，刘洁，王跃思，等，2012. 临安本底站大气气溶胶水溶性离子浓度变化特征［J］. 环境化学，31（6）：796-802.

徐建军，朱乾根，周铁汉，1999. 近百年东亚冬季风的突变性和周期性［J］. 应用气象学报，10（1）：1-8.

许明君，王月华，汤莉莉，等，2012. 南京城区与郊区秋季大气 PM_{10} 中水溶性离子的特征研究［J］. 环境工程，30（5）：108-113.

杨东旭，刘毅，夏俊荣，等，2012. 华北及其周边地区秋季气溶胶光学性质的星载和地基遥感观测［J］. 气候与环境研究，17（4）：422-432.

杨东贞，于海青，丁国安，等，2002. 北京北郊冬季低空大气气溶胶分析［J］. 应用气象学报，13（s1）：113-126.

杨关盈，邓学良，吴必文，等，2017. 基于 CUACE 模式的合肥地区空气质量预报效果检验［J］. 气象与环境学报，33（1）：51-57.

杨关盈，邓学良，周广强，等，2018. WRF-Chem 模式的 $PM_{2.5}$ 预报效果评估［J］. 气象科技，46（1）：84-91.

杨元建，傅云飞，吴必文，等，2013. 秸秆焚烧对中国东部气溶胶时空格局的影响［J］. 大气与环境光学学报，8（4）：241-252.

尹球，许绍祖，1994. 辐射雾生消的数值研究（Ⅱ）：生消机制［J］. 气象学报，52（1）：60-67.

于波，鲍文中，王东勇，2013. 安徽天气预报业务基础与实务［M］. 北京：气象出版社：308.

于彩霞，邓学良，石春娥，等，2018. 降水和风对大气 $PM_{2.5}$、PM_{10} 的清除作用分析［J］. 环境科学学报，38（12）：4620-4629.

于彩霞，杨元建，邓学良，等，2017. 基于 CALIOP 卫星探测的合肥气溶胶垂直分布特征［J］. 中国环境科学，37（5）：1677-1683.

于兴娜，马佳，朱彬，等，2015. 南京北郊秋冬季相对湿度及气溶胶理化特性对大气能见度的影响［J］. 环境科学，36（6）：1919-1925.

张浩，石春娥，邱明燕，等，2010. 合肥市霾天气变化特征及其影响因子［J］. 环境科学学报，30（4）：

714-721.

张浩，石春娥，杨元建，2019. 基于东亚冬季风指数的安徽省冬季霾预测研究［J］. 气象，45（3）：407-414.

张群，郁晶，喻义勇，2009. 南京市酸雨特征及变化趋势分析［J］. 环境科学与管理，34（12）：108-111.

赵普生，徐晓峰，孟伟，等，2012. 京津冀区域霾天气特征［J］. 中国环境科学，32（1）：31-36.

赵普生，张小玲，孟伟，等，2010. 京津冀区域气溶胶中无机水溶性离子污染特征分析［J］. 环境科学，32（6）：1546-1549.

赵一鸣，江月松，张绪国，等，2009. 利用 CALIOP 卫星数据对大气气溶胶的去偏振度特性分析研究［J］. 光学学报，29（11）：2943-2951.

中国气象局，2003. 地面气象观测规范第 4 部分：天气现象观测［M］. 北京：气象出版社：21-27.

中国气象局，2005. 酸雨观测业务规范［M］. 北京：气象出版社：30-31.

中国气象局，2007. 地面气象观测规范第 4 部分：天气现象观测：QX/T 48—2007［S］. 北京：气象出版社：10.

中国气象局，2010. 霾的观测和预报等级：QX/T113—2010［S］. 北京：气象出版社：8.

中国气象局，2012. 气候季节划分：QX/T 152—2012［S］. 北京：气象出版社：11.

中国气象局，2014. 雾的预警等级：QX/T 227—2014［S］. 北京：气象出版社：7.

中国气象局，2017. 酸雨和酸雨区等级：QX/T 372—2017［S］. 北京：气象出版社：4.

周春艳，柳钦火，唐勇，2009. MODIS 气溶胶 C004、C005 产品的对比分析及其在中国北方地区的适用性评价［J］. 遥感学报，13（5）：863-872.

周述学，王兴，弓中强，等，2017. 长江三角洲西部地区 $PM_{2.5}$ 输送轨迹分类研究［J］. 气象学报，75（6）：996-1010.

周锁铨，薛根元，周丽峰，等，2006. 基于 GIS 的降水空间分析的逐步插值算法［J］. 气象学报，64（1）：100-111.

周自江，章国材，2002. 中国北方的典型强沙尘暴事件（1954—2002 年）［J］. 科学通报，48（11）：1224-1228.

朱承瑛，朱毓颖，祖繁，等，2018. 江苏省秋冬季强浓雾发展的一些特征［J］. 气象，44（9）：1208-2019.

朱艳峰，2008. 一个适用于描述中国大陆冬季气温变化的东亚冬季风指数［J］. 气象学报，66（5）：781-788.

BAEZ A P，BELMONT R D，PADILLA H G，1997. Chemical composition of precipitation at two sampling sites in Mexico：A 7-year study［J］. Atmos Environ，31（6）：915-925.

BEVERLAND I J，CROWTHER J M，SRINIVAS M S N，et al，1998. The influence of meteorology and atmospheric transport pattern on the chemical composition of rainfall in south-east England［J］. Atmos Environ，32（6）：1039-1048.

CAI W，LI K，LIAO H，et al，2017. Weather conditions conducive to Beijing severe haze more frequent under climate change［J］. Nat Clim Chang，7：257-262.

CHEN H，WANG H，2015. Haze days in north China and the associated atmospheric circulations based on daily visibility data from 1960 to 2012［J］. J Geophys Res：Atmos，doi：10.1002/2015 JD023225.

CHEN L，ZHU W，ZHOU X，et al，2003. Characteristics of heat island effect in Shanghai and its possible mechanism［J］. Adv Atmos Sci，20（6）：991-1001.

CHENG Y，HE K B，DU Z Y，et al，2015. Humidity plays an important role in the $PM_{2.5}$ pollution in Beijing［J］. Environ Pollu，197：68-75.

COLBECK I，HARRISON R M，1984. Ozone-secondary aerosol-visibility relationships in North-West England [J]. Sci Total Environ, 34 (1/2): 87-100.

DENG X, CAO W, HUO Y, et al, 2019. Meteorological conditions during a severe, prolonged regional heavy air pollution episode in eastern China from December 2016 to January 2017 [J]. Theor App Climatol, doi: 10.1007/s00704-018-2426-4.

DENG X L, SHI C E, WU B W, et al, 2016. Characteristics of the water-soluble components of aerosol particles in Hefei, China [J]. J Environ Sci, 42: 32-40.

DORLING S R, DAVIES T D, PIERCE C E, 1992. Cluster-Analysis-A Technique for estimating the synoptic meteorological controls on air and precipitation chemistry-method and applications [J]. Atmos Environ, 26A (14): 2575-2581.

DRAXLER R R, 1997. Description of the HYSPLIT _ 4 Modeling System [R]. NOAA Technical Memorandum 24 Ref Type: Report.

DZUBAY T G, STEVENS R K, LEWIS C W, et al, 1982. Visibility and aerosol composition in Houston, Texas [J]. Environ Sci Technol, 16 (8): 514-525.

FAN J, YUE X Y, JING Y, et al, 2014. Online monitoring of water-soluble ionic composition of PM_{10} during early summer over Lanzhou City [J]. J Environ Sci, 26 (2): 353-361.

FU Q Y, ZHUANG G S, WANG J, et al, 2008. Mechanism of formation of the heaviest pollution episode ever recorded in the Yangtze River Delta, China [J]. Atmos Environ, 42 (9): 2023-2036.

GULTEPE I, TARDIF R, MICHAELIDES S C, et al, 2007. Fog research: A review of past achievements and future perspectives [J]. Pure Appl Geophys, 164 (6/7): 1121-1159.

HAEFFELIN M, BERGOT T, ELIAS T, et al, 2010. PARISFOG: Shedding new light on fog physical processes [J]. Bull Amer Meteor Soc, 91 (6): 767-783.

HOLBEN B N, ECK T F, SLUTSKER I, 1998. AERONET-A federated instrument network and data archive for aerosol characterization [J]. Remote Sens Environ, 66 (1): 1-16.

HUANG K, ZHUANG G S, XU C, et al, 2008. The chemistry of the severe acidic precipitation in Shanghai, China [J]. Atmos Res, 89 (1/2): 149-160.

HUANG L, YANG J, ZHANG G, 2012. Chemistry and source identification of wet precipitation in a rural watershed of subtropical China [J]. Chin J Geochem, 31: 347-354.

KOSCHMEIDER H, 1924. Therie der horizontalen sichtweite [J]. Beiträge zur Physik der freien Atmosphäre, 12: 33-53.

KOZIARA M C, RENARD R J, THOMPSON W J, 1983. Estimating marine fog probability using a model output statistics scheme [J]. Mon Wea Rev, 111 (12): 2333-2340.

KULSHRESTHA U C, SARKAR A K, SRIVASTAVA S S, et al, 1996. Investigation into atmospheric deposition through precipitation studies at New Delhi (India) [J]. Atmos Environ, 30 (24): 4149-4154.

KUNKEL B A, 1984. Parameterization of droplet terminal velocity and extinction coefficient in fog models [J]. J Climate Appl Meteorol, 23 (1): 34-41.

LAI S C, ZOU S C, CAO J J, et al, 2007. Characterizing ionic species in $PM_{2.5}$ and PM_{10} in four Pearl River Delta cities, South China [J]. J Environ Sci, 19 (8): 939-947.

LAU K M, YANG G L, SHEN S H, 1988. Seasonal and intraseasonal climatology of summer monsoon rainfall over East Asia [J]. Mon Wea Rev, 116 (1): 18-37.

LEYTON S M, FRITSCH J M, 2003. Short-term probabilistic forecasts of ceiling and visibility utilizing high-density surface weather observations [J]. Wea forecasting, 18 (5): 891-902.

LI F, LU D, 1997. Features of aerosol optical depth with visibility grade over Beijing [J]. Atmos Environ, 31 (20): 3413-3419.

LI Y，TANG J，YU X，et al，2012. Characteristics of precipitation chemistry at Lushan Mountain，East China：1992—2009 [J]. Environ Sci and Poll Res，19 (6)：2329-2343.

LI Z，ZHANG L，ZHANG Q，1994. The physical structure of the winter fog in Chongqing metropolitan area and its formation process [J]. Acta Meteorol Sin，8 (3)：316-328.

LIU D，PU M，ZHANG G，et al，2008. The microphysical structure and evolution of four-day sustained fog around Nanjing in December 2006 [J]. Acta Meteorol Sin，67 (1)：147-157.

LIU X，CHENG Y，ZHANG Y，et al，2008. Influences of relative humidity and particle chemical composition on aerosol scattering properties during the 2006 PRD campaign [J]. Atmos Environ，42 (7)：1525-1536.

LIU Y K，LIU J F，TAO S，2013. Interannual variability of summertime aerosol optical depth over East Asia during 2000-2011：A potential influence from El Niño Southern Oscillation [J]. Environ Res Lett，8，044034，doi：10.1088/1748-9326/8/4/044034.

LIU Z，VAUGHAN M A，WINKER D M，et al，2004. Use of probability distribution functions for discriminating between cloud andaerosol in lidar backscatter data [J]. J Geophys Res Atmos，109 (15)：1255-1263.

LUO Y X，ZHENG X B，ZHAO T L，et al，2014. A climatology of aerosol optical depth over China from recent 10 years of MODIS remote sensing data [J]. Int J Climatol，34 (3)：863-870.

MALM W C，DAY D E，2001. Estimate of aerosol species scattering characteristics as a function of relative humidity [J]. Atmos Environ，35 (16)：2845-2860.

MARTIN S T，2000. Phase transitions of aqueous atmospheric particles [J]. Chem Rev，100 (9)：3403-3453.

MERRILL J T，KIM J，2004. Meteorological events and transport patterns in ACE-Asia [J]. Geophys Res，109 (D19S18)：77-83.

NIU S，LU C，YU H，et al，2010. Fog research in China：An overview [J]. Adv Atmos Sci，27 (3)：639-662.

OKE T R，1987. Boundary Layer Climates [M]. 2nd ed. Methuen，London：435.

PAN Y，WANG Y，ZHANG J，et al，2016. Redefining the importance of nitrate during haze pollution to help optimize an emission control strategy [J]. Atmos Environ，141：197-202.

POSSANZINI M，BUTTINI P，DIPALO V，1988. Characterization of a rural area in terms of dry and wet deposition [J]. Sci Total Environ，74：111-120.

ROELAND C J，SHI Y，CHEN J，et al，2014. Using hourly measurement to explore the role of secondary inorganic aerosol in $PM_{2.5}$ during haze and fog in Hangzhou，China [J]. Adv Atmos Sci，31：1427-1434.

SACHWEH M，KOCPKC P，1995. Radiation fog and urban climate [J]. Geophys Res Lett，22 (9)：1073-1076.

SCHLENKER J C，MALINOWSKI A，MARTIN S T，et al，2004. Crystals Formed at 293 K by Aqueous Sulfate-Nitrate-Ammonium-Proton Aerosol Particles [J]. J Phys Chem A，108 (43)：9375-9383.

SHI C，DENG X，YANG Y，et al，2014. Precipitation chemistry and corresponding transport patterns of influencing air masses at Huangshan Mountain in East China [J]. Adv Atmos Sci，31：1157-1166.

SHI C E，ZHANG B N，2008. Tropospheric NO_2 columns over northeastern North America：Comparison of CMAQ model simulations with GOME satellite measurements [J]. Adv Atmos Sci，25 (1)：59-71.

STEVE L，2005. The disappearance of dense fog in Los Angeles：Another urban impact? [J]. Phys Geogr，26 (3)：177-191.

STOELINGA M T，WARNER T T，1999. Nonhydrostatic，mesobeta-scale model simulations of cloud ceiling and visibility for an east coast winter precipitation event [J]. J Appl Meteor，38 (4)：385-404.

SUN M，WANG Y，WANG T，et al，2010. Cloud and the corresponding precipitation chemistry in south China：Water-soluble components and pollution transport [J]. J Geophys Res，115 (D22303)，doi：

10.1029/2010JD014315.

TAKEUCHI M, OKOCHI H, IGAWA M, 2004. Characteristics of water-soluble components of atmospheric aerosols in Yokohama and Mt Oyama, Japan from 1990 to 2001 [J]. Atmos Environ, 38 (28): 4701-4708.

TAN J H, DUAN J C, HE K B, et al, 2009. Chemical characteristics of $PM_{2.5}$ during a typical haze episode in Guangzhou [J]. J Environ Sci China, 21: 774-781.

TANG A, ZHUANG G, WANG Y, et al, 2005. The chemistry of precipitation and its relation to aerosol in Beijing [J]. Atmos Environ, 39: 3397-3406.

TIE X X, ZHANG Q, HE H, et al, 2015. A budget analysis of the formation of haze in Beijing [J]. Atmos Environ, 100: 25-36.

TING M F, HOERLING M P, XU T Y, et al, 1996. Northern hemisphere teleconnection patterns during extreme phase of the zonal-mean circulation [J]. J Climate, 9 (10): 2614-2633.

TU J, WANG H S, ZHANG Z F, et al, 2005. Trends in chemical composition of precipitation in Nanjing, China, during 1992-2003 [J]. Atmos Res, 73: 283-298.

VISLOCKY R L, FRITSCH J M, 1997. An automated, observations-based system for short-term prediction of ceiling and visibility [J]. Wea Forecasting, 12 (1): 31-43.

WAI K M, LIN N H, WANG S H, et al, 2008. Rainwater chemistry at a high-altitude station, Mt Lulin, Taiwan: Comparison with a background station, Mt Fuji [J]. J Geophys Res, 113 (D06305), doi: 10 1029/2006JD008248.

WANG G, ZHANG R, GOMEZ M E, et al, 2016. Persistent sulfate formation from London fog to Chinese haze [J]. P Nati Acad Sci USA, 113 (48): 13630-13635.

WANG Y, WAI K M, GAO J, et al, 2008. The impacts of anthropogenic emissions on the precipitation chemistry at an elevated site in North-eastern China [J]. Atmos Environ, 42: 2959-2970.

WILKS D S, 2006. Statistical Methods in the Atmospheric Sciences [M]. Academic Press: 630.

WINIWARTER W, PUXBAUM H, SCHONER W, et al, 1998. Concentration of ionic compounds in the wintertime deposition: Results and trends from the Austrian Alps over 11 years (1983-1993) [J]. Atmos Environ, 32 (23): 4031-4040.

WINKER D M, VAUGHAN M A, OMAR A, et al, 2009. Overview of the CALIPSO Mission and CALIOP Data Processing Algorithms [J]. J Atmos Ocean Tech, 26 (11): 2310-2323.

WOLTER K, TIMLIN M S, 1998. Measuring the strength of ENSO events-how does 1997/98 rank? [J]. Weather, 53: 315-324.

WU D, WANG Z, WANG B, et al, 2011. CALIPSO validation using ground-based lidar in Hefei (31.9°N, 117.2°E), China [J]. Appl Phys B, 102: 185-195.

XU J M, CHANG L Y, QU Y H, et al, 2016. The meteorological modulation on $PM_{2.5}$ interannual oscillation during 2013 to 2015 in Shanghai, China [J]. Sci Total Environ, 572: 1138-1149.

YANG S, LAU K M, KIM K M, 2002. Variations of the East Asian jet stream and Asian-Pacific-American winter climate anomalies [J]. J Climate, 15 (3): 306-325.

YAO X H, LAU A P S, FANG M, et al, 2003. Size distribution and formation of ionic species in atmospheric particulate pollutants in Beijing, China: 1-inorganic ions [J]. Atmos Environ, 37: 2991-3000.

ZHANG Q, STREETS D G, CARMICHAEL D R, et al, 2009. Asian emissions in 2006 for the NASA INTEX-B mission [J]. Atmos Chem Phys, 9: 5131-5135.

ZHENG X Y, FU Y F, YANG Y J, et al, 2015. Impact of atmospheric circulations on aerosol distributions in autumn over eastern China: Observational evidence [J]. Atmos Chem Phys, 15: 1-24.

附录A TS评分方法

对于二元事件（“发生”还是“不发生”）的确定性预报，一般使用下列统计量来评价预报效果的好坏（Wilks，2006）。

命中率（Hit rate（HR））：$HR = \frac{a}{a+c}$ (A.1)

空报率（False alarm ratio（FAR））：$FAR = \frac{b}{a+b}$ (A.2)

漏报率（Missing rate（MR））：$MR = \frac{c}{a+c}$ (A.3)

准确否定率（Correct rejection rate（CRR））：$CRR = \frac{d}{b+d}$ (A.4)

预报偏差（Frequency bias index（FBI））：$FBI = \frac{a+b}{a+c}$ (A.5)

预报技巧评分（Threat score（TS））：$TS = \frac{a}{a+b+c}$ (A.6)

公平预报评分（Equitable threat score（ETS））：$ETS = \frac{a-R}{a+b+c-R}$ (A.7)

$$R = \frac{(a+b)(a+c)}{a+b+c+d} \tag{A.8}$$

式中，a 是既观测到也预报到天气现象（雾、霾、污染事件等）的样本数（准确预报有），b 是没有观测到但预报到的天气现象样本数（空报），c 是观测到但没有预报到的样本数（漏报），d 是既没有预报到也没有观测到的样本数（准确预报无）。从各统计量的定义可以看出，HR、CRR、TS 和 ETS 的取值范围都是 0（最差）～1（最好），越大越好；FAR 和 MR 的取值范围是 0（最好）～1（最差），越小越好。FBI 的最佳取值 1，当 FBI＞1，说明高估了天气现象的发生可能，反之则为低估。R 为随机命中率，ETS 为扣除了随机命中率后的预报评分，比 TS 更公平。

附录B 酸雨资料质量控制及统计方法

（1）酸雨资料质量控制方法

应用汤洁等（2008）提出的 K-pH 不等式方法对所有资料进行质量控制，去掉不满足 K-pH 不等式的记录。具体如下：

$$K_{H^+}=A_{H^+}\times 10^{-pH}\times 10^3 \tag{B.1}$$

$$K_{OH^-}=A_{OH^-}\times 10^{(pH-14)}\times 10^3 \tag{B.2}$$

$$K_c=K_{H^+}+K_{OH^-} \tag{B.3}$$

式（B.1）—（B.3）中，A_{H^+} 和 A_{OH^-} 分别为 H^+ 离子和 OH^- 离子的摩尔电导率，单位为（S·cm²）/eq，$A_{H^+}=349.7$，$A_{OH^-}=198.6$，pH 为每次降水的 pH 值，K_c 为忽略其他离子后的计算电导率，单位为 μS/cm。K_m 为降水的测量 K 值。

如果 $K_c<K_m$，则认为该日观测数据有效。

（2）pH 值和 K 值体积加权平均方法

计算月平均 pH 值，采用氢离子浓度［H^+］——降水量加权法，即将每次降水的 pH 值换算成氢离子浓度后，乘上相应的降水量求其平均：

$$[H^+]_i=10^{-pH_i} \tag{B.4}$$

$$\overline{[H^+]}=\frac{\sum [H^+]_i\times V_i}{\sum V_i} \tag{B.5}$$

$$\overline{pH}=-\lg\overline{[H^+]} \tag{B.6}$$

式中，pH_i 为第 i 次降水的 pH 值，$[H^+]_i$ 为由第 i 次降水的 pH 值计算得到的氢离子浓度，$\overline{[H^+]}$ 为降水量加权的月平均氢离子浓度，单位均为 mol/L；V_i 为第 i 次降水的降水量，单位为 mm，$\overline{pH}$ 为降水量加权的月平均 pH 值；

平均 K 值：

$$\overline{K}=\frac{\sum K_i\times V_i}{\sum V_i} \tag{B.7}$$

式中，K_i 为第 i 次降水的 K 值，$\overline{K}$ 为降水量加权的月平均 K 值，单位为 μS/cm；V_i 为第 i 次降水的降水量，单位为 mm。

不同级别酸雨频率的计算方法为：

$$F=\frac{N}{N_{总}}\times 100\% \tag{B.8}$$

式中，F 为相应级别酸雨频率，N 与 $N_{总}$ 分别为计算时间段内相应级别酸雨次数与总降水次数。

（3）偏差指数计算方法

降水量、pH 值、K 值、酸雨频率、强酸雨频率偏差指数是指各要素的距平（ΔT）与标准差 σ 的比值，分级如下：

$\Delta T/\sigma \geqslant 2.0$	异常偏高（大）
$1.5 \leqslant \Delta T/\sigma < 2.0$	显著偏高（大）
$1.0 < \Delta T/\sigma < 1.5$	偏高（大）
$-1.0 \leqslant \Delta T/\sigma \leqslant 1.0$	正常
$-1.5 < \Delta T/\sigma < -1.0$	偏低（小）
$-2.0 < \Delta T/\sigma \leqslant -1.5$	显著偏低（小）
$\Delta T/\sigma \leqslant -2.0$	异常偏低（小）